DIE GRUNDLEHREN DER
MATHEMATISCHEN WISSENSCHAFTEN

IN EINZELDARSTELLUNGEN MIT BESONDERER
BERÜCKSICHTIGUNG DER ANWENDUNGSGEBIETE

HERAUSGEGEBEN VON

R. GRAMMEL · E. HOPF · H. HOPF · F. RELLICH
F. K. SCHMIDT · B. L. VAN DER WAERDEN

BAND LXXIX

VERSICHERUNGSMATHEMATIK I

VON

WALTER SAXER

SPRINGER-VERLAG
BERLIN · GÖTTINGEN · HEIDELBERG
1955

VERSICHERUNGS-MATHEMATIK

VON

DR. WALTER SAXER
O. PROFESSOR AN DER EIDG. TECHNISCHEN HOCHSCHULE ZÜRICH

ERSTER TEIL

SPRINGER-VERLAG
BERLIN · GÖTTINGEN · HEIDELBERG
1955

ISBN 978-3-642-88630-0   ISBN 978-3-642-88629-4 (eBook)
DOI 10.1007/978-3-642-88629-4

ALLE RECHTE,
INSBESONDERE DAS DER ÜBERSETZUNG IN FREMDE SPRACHEN,
VORBEHALTEN

OHNE AUSDRÜCKLICHE GENEHMIGUNG DES VERLAGES
IST ES AUCH NICHT GESTATTET, DIESES BUCH ODER TEILE DARAUS
AUF PHOTOMECHANISCHEM WEGE (PHOTOKOPIE, MIKROKOPIE)
ZU VERVIELFÄLTIGEN

COPYRIGHT 1955
BY SPRINGER-VERLAG OHG. BERLIN · GÖTTINGEN · HEIDELBERG

Softcover reprint of the hardcover 1st edition 1955

Vorwort.

Vom Verlag wurde ich beauftragt, einen Ersatzband für das seit längerer Zeit vergriffene und bei ihm in mehreren Auflagen erschienene Buch des verstorbenen A. LOEWY über Versicherungsmathematik zu schreiben. In Erfüllung dieses Auftrages entschloß ich mich, vorerst einen „elementaren" Band und daran anschließend einen zweiten „höheren" Band zu publizieren.

Mit Rücksicht darauf, daß es sich um eine elementare, für Studierende und Praktiker bestimmte Darstellung handeln soll, wählte ich die diskontinuierliche Methode. Von der Analysis und insbesondere von der Differential- und Integralrechnung wird im vorliegenden Band überhaupt nur im 8. Kapitel Gebrauch gemacht, Ausführungen, die nicht in direktem Zusammenhang mit den übrigen Kapiteln stehen. Leser mit einer mathematischen Vorbildung, wie sie ungefähr ein Abiturient besitzt, können deshalb das ganze Buch mit Ausschluß dieses Kapitels und eventuell des Anhanges verstehen. Im Anhang wurde der Zusammenhang zwischen der im Buch wie üblich benutzten deterministischen Annahme von festen Sterbetafeln und der Auffassung im Sinne der modernen Wahrscheinlichkeitsrechnung knapp dargestellt. Ich legte Wert darauf, die Hauptgrundlagen der Versicherungsmathematik und ihre in der Praxis benutzten Resultate möglichst scharf zu formulieren. In diesem Sinne dürfte das Buch vielleicht einige neue Aspekte gegenüber bisherigen Lehrbüchern bieten, vor allem in den Kapiteln über die Berechnung der Reserven, die Variation der Grundlagen, die Erneuerungstheorie und im Anhang.

Bei der Herausgabe dieses Buches wurde ich von verschiedenen Kollegen namhaft unterstützt. Herr Prof. H. JECKLIN, Zürich, war mir nicht nur ein ausgezeichneter Berater in bezug auf die vorhandene Literatur, er hat sie mir auch zur Verfügung gestellt. Die Herren Dr.h.c. PARTHIER, Stuttgart, und Dr. HÄRLEN, München, haben mir die entsprechende Dokumentation aus Deutschland besorgt und mir zahlreiche wertvolle Auskünfte erteilt. Die Herren Direktor Dr. A. KOLLER und Prof. WEGMÜLLER, sowie Herr P. D. Dr. NOLFI, Zürich, haben die

Aufnahme von Tabellen aus den Publikationen des Eidg. Statistischen Amtes, Bern, bzw. der Städt. Versicherungskasse, Zürich, gestattet. Auch Herrn P. D. Dr. Wyss, Zürich, verdanke ich interessante Auskünfte.

Größten Dank schulde ich Herrn F. BUSER, Mathematiker bei der „VITA", Zürich, der das Manuskript sehr sorgfältig gelesen hat und zahlreiche Verbesserungen veranlaßte. Auch Frl. D. PFIFFNER, meine Assistentin an der Eidg. Technischen Hochschule, hat sich durch Lesen von Korrekturen verdient gemacht.

Dem Verlag gilt mein aufrichtiger Dank für die Berücksichtigung meiner Wünsche bei der Drucklegung des Buches.

Zürich, Juli 1954.

W. SAXER.

Inhaltsverzeichnis.

I. Zinstheorie.
Seite

Allgemeine Betrachtungen 1
1.1. Einmalige Zahlungen 2
1.2. Periodische Zahlungen 3
1.3. Sparversicherung 5

II. Theorie der Personengesamtheiten.

Einleitung und Problemstellung 6
2.1. Absterbeordnung 8
2.2. Berechnung der Absterbeordnung 10
2.3. Die wichtigsten Typen von Sterblichkeitstafeln und ihre Eigenschaften . 18
2.4. Die Ausscheideordnungen 21
2.5. Aktivitätsordnung 28

III. Die Leibrente und die Kapitalversicherungen auf ein Leben.

Einleitung und Problemstellung 30
3.1. Barwerte von Erlebensfallversicherungen, Leibrenten und Terminversicherungen 31
3.2. Die unterjährig bezahlbare Leibrente 33
3.3. Kapitalversicherung auf den Todesfall und gemischte Versicherung . . . 36
3.4. Veränderliche Renten und Versicherungssummen 40
3.5. Nettoprämien 43
3.6. Verwaltungskosten, ausreichende Prämie und Bruttoprämie 47
3.7. Prämienrückgewähr 54
3.8. Anwendung von Selektionstafeln 56

IV. Versicherungen auf mehrere Leben.

Einleitung und Problemstellung 59
4.1. Absterbeordnung von Paaren 60
4.2. Wichtigste Versicherungswerte für zwei verbundene Leben 63
4.3. Anwendung der MAKEHAMschen Absterbeordnung bei der Berechnung der Verbindungsrente verbundener Leben 68

V. Pensionsversicherung.

Einleitung und Problemstellung 70
5.1. Aktivitätsrente 71
5.2. Invaliditätsversicherungsleistungen 73
5.3. Kombinierte Alters- und Invalidenrentenversicherung 76
5.4. Variation der Invaliditätswahrscheinlichkeiten bei der Berechnung des Barwertes anwartschaftlicher Invalidenrenten 77
5.5. Allgemeine Betrachtungen über die Witwenrentenversicherung . . . 81
5.6. Der Barwert laufender Witwenrenten und Witwenabfindungen . . . 82
5.7. Anwartschaftliche Witwenrente, berechnet gemäß der Individualmethode 83

Inhaltsverzeichnis.

Seite
5.8. Anwartschaftliche Witwenrente, berechnet nach der Kollektivmethode 88
5.9. Waisenrentenversicherung 90
5.10. Invalidenkinderrenten 92
5.11. Einlage, Netto- und Bruttoprämie bei Pensionsversicherungen, Prämienbefreiung im Invaliditätsfall 93

VI. Prämienreserve (Deckungskapital).
Einleitung und Problemstellung 95
6.1. Nettoprämienreserve, Spar- und Risikoprämie 96
6.2. Nettoprämienreserve für einige Versicherungsarten 101
6.3. Bilanzreserve, Bilanzdeckungskapital, Prämien- und Rentenübertrag . . 104
6.4. Berücksichtigung von Verwaltungskosten bei der Berechnung der Prämienreserve, Verwaltungskostenreserve und gezillmerte Reserve 107
6.5. Gruppenweise Berechnung der Prämienreserve 114
6.6. Berechnung der Prämienreserve mittels Interpolation 122
6.7. Kollektive Reserveberechnung 129
6.8. Umwandlungs- und Rückkaufswerte 132

VII. Über allgemeine Variationsprobleme in der Versicherungsmathematik.
Einleitung und Problemstellung 134
7.1. Allgemeine Variationsformeln 135
7.2. Das Invarianzproblem 139
7.3. Die Reservenvariation 142
7.4. Das Zinsfußproblem für einfache Versicherungen 146
7.5. Das Zinsfußproblem für Pensionsversicherungen 150
7.6. Einige versicherungsmathematische Vorzeichensätze 152

VIII. Über die Konstruktion von Universaltafeln und ihre Anwendungen.
Einleitung und Problemstellung 155
8.1. Kontinuierliche Darstellung der einfachsten Versicherungswerte 156
8.2. Über einfache Transformationen von Versicherungswerten 160
8.3. Die MAKEHAMschen Absterbeordnungen als Gruppe 162

IX. Versicherungstechnische Bilanzen, ihre Analyse und die Gewinnverteilung.
Einleitung und Problemstellung 165
9.1. Versicherungstechnische Bilanzen 166
9.2. Analyse der Bilanzen und der Gewinn- und Verlustrechnung 170
9.3. Berechnung der Risikogewinne und Risikoverluste 172
9.4. Erfolgsberechnung von Versicherungsunternehmungen 174
9.5. Kontributionsformel 177
9.6. Dividendenpläne 180
9.7. Dividendenreserve 183

X. Erneuerungstheorie.
Einleitung und Problemstellung 185
10.1. Offene natürliche Gesamtheiten 187
10.2. Offene einfache Gesamtheiten 190
10.3. Offene allgemeine Gesamtheiten 194
10.4. Grenzwerte der Erneuerungszahlen 197
10.5. Konvergenzbetrachtungen 199

XI. Über die Finanzierungssysteme für Sozialversicherungen.
Einleitung und Problemstellung 201
11.1. Das kollektive Äquivalenzprinzip 202
11.2. Umlageverfahren 205

Inhaltsverzeichnis.   IX

Seite
11.3. Eigenschaften des Umlageverfahrens 209
11.4. Kollektives Deckungskapitalverfahren 212
11.5. Prämiendurchschnittsverfahren für eine Generation 213
11.6. Allgemeines Prämiendurchschnittsverfahren. Bilanz einer offenen Versicherungseinrichtung 216

Anhang.

Über den stochastischen Aufbau der Versicherungsmathematik. Einleitung und Problemstellung 222
A.1. Über eine verallgemeinerte Absterbeordnung 225
A.2. Stochastische Definitionen und Zusammenhänge mit der Todesfallversicherung 229
A.3. Stochastische Begründung des Äquivalenzprinzipes. 231

Tabellen.

Tabelle 1a. Rohe einjährige Sterbenswahrscheinlichkeiten der Schweizer Bevölkerung, Männer 1939/44 236
Tabelle 1b. Rohe einjährige Sterbenswahrscheinlichkeiten der Schweizer Bevölkerung, Frauen 1939/44 236
Tabelle 2a. Ausgeglichene, einjährige Sterbenswahrscheinlichkeiten der Schweizer Bevölkerung, Männer 1939/44 237
Tabelle 2b. Ausgeglichene, einjährige Sterbenswahrscheinlichkeiten der Schweizer Bevölkerung, Frauen 1939/44 237
Tabelle 3. Sterbetafel Deutsches Reich, Männer 1924/26. Sterbenswahrscheinlichkeiten und Kommutationszahlen zum Zinsfuß von $3^{1}/_{2}\%$ 238
Tabelle 4. Verschiedene Invalidierungswahrscheinlichkeiten 240
Tabelle 5. Sterbenswahrscheinlichkeiten für Männer und Frauen gemäß den technischen Grundlagen für die Eidg. Versicherungskasse, Bern 1950 . . 240
Tabelle 6a. Sterbenswahrscheinlichkeit für invalide Männer gemäß den technischen Grundlagen für Pensionsversicherungen, Städt. Versicherungskasse Zürich 1950 241
Tabelle 6b. Sterbenswahrscheinlichkeit für invalide Frauen gemäß den technischen Grundlagen für Pensionsversicherungen, Städt. Versicherungskasse Zürich 1950 242
Literaturverzeichnis 243
Namen- und Sachverzeichnis 246

I. Zinstheorie.

Allgemeine Betrachtungen.

Unter dem *Zins* eines bestimmten Kapitals, Vermögens, Wertpapiers usw. versteht man dessen Ertrag nach Ablauf einer bestimmten Zeit. Da die Zinsen zu den wichtigsten Einnahmen von Versicherungsgesellschaften gehören, sollen im folgenden die bedeutendsten Grundsätze, Rechnungsregeln und Formeln aus der Zinstheorie zusammengestellt werden. Wir treffen zunächst die folgenden Annahmen:

a) der Zinsertrag soll proportional der Größe des an Zins gelegten Kapitales sein;

b) der Zins soll nach Ablauf von Zinsperioden von gleicher Dauer zum Kapital geschlagen werden und seinerseits wiederum zinstragend sein. Man spricht in diesem Fall von *Zinseszins*. Als wichtigste Periode gilt ein Kalenderjahr. Bei kürzeren Zinsperioden von z. B. $1/2$, $1/4$ Jahr oder einem Monat spricht man von *unterjähriger Verzinsung*. Ausnahmsweise kann der Zins auch bei Beginn einer Zinsperiode (vorschüssige statt der oben angenommenen nachschüssigen Verzinsung) zum Kapital geschlagen werden. Ebenso kann es vorkommen, daß die letzte Zinsanrechnung vor Ablauf der üblichen Zinsperiode erfolgt.

Neben dem *effektiven* Zinsfuß, der den auf einem Kapital realisierten Zins in Prozenten desselben angibt, spricht man dann von einem *nominellen* Zinsfuß, wenn dieser lediglich eine rechnungsmäßige Größe darstellt. Beispielsweise kommt es bei Versicherungsgesellschaften häufig vor, daß sie mit einem bestimmten nominellen Zinsfuß rechnen, während der von ihnen realisierte Zins einen anderen effektiven Zinsfuß ergibt. Da das Kapital als zinstragend angenommen wird, ist der genaue Zeitpunkt seiner Besitznahme von Bedeutung. Denn von diesem Zeitpunkt an wirft das Kapital einen gewissen Ertrag ab. Aus diesem Grunde müssen alle Berechnungen betreffend Kapitalien, Zinsen usw. stets auf einen ganz bestimmten Zeitpunkt bezogen werden.

1.1. Einmalige Zahlungen.

Wir benützen die folgenden internationalen Bezeichnungen:

$P = $ Barwert oder Anfangswert eines Kapitals.

$S = $ Endwert eines Kapitals.

$i = $ Effektiver Zins, der in einem Jahr auf dem Kapital 1 realisiert wird.

$r = 1 + i = $ Aufzinsungsfaktor.

$v = \dfrac{1}{1+i} = $ Abzinsungs- oder Diskontierungsfaktor.

$d = $ Diskontrate

$n = $ Anzahl der ganzen Jahre.

$1/k$, k sei eine ganze positive Zahl. Dieser Bruch $1/k$, multipliziert mit einem Jahr, gibt die Dauer einer Verzinsungsperiode bei unterjähriger Verzinsung.

Gemäß den aufgestellten Grundsätzen beträgt der Endwert des Kapitals P nach einem Jahr $P(1+i)$, nach zwei Jahren $P(1+i)^2$ usw., so daß man die folgende Formel erhält:

$$S = P(1+i)^n = P r^n. \qquad (1.1.1)^1$$

Bei unterjähriger Verzinsung erhält man analog

$$S = P\left(1 + \frac{i^{(k)}}{k}\right)^{nk}. \qquad (1.1.2)$$

$i^{(k)}$ hat in diesem Fall den Charakter eines nominellen Zinses. Der effektive Zins berechnet sich aus der Gleichung

$$1 + i = \left(1 + \frac{i^{(k)}}{k}\right)^k$$

oder

$$i^{(k)} = k\left[(1+i)^{1/k} - 1\right]. \qquad (1.1.3)$$

Selbstverständlich ist $i^{(k)} < i$ wie aus der folgenden Binomialentwicklung hervorgeht.

$$i = \binom{k}{1}\left(\frac{i^{(k)}}{k}\right) + \binom{k}{2}\left(\frac{i^{(k)}}{k}\right)^2 + \cdots.$$

Liegt das Kapital $n \cdot k + h$ Zinsperioden von der Dauer $1/k$ Jahr am Zins, so beträgt dessen Endwert

$$S = P(1+i)^{n + \frac{h}{k}}. \qquad (1.1.4)$$

---

[1] Die erste Zahl bedeutet bei solchen Zitaten stets die Nummer des Kapitels die zweite Zahl die Nummer des entsprechenden Paragraphen.

Wenn das Kapital den Bruchteil $t \neq \frac{1}{2}$ eines Jahres am Zins liegt, so ist es üblich, den Endwert gemäß der folgenden Formel zu berechnen:

$$S = P(1+i)^n (1+ti). \qquad (1.1.5)$$

Im Falle von $t = \frac{1}{2}$ benutzt man in der Regel (1.1.4).

Umgekehrt ergibt sich aus der Gl. (1.1.1) der folgende Barwert eines Kapitales, das erst nach n Jahren fällig wird:

$$P = \frac{S}{(1+i)^n} = S v^n. \qquad (1.1.6)$$

Das Endkapital wird in einem solchen Falle auf den Anfang zurückdiskontiert. Beispielsweise beträgt der Diskont d auf dem Einheitskapital bei einer Diskontierungsdauer von einem Jahr

$$d = 1 - \frac{1}{1+i} = \frac{i}{1+i} = 1 - v. \qquad (1.1.7)$$

1.2. Periodische Zahlungen.

Unter einer *Zeitrente* versteht man n periodische Zahlungen vom gleichen Betrage nach Ablauf von je einem Jahr. Bei Bezahlung am Ende des Jahres spricht man von einer *nachschüssigen*, bei Bezahlung am Anfang von einer *vorschüssigen Rente*. Statt jährliche Zahlungen vorzunehmen, kann die Bezahlung einer Jahresrente in k gleichen Raten nach Ablauf von $1/k$ Jahr erfolgen (k-jährige Zahlungsdauer).

Wir benützen die folgenden internationalen Bezeichnungen unter Annahme einer Jahresrente von 1:

$s_{\overline{n}|}$ = Endwert einer ganzjährigen n mal nachschüssig bezahlbaren Rente.

$\overset{(k)}{s}_{\overline{n}|}$ = Endwert einer k-jährigen $n \cdot k$ mal nachschüssig bezahlbaren Rente vom Betrag $1/k$.

$a_{\overline{n}|}$ = Barwert einer ganzjährigen n mal nachschüssig bezahlbaren Rente.

$\overset{(k)}{a}_{\overline{n}|}$ = Barwert einer k-jährigen $n \cdot k$ mal nachschüssig bezahlbaren Rente vom Betrage $1/k$.

$\ddot{a}_{\overline{n}|}$ = Dieses Symbol bedeutet den Barwert einer ganzjährigen n mal vorschüssig bezahlbaren Rente.

Erfolgt die Bezahlung der ersten Rate erst nach m Jahren, so spricht man von einer aufgeschobenen Zeitrente und bezeichnet ihre Barwerte mit ${}_m a_{\overline{n}|}$ bzw. ${}_m \ddot{a}_{\overline{n}|}$. Auf Grund der Definitionen gelten offensichtlich die folgenden Gleichungen:

$$\ddot{a}_{\overline{n}|} = 1 + a_{\overline{n-1}|}. \qquad (1.2.1)$$

$$\overset{(k)}{\ddot{a}}_{\overline{n}|} = \frac{1}{k} + \overset{(k)}{a}_{\overline{n-\frac{1}{k}}|}. \qquad (1.2.2)$$

Nach den Formeln von **1.1** erhält man die folgenden Gleichungen

$$s_{\overline{n}|} = 1 + r + r^2 + \cdots + r^{n-1} = \frac{r^n - 1}{r - 1} = \frac{r^n - 1}{i}, \qquad (1.2.3)$$

$$\overset{(k)}{s}_{\overline{n}|} = \frac{1}{k}\left[1 + r^{\frac{1}{k}} + r^{\frac{2}{k}} + \cdots + r^{n-\frac{1}{k}}\right] = \frac{1}{k}\frac{r^n - 1}{r^{1/k} - 1} = \frac{r^n - 1}{i^{(k)}}. \qquad (1.2.4)$$

Für den Barwert dieser Zeitrente ergeben sich die Formeln

$$a_{\overline{n}|} = v^n s_{\overline{n}|} = \frac{1 - v^n}{i}, \qquad (1.2.5)$$

$$\overset{(k)}{a}_{\overline{n}|} = v^n \overset{(k)}{s}_{\overline{n}|} = \frac{1 - v^n}{i^{(k)}} = \frac{i}{i^{(k)}} a_{\overline{n}|}. \qquad (1.2.6)$$

Wird die Rente in alle Ewigkeit bezahlt, so spricht man von einer *ewigen* Rente. Da $\lim_{n \to \infty} v^n = 0$, betragen ihre Barwerte gemäß (1.2.5) und (1.2.6)

$$a_\infty = \frac{1}{i}, \qquad (1.2.7)$$

$$\overset{(k)}{a}_\infty = \frac{1}{i^{(k)}}. \qquad (1.2.8)$$

Gl. (1.2.7) sagt einfach aus, daß ein Kapital von $1/i$ notwendig sei, um jährlich in alle Ewigkeit einen Zins von 1 abzuwerfen.

Als Beispiel zu den vorhergehenden Formeln werde die *mathematische Bewertung von Wertpapieren* gewählt. Bei der Aufstellung von Bilanzen müssen die Versicherungsgesellschaften insbesondere ihre Wertpapiere nach einer bestimmten Methode bilanzieren. Neben der bankmäßigen Bewertung kommt für Versicherungsgesellschaften die Anwendung der mathematischen Methode in Betracht, die ihrerseits verschiedene Varianten aufweist. Bei der *Renditemethode* wird der Bilanzierungswert eines Wertpapieres seinem Barwert bei Annahme eines nominellen Bewertungszinsfußes und unter Berücksichtigung des totalen Ertrages, der von ihm zu erwarten ist, gleichgesetzt.

Beispiel. Ein Wertpapier von 1000 DM mit einem Jahreszins von 3% verfalle in 10 Jahren. Es werde mit einem nominellen Zinsfuß von $3^{1}/_{2}\%$ gewertet[1].

Barwert der Rückzahlung	708,92 DM
Barwert des Zinses $8{,}3166 \cdot 30 =$	249,50 DM
Bilanzwert	958,42 DM

---

[1] Es existieren Hilfstabellen, aus denen Aufzinsungs- und Abzinsungsfaktoren, Rentenbarwerte usw. zu den verschiedensten Zinssätzen und Verzinsungsdauern abgelesen werden können, z.B. SPITZERs Tabellen für die Zinseszins- und Rentenrechnung. Neue Ausgabe von Dr. FOERSTER, 7. Aufl. Wien u. Leipzig 1933.

Bei Anwendung der *Anschaffungspreismethode* wird im Zeitpunkte des Titelerwerbs die tatsächliche Rendite an Hand der effektiven Verzinsung und des Anschaffungswertes festgestellt. Mit Hilfe dieses rechnerisch festgestellten Zinsfußes wird bei den späteren Bilanzen das Wertpapier mathematisch gewertet. Diese Methode läuft darauf hinaus, daß der Unterschied zwischen dem Ankaufspreis und dem Endwert auf die Laufzeit des Titels verteilt wird.

1.3. Sparversicherung.

Sofern eine Person mit einer Versicherungsgesellschaft oder einer Bank einen Vertrag abschließt, wonach sich die Letztere in einem oder mehreren Zeitpunkten zur Bezahlung bestimmter Beträge verpflichtet, spricht man von einer *Sparversicherung*. Die häufigsten Formen einer Sparversicherung sind die folgenden:

a) Kapitalversicherung. Die Versicherungsgesellschaft verpflichtet sich nach Ablauf einer gewissen Zeit, z.B. nach m Jahren, zur Bezahlung eines bestimmten Betrages K.

b) Rentenversicherung. Die Versicherungsgesellschaft verpflichtet sich nach Ablauf einer gewissen Zeit, z.B. nach m Jahren, zur Bezahlung einer n-jährigen vorschüssigen oder nachschüssigen Zeitrente vom Betrage r.

Zur Finanzierung einer Sparversicherung hat der Versicherte eine oder mehrere Prämien zu bezahlen. Diese Prämie wird nach dem *Äquivalenzprinzip* berechnet. Darunter versteht man folgendes: Der Barwert der Prämien des Versicherten soll gleich dem Barwert der Versicherungsleistungen sein. Zur Berechnung dieser Barwerte muß ein bestimmter nomineller Zinsfuß gewählt werden. Berechnet man diese Barwerte auf den Versicherungsbeginn, so erhält man auf Grund des Äquivalenzprinzips und der Formeln von **1.1** und **1.2** die folgende Gleichung für die Bestimmung der Prämie:

a) Kapitalversicherung. Für ein Kapital vom Betrage K, bezahlbar in m Jahren, muß bei Beginn der Versicherung eine Einmaleinlage von $K \cdot v^m$ oder eine jährliche Prämie je am Anfang des Jahres m mal in der Höhe von $\dfrac{K \cdot v^m}{\ddot{a}_{\overline{m}|}}$ bezahlt werden.

b) Rentenversicherung. Für eine um m Jahre hinausgeschobene, n-jährige vorschüssige Zeitrente r muß bei Beginn der Versicherung eine Einmaleinlage von $r \, _m\ddot{a}_{\overline{n}|}$ oder eine jährliche Prämie vom Versicherungsabschluß an je am Anfang des Jahres m mal in der Höhe von $\dfrac{r \, _m\ddot{a}_{\overline{n}|}}{\ddot{a}_{\overline{m}|}}$ bezahlt werden.

Nach t Jahren, wobei $0 \leq t \leq m$, muß die Versicherungsgesellschaft die vom Versicherten bezahlten, zum nominellen Zinsfuß aufgezinsten

Prämien, das sog. *Deckungskapital* $_tV$ besitzen, um den Vertrag seinerzeit erfüllen zu können. Dieses Deckungskapital kann wiederum nach dem Äquivalenzprinzip entweder prospektiv oder retrospektiv berechnet werden. Bei der prospektiven Methode wird das Deckungskapital im Zeitpunkt seiner Berechnung gleich dem Barwert der zukünftigen Ausgaben (Versicherungsleistungen), abzüglich Barwert der Einnahmen (Prämien), gesetzt. Im retrospektiven Fall ist es gleich der Summe der aufgezinsten Prämien. Man erhält:

a) Deckungskapital für eine Kapitalversicherung vom Betrage K, bezahlbar nach m Jahren bei jährlich vorschüssiger Prämienzahlung im prospektiven Fall:

$$_tV = K v^{m-t} - \frac{K v^m}{\ddot{a}_{\overline{m}|}} \ddot{a}_{\overline{m-t}|}, \qquad (1.3.1)$$

im retrospektiven Fall:

$$_tV = \frac{K v^m}{\ddot{a}_{\overline{m}|}} (s_{\overline{t+1}|} - 1). \qquad (1.3.2)$$

Selbstverständlich müssen beide Ausdrücke einander gleich sein, wie die folgende Rechnung zeigt:

$$v^{m-t} - \frac{v^m}{\ddot{a}_{\overline{m}|}} \ddot{a}_{\overline{m-t}|} = \frac{v^m}{\ddot{a}_{\overline{m}|}} (\ddot{a}_{\overline{m}|} v^{-t} - \ddot{a}_{\overline{m-t}|})$$

$$= \frac{v^m}{\ddot{a}_{\overline{m}|}} (\ddot{a}_{\overline{m}|} r^t - \ddot{a}_{\overline{m-t}|}) = \frac{v^m}{\ddot{a}_{\overline{m}|}} (s_{\overline{t+1}|} - 1).$$

Denn $s_{\overline{t+1}|} - 1 = \ddot{a}_{\overline{m}|} r^t - \ddot{a}_{\overline{m-t}|}$, wie man auf Grund der Formeln von **1.2** oder der Bedeutung der benutzten Symbole direkt bestätigen kann.

b) Im Falle einer Rentenversicherung berechnet man das Deckungskapital während der Rentenbezugsdauer am besten nach der prospektiven Methode als Barwert der noch zu bezahlenden Renten.

II. Theorie der Personengesamtheiten.

Unter einer Personengesamtheit verstehen wir eine eindeutig definierte Menge von Personen. Auf Grund der Definition dieser Menge muß für jede Person bekannt sein, ob sie der betreffenden Personengesamtheit angehört oder nicht. Solche Personengesamtheiten spielen in der Lebens- und Sozialversicherung eine zentrale Rolle. In der Sozialversicherung kann z.B. die ganze Bevölkerung eines Landes eine solche Personengesamtheit darstellen. Bei Pensionskassen kann die versicherte Personengesamtheit aus dem Personal einer Firma bestehen. Bei privaten Lebensversicherungsgesellschaften bilden alle diejenigen Versicherten Personengesamtheiten, die nach dem gleichen Tarif versichert wurden.

Es ist klar, daß die Entwicklung solcher Personengesamtheiten die finanzielle Lage eines Versicherungsgebildes entscheidend beeinflußt. Aus diesem Grunde werden in diesem Kapitel die einfachsten Erkenntnisse und Begriffe aus der Theorie der Personengesamtheiten erläutert.

Eine Personengesamtheit kann *geschlossen* oder *offen* sein. Im Falle einer geschlossenen Gesamtheit kann sich dieselbe durch Abgang infolge von Tod, Austritt usw. verkleinern; abgehende Personen dieser Gesamtheit werden jedoch nicht ersetzt. Die offene Personengesamtheit kann sich durch Austritte und Eintritte verändern.

Betrachten wir beispielsweise die Bevölkerung eines ganzen Landes. Wird dieselbe als geschlossene Personengesamtheit angenommen, so geht man vom Bevölkerungsbestand in einem ganz bestimmten Zeitpunkt aus. Dann wird sich diese Gesamtheit infolge Tod oder Auswanderung allmählich abbauen; während sich eine offene Gesamtheit infolge von Geburten und Einwanderung erneuern kann. Die Theorie der Entwicklung der Bevölkerung eines Landes wird als mathematische Bevölkerungstheorie bezeichnet. Wenn man den Bestand der Bevölkerung in einem Lande und dessen Alters- und Geschlechtsstruktur für die Zukunft bestimmen will, müssen offensichtlich Annahmen über die Erneuerung durch Geburten und Einwanderung und Abgang durch Tod und Auswanderung getroffen werden. Bis vor einigen Jahren fußte die mathematische Bevölkerungstheorie im wesentlichen auf dem sog. *deterministischen* Prinzip der eindeutigen Bestimmbarkeit der künftigen Bevölkerungsentwicklung aus ihrem Anfangszustand. Gemäß dieser Theorie müßte sich die Bevölkerung bei Vernachlässigung von Ein- und Auswanderung nach bestimmten Gesetzen entwickeln. In neuerer Zeit haben verschiedene Autoren dieser deterministischen Auffassung gegenüber sog. *stochastische* Bevölkerungsmodelle dargestellt, bei welchen die Auswirkungen des Zufalls berücksichtigt werden. Ein Bevölkerungsmodell kann nach dieser Auffassung in Zukunft mehr oder weniger wahrscheinlich sein. Die Darstellung der mathematischen Bevölkerungstheorie kann am besten mit den Methoden der Analysis (Differential- und Integralgleichungen) geschehen. Deshalb soll in diesem Buche nicht weiter auf die mathematische Bevölkerungstheorie eingetreten werden.

Im folgenden soll die zu betrachtende Personengesamtheit aus einer bestimmten Anzahl gleichaltriger Männer oder gleichaltriger Frauen bestehen. Das Alter der Männer wird stets mit dem Buchstaben x, dasjenige der Frauen mit y bezeichnet. Bei Anwendung der sog. kontinuierlichen Methode werden x und y als stetige Variable betrachtet. Bei der *diskontinuierlichen Methode*, welche in diesem Buche in der Regel angewendet wird, können x und y nur ganzzahlige Werte annehmen[1]. Diese geschlossene Personengesamtheit von gleichaltrigen Männern oder Frauen soll sich durch Abgang infolge Tod im Laufe der Jahre verringern. Um die vermutliche Anzahl der in einem späteren Zeitpunkt von dieser Personengesamtheit noch lebenden Personen angeben zu können, muß eine Annahme über die Todeshäufigkeit getroffen werden. Bei diesen Hypothesen kann man sich wie in der mathematischen Bevölkerungstheorie entweder auf den deterministischen oder den stochastischen Standpunkt stellen. Nach der *deterministischen Auffassung*, die in der elementaren Versicherungstechnik angewendet wird, wird angenommen, daß der Abbau der Personengesamtheiten infolge Tod nach bestimmten Gesetzen erfolge. Diese Gesetze können sich allerdings im Laufe der Zeit verändern und müssen deshalb immer wieder neu bestimmt werden. Nach der stochastischen Auffassung würde auch beim Abbau einer Gesamtheit infolge Tod zum vornehcrein der Zufall mitberücksichtigt. Im Anhang dieses Buches werden wir die stochastische Auffassung erläutern und ihren Zusammenhang mit dem deterministischen Standpunkt darstellen.

2.1. Absterbeordnung.

Nach den Erfahrungen der Statistik haben die Frauen durchschnittlich eine längere Lebensdauer als die Männer. Deshalb sollen im folgenden die zu betrachtenden Personengesamtheiten stets entweder aus Männern oder nur aus Frauen zusammengesetzt sein. Die folgenden Betrachtungen sind für beiderlei Gesamtheiten gültig; der Einfachheit halber werde zunächst angenommen, daß es sich um eine Männergesamtheit handle. Alle diese Männer sollen das gleiche Alter x besitzen. Ihre Anzahl werde mit l_x bezeichnet. Der Abbau dieser Gesamtheit infolge Tod geschehe nach einem bestimmten Gesetz. Dieses Gesetz kann z.B. dadurch ausgedrückt werden, daß man die Anzahl l_{x+1} der nach einem Jahr noch lebenden Männer gibt. Wenn $l_x = 100000$ angenommen würde und $l_{x+1} = 98000$, würde dies heißen, daß von diesen 100000 Männern im ersten Beobachtungsjahr 2000 starben. Entsprechend der Zahl l_{x+1} soll l_{x+2} die Anzahl der nach zwei Jahren noch lebenden Männer bedeuten usw. In dieser Weise erhält man eine Folge absteigender Zahlen bis zum sog. Schlußalter ω. Der Jahrgang l_ω wäre der letzte, in dem es solche Lebende aus der ursprünglichen Gesamtheit gäbe. Die Zahlenfolgen l_x, l_{x+1} usw. bis l_ω bzw. l_y, l_{y+1} usw. bilden je

---

[1] Für Prämien- und Deckungskapitalberechnungen wird das sog. versicherungstechnische Alter x oder y einer Person in der Regel so bestimmt, daß der Bruchteil des noch nicht vollendeten Lebensjahres bei der Bestimmung des Alters nicht berücksichtigt wird, wenn er weniger als die Hälfte beträgt. Im anderen Falle wird auf das betreffende ganze Jahr aufgerundet.

2.1. Absterbeordnung.

eine *Sterblichkeitstafel*[1] oder Absterbeordnung für Männer bzw. für Frauen. Für eine solche Absterbeordnung sollen im folgenden eine Reihe von einfachen Größen und ihre Zusammenhänge besprochen werden.

Mit $d_x = l_x - l_{x+1}$ bezeichnen wir die Anzahl der Toten im ersten Jahre, die zwischen dem Alter x und $x+1$ sterben. Analog bedeute $d_{x+1} = l_{x+1} - l_{x+2}$ die Anzahl der Toten im zweiten Jahre usw. Es gilt offenbar $l_x = d_x + d_{x+1} + \cdots + d_\omega$. Der Ausdruck l_{x+n}/l_x mißt denjenigen Teil der Personengesamtheit, welcher nach n Jahren noch lebt. Ganz entsprechend mißt

$$\frac{l_x - l_{x+n}}{l_x} = \frac{d_x + d_{x+1} + \cdots + d_{x+n-1}}{l_x} = 1 - \frac{l_{x+n}}{l_x}$$

denjenigen Teil, der im Laufe der ersten n Jahre stirbt. d_{x+n}/l_x ergibt denjenigen Teil, der im $(n+1)$. Jahre stirbt. Es gilt offenbar

$$\frac{d_{x+n}}{l_x} = \frac{l_{x+n}}{l_x} \frac{d_{x+n}}{l_{x+n}}.$$

Diese Beziehungen können als Beispiele für die Rechnungsregeln aus der elementaren Wahrscheinlichkeitsrechnung betreffs unabhängige Wahrscheinlichkeiten interpretiert werden. Gleichzeitig bildet der Ausdruck d_{x+n}/l_x ein Beispiel für eine Wahrscheinlichkeit im Sinne der klassischen Definition von LAPLACE, die in diesem Fall auf die Personengesamtheit des deterministischen Modells angewendet wird. Aus diesem Grunde ist es üblich, die folgenden Bezeichnungen anzuwenden:

$$\frac{l_{x+1}}{l_x} = p_x \qquad (2.1.1)$$

wird als die Wahrscheinlichkeit eines x-Jährigen bezeichnet, das Alter $x+1$ zu erleben (Erlebenswahrscheinlichkeit).

$$\frac{d_x}{l_x} = \frac{l_x - l_{x+1}}{l_x} = 1 - p_x = q_x \qquad (2.1.2)$$

wird als die Wahrscheinlichkeit eines x-Jährigen bezeichnet, zwischen dem Alter x und $x+1$ zu sterben (Todeswahrscheinlichkeit).

Ganz analog benützen wir die folgenden Größen:

$$_n p_x = \frac{l_{x+n}}{l_x} \qquad (2.1.3)$$

---

[1] Die erste Sterbetafel verdanken wir dem englischen Astronomen E. HALLEY (1656—1742), der sie im Jahre 1693 publizierte. Er bearbeitete Geburts- und Sterbelisten der Stadt Breslau, die vom dortigen Pastor C. NEUMANN zusammengestellt worden waren.

ist die Wahrscheinlichkeit, noch mindestens n Jahre zu leben.

$$_nq_x = 1 - {}_np_x \qquad (2.1.4)$$

ist die Wahrscheinlichkeit, im Laufe der n ersten Jahre zu sterben.

$$_{n|}q_x = \frac{d_{x+n}}{l_x} = {}_np_x\, q_{x+n} \qquad (2.1.5)$$

ist die Wahrscheinlichkeit eines x-Jährigen, zwischen dem Alter $x+n$ und $x+n+1$, d.h. im $(n+1)$. Jahre zu sterben.

Gemäß dieser Formel ist diese Wahrscheinlichkeit gleich dem Produkt aus den Wahrscheinlichkeiten, n Jahre zu leben und im $(n+1)$. Jahre zu sterben. Alle diese Wahrscheinlichkeitswerte sind als Häufigkeit des Eintretens oder Nichteintretens eines bestimmten Ereignisses gemäß der angenommenen Absterbeordnung zu betrachten.

Als Maß für die Mortalität wird häufig die sog. *mittlere Lebenserwartung* e_x benutzt.

$$e_x = \frac{l_x + l_{x+1} + \cdots + l_\omega}{l_x} - \frac{1}{2}. \qquad (2.1.6)$$

e_x gibt offenbar die mittlere Anzahl von Jahren an, die ein x-Jähriger nach der gewählten Absterbeordnung erlebt. Der erste Summand von (2.1.6) ergäbe die durchschnittliche Lebenserwartung, wenn sämtliche Todesfälle je am Ende eines Jahres stattfänden. Die Korrektur von $1/2$ berücksichtigt den Umstand, daß sich die Todesfälle tatsächlich über das ganze Jahr verteilen. Denn unter der Annahme, daß es sich um eine gleichmäßige Verteilung handle, kann die mittlere Lebenserwartung um ein halbes Jahr kleiner angenommen werden.

2.2. Berechnung der Absterbeordnung.

Gemäß der Gl. (2.1.2) beträgt die Wahrscheinlichkeit eines x-Jährigen, zwischen dem Alter x und $x+1$ zu sterben

$$q_x = \frac{d_x}{l_x}.$$

Wenn diese Todeswahrscheinlichkeiten aus den Erfahrungen an Personengesamtheiten gewonnen werden sollen, müssen demnach die Zahlen l_x und d_x bestimmt werden. Die bisherigen über mehrere Jahrzehnte sich erstreckenden Erfahrungen verschiedener Kulturländer beweisen eindeutig, daß die Sterblichkeit nicht konstant ist, sondern fortwährend abnimmt, wenn nicht außerordentliche Ereignisse wie Krieg, Revolution usw. Störungen auch in der Entwicklung der Mortalität herbeiführen. Überdies beweisen die statistischen Erfahrungen, daß

2.2. Berechnung der Absterbeordnung.

die Mortalität in hohem Maße von der Art und Struktur der beobachteten Personengesamtheit abhängt. Aus diesem Grunde muß bei irgendeiner Absterbeordnung genau bekannt sein, aus welcher Gesamtheit und aus welcher Beobachtungszeit sie gewonnen wurde. Wegen der Abhängigkeit der Mortalität von der Zeit wären möglichst kurze Beobachtungszeiten dann vorzuziehen, wenn man annehmen darf, daß es sich dabei um eine Beobachtungsperiode von normalem Charakter, d. h. ohne besondere Störungsmomente wie z. B. eine Epidemie, handelt. Dann würde man eine Art Momentaufnahme von der Mortalität im betreffenden Zeitpunkt erhalten. Werden die Erfahrungen aus längeren Beobachtungsperioden gesammelt, so stellen die erhaltenen Sterbenswahrscheinlichkeiten zeitliche Mittelwerte aus dieser Beobachtungsperiode dar. Bei der statistischen Ermittlung der Zahlen d_x und l_x ist es aus praktischen Gründen fast immer unmöglich, geschlossene Gesamtheiten zu beobachten. Es sei deshalb zunächst gezeigt, wie man q_x in einer offenen Gesamtheit bestimmt. Wir bezeichnen mit L_x die Anzahl der Beobachteten mit dem gleichen Geburtstag, wobei sich diese Beobachtung von ihrem x. Geburtstag bis zu ihrem $(x+1)$. Geburtstag erstrecken soll. Im Laufe dieses Jahres sollen d_x dieser Personen sterben, E_x (Eintretende) neu zu dieser Personengesamtheit hinzukommen und A_x (Austretende) von der Beobachtung ausscheiden. Unter der Annahme, daß sich die Todesfälle, Eintritte und Austritte regelmäßig über das ganze Jahr verteilen, erhält man eine gute Approximation für die Berechnung von q_x gemäß Gl. (2.2.1)

$$q_x = \frac{d_x}{L_x + \frac{E_x - A_x}{2}}. \qquad (2.2.1)$$

In dieser Formel wurde angenommen, daß die Eintritte und Austritte in der Mitte des Jahres stattfinden. Man kann genauere Formeln dann erhalten, wenn die besondere Verteilung der Ein- und Austritte über das Beobachtungsjahr bekannt ist.

Die technische Gewinnung der in der Gl. (2.2.1) erforderlichen Zahlen ist verschieden je nachdem, ob es sich um die Gewinnung einer Volksabsterbeordnung oder einer Absterbeordnung für einen kleineren Versicherungsbestand, beispielsweise für die Versicherten einer Versicherungsgesellschaft, handelt. Es soll zunächst am Beispiel der schweizerischen Volksabsterbeordnung 1939/44 ihre Berechnungsmethode dargestellt werden.

In allen Kulturländern finden von Zeit zu Zeit Volkszählungen statt. Bei einer solchen Volkszählung wird an einem bestimmten Stichtag die gesamte Wohnbevölkerung eines Landes registriert und nachher das erhaltene Material in verschiedener Hinsicht statistisch verarbeitet und insbesondere die Gliederung der Wohnbevölkerung am Stichtag nach

Alter und Geschlecht festgestellt. In den Zwischenzeiten zwischen zwei Volkszählungen werden die Geburten, Todesfälle und eventuell auch die Wanderungen gesammelt. Alle diese Beobachtungen zusammen ermöglichen es, Volksabsterbeordnungen aufzustellen, wie im folgenden dargestellt werden soll.

Die *schweizerische Volksabsterbeordnung 1939/44* wurde wie die bisherigen deutschen Sterbetafeln und die früheren Absterbeordnungen im wesentlichen nach der *Methode* BECKER-ZEUNER berechnet. Da die Wanderungen für die schweizerische Bevölkerung von nur geringer Bedeutung sind, seien dieselben vorerst vernachlässigt. Nach der Darstellung des Eidgenössischen Statistischen Amtes[1] benützen wir die folgenden Bezeichnungen:

τ = Geburtsjahr (Beispiel: $\tau = 1910$).

Wir bezeichnen die in diesem Jahr Geborenen als den τ-Jahrgang (Beispiel: Jahrgang 1910).

t = Kalenderjahr (Beispiel: $t = 1954$).

$^{t+1}_{\tau}B$ = Bestand am 1. Januar des Kalenderjahres $t+1$ (Beispiel: 1.1.1955) des τ-Jahrganges.

$^{t}_{\tau}T$ = Zahl des τ-Jahrganges der im Kalenderjahr t Gestorbenen.

Sofern keine Wanderungen stattfänden, könnte man dank der Kenntnis der Zahl T und der Bestände im Zeitpunkt einer Volkszählung ihre Entwicklung durch Fortschreibung oder Rückschreibung prospektiv (d.h. in die Zukunft) oder retrospektiv (d.h. in die Vergangenheit) verfolgen. Offenbar gelten die folgenden zwei Gleichungen:

Fortschreibung: $\qquad ^{t+1}_{\tau}B = ^{t}_{\tau}B - ^{t}_{\tau}T$,

Rückschreibung: $\qquad ^{t+1}_{\tau}B = ^{t+2}_{\tau}B + ^{t+1}_{\tau}T$.

Da sich die Bestände auf den 1. Januar eines Kalenderjahres beziehen, besteht zwischen dem Alter x der Beobachteten und den Zahlen t und τ die folgende Beziehung:

$$x = t - \tau - 1,$$

d.h. der τ-Jahrgang hat im Kalenderjahr t das Alter zwischen x und $x+1$ (Beispiel: der Jahrgang 1910 hat am 1. Januar 1954 ein Alter, das zwischen 43 und 44 Jahren liegt). Die Gestorbenen $^{t}_{\tau}T$ verteilen sich auf zwei Alter, wie das folgende Beispiel zeigt: Geburt am 1. Mai 1910, Todesjahr 1954. Bei Tod vor dem 1. Mai 1954 ist $x = 43$, bei Tod zwischen dem 1. Mai und 31. Dezember 1954 ist $x = 44$. Die innerhalb eines Kalenderjahres t gestorbenen Personen desselben Jahrganges τ

---

[1] Schweizer Volkssterbetafeln 1931/41 und 1939/44, Statistische Tabellenwerke der Schweiz, H. 232, Reihe Bk 4. Bern 1951.

2.2. Berechnung der Absterbeordnung.

verteilen sich demnach auf die beiden Alter $x = t - \tau - 1$ und $x + 1$. Diese Unterscheidung wird in der Mortalitätsstatistik mit dem Merkmal „nicht erfüllt" oder „erfüllt" gekennzeichnet und trägt damit der zeitlichen Folge von Geburts- und Todestag innerhalb eines Kalenderjahres Rechnung. Die Zahlen ${}_\tau^t T$ werden entsprechend dieser Unterscheidung in zwei Komponenten zerlegt.

$$ {}_\tau^t T = {}_\tau^t T^e + {}_\tau^t T^{ne}. $$

${}_\tau^t T^e =$ Anzahl der Toten des τ-Jahrganges im Kalenderjahr t mit dem Prädikat „erfüllt", ${}_\tau^t T^{ne} =$ Anzahl der Toten des τ-Jahrganges im Kalenderjahr t mit dem Prädikat „nicht erfüllt". Will man nunmehr q_x gemäß der Gl. (2.1.2) bestimmen, so hat man zu berücksichtigen, daß Gestorbene mit dem gleichen Alter x sich auf zwei Kalenderjahre t und $t - 1$ verteilen können. Gemäß unserer Bezeichnung beträgt die Anzahl d_x der Toten mit dem Todesalter zwischen x und $x + 1$

$$ d_x = {}_\tau^{t-1} T^e + {}_\tau^t T^{ne}. $$

Die Anzahl l_x der entsprechenden Lebenden beträgt

$$ l_x = {}_\tau^t B + {}_\tau^{t-1} T^e. $$

Die Anzahl ${}_\tau^{t-1} T^e$ muß bei der Bestimmung von l_x deshalb mitgezählt werden, weil die Betreffenden ja den x. Geburtstag erlebt haben. Man erhält demnach für q_x die folgende Gleichung

$$ q_x = \frac{{}_\tau^{t-1} T^e + {}_\tau^t T^{ne}}{{}_\tau^t B + {}_\tau^{t-1} T^e}. \qquad (2.2.2) $$

Die aus dieser Gleichung erhaltenen Werte für q_x bezeichnen wir aus einem bestimmten und an späterer Stelle zu erklärenden Grunde als „rohe Sterbenswahrscheinlichkeiten".

Die oben dargestellte Bestimmungsmethode für die rohen Sterbenswahrscheinlichkeiten läßt sich auch bei großen Beständen dank den heute in der Statistik benutzten Maschinen, die weitgehend auf dem Lochkartenprinzip beruhen, anwenden. Ganz allgemein kann gesagt werden, daß die Berechnungsmethoden in der Statistik und Versicherung in starkem Maße von der Entwicklung der entsprechenden maschinellen Hilfsmittel beeinflußt werden.

Werden die Zahlen q_x gemäß der obigen Methode gewonnen, so beziehen sich die betreffenden Beobachtungen auf zwei Kalenderjahre. Es ist denkbar, daß wegen der relativ kurzen Beobachtungsdauer die damit gewonnenen Zahlen stark zufälligen Charakter besitzen, bedingt durch die gewählte Beobachtungsperiode. Um die Zufälligkeiten zu verringern, werden die Beobachtungen aus einer längeren Zeitdauer nach der gleichen, sinngemäß verallgemeinerten Methode verarbeitet und dabei werden verschiedene Jahrgänge im gleichen Alter x beobachtet und registriert.

In der vorausgegangenen Darstellung wurden die Wanderungen außer acht gelassen. Aus ihrer Berücksichtigung müßte die Anzahl E_x auch in zwei Komponenten je nach Prädikat „erfüllt" oder „nicht erfüllt" betreffend die Reihenfolge Einwanderung und Geburtstag zerlegt werden. Da diese Zahlen nicht immer erhältlich sind, behilft man sich mit approximativen Methoden, indem man zum Beispiel die aus zwei aufeinanderfolgenden Volkszählungen sich durch Fortschreibung und Rückschreibung berechnete Bestände mittelt und den so gefundenen Mittelwert als Bestand bei Beginn des Kalenderjahres t annimmt. Dank der Rückschreibung werden damit die inzwischen eingetretenen Wanderungen in einem bestimmten Umfange einkalkuliert. Im übrigen muß das Problem der Berücksichtigung der Wanderungen, das z. B. bei der Konstruktion einer Volksabsterbeordnung für die deutsche Bevölkerung wegen besonderer politischen Verhältnisse wichtig wäre, genau geprüft werden.

In den Tabellen 1a und 1b sind die rohen Sterbenswahrscheinlichkeiten der schweizerischen Volksabsterbeordnung 1939/44 getrennt für Männer und Frauen wiedergegeben. Gemäß diesen Zahlen fallen die Sterbenswahrscheinlichkeiten zwischen dem Alter 0 und 12, um nachher bis zum Schlußalter 100 mit leicht oszillatorischem Charakter anzusteigen. Die Sterbenswahrscheinlichkeiten der Frau sind für sämtliche Alter, abgesehen von 98 und 100, geringer als diejenigen des Mannes. Die Tatsache, daß die rohen Sterbenswahrscheinlichkeiten vom Alter 12 an nicht regelmäßig zunehmen, sondern gelegentlich wieder abnehmen (Beispiel: Männer $q_{26}=0{,}00342$, $q_{27}=0{,}00304$) mutet zunächst unwahrscheinlich an und kann mit dem stochastischen Charakter dieser Werte erklärt werden. Es haben sich vielleicht in der betreffenden Beobachtungsperiode für einzelne Altersjahre nicht die wahrscheinlichsten Werte ergeben. Deshalb werden die erhaltenen Werte als rohe Wahrscheinlichkeiten bezeichnet. Es wird an späterer Stelle erklärt, wie diese rohen Werte zu den eigentlichen Sterbenswahrscheinlichkeiten für eine Absterbeordnung umgearbeitet werden.

Die Bestimmung der rohen Sterbenswahrscheinlichkeiten aus den Erfahrungen kleinerer Bestände wie z. B. einer Versicherungsgesellschaft, Pensionskasse usw. kann grundsätzlich nach der gleichen Methode erfolgen, wie sie soeben für die Gewinnung einer Volksabsterbeordnung gezeigt wurde. Häufig kommt es jedoch vor, daß eine Versicherungsgesellschaft die Sterbenswahrscheinlichkeiten ihrer Versicherten im *Laufe eines Kalenderjahres* feststellen möchte. In einem solchen Falle wird oft so vorgegangen, daß man die Versicherten zunächst nach Jahrgängen ordnet. Bei Anwendung der Formel (2.2.1) bezeichnet man mit L_x die Anzahl der am 1. Januar des betreffenden Kalenderjahres vorhandenen Versicherten des gleichen Jahrganges, mit E_x die mit dem gleichen Jahrgang im Kalenderjahr eintretenden Versicherten, mit A_x die austretenden Versicherten und mit d_x die Anzahl der im Kalenderjahr Verstorbenen dieses Jahrganges. Bei dieser Methode können im Alter der Verstorbenen Unterschiede bis zu zwei Jahren bestehen. Sie hat aber den Vorteil, sehr einfach zu sein, wenn man die Formel (2.2.1) noch leicht ändert. In derselben werde den Buchstaben der Index t beigefügt, um anzudeuten, daß es sich um das Kalenderjahr t handle. ^tL_x sind dann diejenigen bei Beginn des Kalenderjahres vorhandenen Versicherten, welche in diesem den x. Geburtstag begehen. Dann gilt offensichtlich die folgende Gleichung

$$^{t+1}L_{x+1} = {}^tL_x - {}^td_x + {}^tE_x - {}^tA_x.$$

Daraus folgt

$$^tE_x - {}^tA_x = {}^{t+1}L_{x+1} - {}^tL_x + {}^td_x$$

und man erhält gemäß Gl. (2.2.1)

$$^tq_x = \frac{2\,{}^td_x}{{}^tL_x + {}^{t+1}L_{x+1} + {}^td_x}.$$

Die Anwendung dieser Formel ist deshalb bequem, weil man lediglich die Anzahl der Versicherten am Anfang eines Kalenderjahres vom gleichen Jahrgang und die Anzahl der Verstorbenen im Beobachtungsjahr festzustellen hat.

Bei den Versicherungsgesellschaften hat sich zur Gewinnung roher Sterblichkeitswahrscheinlichkeiten die von J. KARUP[1] geschaffene *Gothaer Methode* als besonders zweckmäßig erwiesen. Diese Methode stützt sich auf das sog. *Policenalter* eines Versicherten, worunter folgendes zu verstehen ist: Bei Abschluß einer Versicherung werde das Abschlußalter z auf ganze Jahre festgelegt, wobei das angebrochene Jahr ganz berücksichtigt wird, wenn von ihm die Hälfte oder mehr abgelaufen ist und unberücksichtigt bleibt, wenn weniger als 6 Monate von demselben verstrichen sind. Nach Ablauf von t Versicherungsjahren hat dann der Versicherte das Policenalter $x = z + t$. Zwecks Anwendung der Formel (2.2.1) ist unter L_x die Anzahl derjenigen Versicherten zu verstehen, deren Policenalter x beträgt. E_x kann in der Regel vernachlässigt werden, da reaktivierte Versicherungen und im Beobachtungsjahr neu abgeschlossene Versicherungen nicht berücksichtigt werden sollen. A_x bedeutet die Anzahl der infolge Auflösung und durch Tod erloschene

---

[1] J. KARUP, geb. 1854 in Kopenhagen, gest. 1927 in Thüringen, hat als leitender Mathematiker der Gothaer Lebensversicherungsbank dank seiner Publikationen die Entwicklung der Versicherungsmathematik maßgebend beeinflußt.

Versicherungen von Versicherten mit dem Policenalter x. Häufig wird das Verfahren noch dadurch vereinfacht, daß man die Austritte A_x nicht auf die Mitte des Versicherungsjahres verlegt, sondern alle diejenigen Personen, die ihre Versicherungen in der zweiten Hälfte des Versicherungsjahres lösten, werden als ein ganzes Jahr unter Beobachtung stehend angenommen. Diejenigen Personen, welche den Austritt in der ersten Hälfte des Versicherungsjahres nahmen, werden bei der Beobachtung gar nicht mitgezählt. In diesem Falle erhält man die einfache Formel

$$q_x = \frac{d_x}{l_x}.$$

Hier bedeutet l_x die Gesamtheit aller Personen vom gleichen Policenalter, die das Ende des beobachteten Versicherungsjahres erlebten oder in demselben starben oder eine vorzeitige Lösung ihres Vertrages erst in der zweiten Hälfte des Versicherungsjahres vornahmen. Da die Gewinnung der Sterbenswahrscheinlichkeiten nach dieser Methode mit Hilfe der Policen erfolgt, kann es vorkommen, daß Versicherte mit mehreren Policen mehrfach gezählt werden[1].

Im Einklang mit der deterministischen Auffassung wurde versucht, sog. *Sterbegesetze* zu finden. Man wollte für l_x mathematisch gegebene Funktionen von x finden, die zeigen sollen, wie der Abbau einer Personengesamtheit infolge Tod auf Grund eines mathematischen Gesetzes erfolgt. Das wichtigste dieser Gesetze ist dasjenige von GOMPERTZ-MAKEHAM. Ein im Jahre 1825 von GOMPERTZ aufgestelltes Gesetz wurde im Jahre 1860 durch MAKEHAM verallgemeinert und auf die folgende Form gebracht:

$$l_x = k \cdot s^x g^{(c^x)}. \tag{2.2.3}$$

Die Zahl k normiert in dieser Formel die Größe des Anfangsbestandes. Dann lassen sich mit Hilfe dieser Funktion die Zahlen l_x und auch q_x und p_x für alle x-Werte berechnen. Die Parameter s, g, c sind wesentlich für die durch dieses Gesetz definierte Absterbeordnung. Gemäß den Gln. (2.1.1) und (2.1.3) erhält man in diesem Fall die folgenden Erlebenswahrscheinlichkeiten:

$$\left. \begin{aligned} p_x &= \frac{l_{x+1}}{l_x} = s \, g^{(c^{x+1} - c^x)} \\ {}_n p_x &= \frac{l_{x+n}}{l_x} = s^n g^{(c^{x+n} - c^x)}, \end{aligned} \right\} \tag{2.2.4}$$

$$\log {}_n p_x = n \log s + c^x [c^n - 1] \log g. \tag{2.2.5}$$

---

[1] Vgl. SEAL: A probality distribution of deaths at age x, when polices are counted instead of lives, Sk. Aktmarietidskrift 1947, S. 18.

2.2. Berechnung der Absterbeordnung.

Die heutigen Erfahrungen zeigen, daß man mit Hilfe dieses Gesetzes eine gute Approximation an die Wirklichkeit etwa vom Alter 30 an erhält. An späterer Stelle werden wir zeigen, daß das GOMPERTZ-MAKEHAMsche Sterbegesetz wertvolle mathematische Eigenschaften für die Berechnung gewisser, bei der Versicherung verbundener Leben maßgebender Größen, und für die Variation der Rechnungsgrundlagen besitzt.

Wir haben bereits betont, daß mit den geschilderten Methoden die rohen Sterbenswahrscheinlichkeiten gewonnen werden können. Dieselben weisen fast immer gewisse, unwahrscheinlich anmutende Regellosigkeiten auf, die man mit den bei ihrer Gewinnung unvermeidlichen Zufälligkeiten, wie z. B. die willkürliche Wahl der Beobachtungsperiode, erklären kann. Man hat bei der Beobachtung nicht immer die wahrscheinlichsten Werte der Sterbenswahrscheinlichkeiten getroffen.

Zur Berechnung der wahrscheinlichsten Werte der Sterbenswahrscheinlichkeiten und häufig auch in der deterministischen Tendenz, aus ihnen ein Sterbensgesetz abzuleiten, werden die rohen Sterbenswahrscheinlichkeiten ausgeglichen. Mit Hilfe von *Ausgleichungsmethoden* will man die unwahrscheinlichen Regellosigkeiten möglichst eliminieren und die wahrscheinlichsten Werte finden. Im Laufe der letzten Jahrzehnte wurden verschiedene analytische, graphische und mechanische Ausgleichungsverfahren entwickelt, die aber häufig als recht willkürlich bezeichnet werden müssen. Sie sollen im zweiten Bande dargestellt werden.

Als Beispiel für die Auswirkung einer solchen Ausgleichung seien die schweizerischen Absterbeordnungen 1939/44 erwähnt. Das Eidgenössische Statistische Amt hat bei der Konstruktion dieser Absterbeordnungen verschiedene Ausgleichungsmethoden untersucht und die entsprechenden Resultate publiziert[1]. Gemäß der analytischen Methode, welche die rohen Sterbenswahrscheinlichkeiten möglichst denjenigen eines GOMPERTZ-MAKEHAMschen Gesetzes angleichen will, erhält man ausgeglichene Werte, die in Tabelle 2a und 2b publiziert sind. Die Parameter der Sterbegesetze haben in diesem Falle die folgenden Werte:

$$SM\ 1939/44:\quad s = 0,99900$$
$$g = 0,99918$$
$$c = 1,09852$$

$$SF\ 1939/44:\quad s = 0,99854$$
$$g = 0,99975$$
$$c = 1,11057$$

---

[1] Man vgl.: Schweiz. Volkssterbetafeln 1931/41 und 1939/44, S. 61*—80*.

2.3. Die wichtigsten Typen von Sterblichkeitstafeln und ihre Eigenschaften.

Die langjährigen Sterblichkeitserfahrungen, die von den statistischen Ämtern der einzelnen Länder und von den Versicherungsgesellschaften gesammelt wurden, zeigen, daß diese weitreichend von der Art des beobachteten Bestandes und auch von der Länge der Beobachtungsdauer abhängen. Die Sterblichkeit weist neben zufälligen Änderungen, die mit dem teilweise stochastischen Charakter der beobachteten Erscheinung zusammenhängen, sog. *säkulare* Änderungen auf, d.h. solche, die eine bestimmte Tendenz besitzen. Sofern sich die Beobachtungen auf eine lange Zeitdauer beziehen, stellen demnach die beobachteten Sterbenswahrscheinlichkeiten stets zeitliche Mittelwerte dar. Daß die Art des beobachteten Bestandes bei den Sterblichkeitserfahrungen eine wesentliche Rolle spielt, läßt sich an Hand verschiedener Erscheinungen beweisen. Die Erfahrungen von Pensionskassen zeigen, daß die Sterblichkeit weitgehend vom Berufe der Beobachteten beeinflußt wird. Die Versicherten einer Pensionskasse weisen im allgemeinen eine geringere Sterblichkeit auf, als die Sterblichkeit der gesamten Bevölkerung eines Landes ausmacht. Diese Tatsache ist natürlich dadurch zu erklären, daß die Versicherten einer Pensionskasse eine Auswahl darstellen. Ebenso machen Pensionskassen die Erfahrung, daß ihre Invaliden einer viel größeren Sterblichkeit unterworfen sind als ihre Aktiven. Bei den Invaliden läßt sich ferner besonders deutlich feststellen, daß ihre Sterblichkeit nicht nur von ihrem Alter, sondern auch von der Anzahl der Invaliditätsjahre abhängt. Zwei Versicherte mit dem gleichen Alter, von denen der eine schon längere Zeit invalid war und der andere gerade invalid erklärt wurde, unterliegen nicht der gleichen Sterblichkeitswahrscheinlichkeit. Die Sterblichkeitswahrscheinlichkeit des Ersten ist erheblich kleiner als diejenige des Zweiten, weil er inzwischen die ungünstigen Auswirkungen der Invalidität auf den Gesamtgesundheitszustand offenbar ganz oder teilweise überwunden hat. Wenn man deshalb von der Sterblichkeit Invalider ein möglichst exaktes Bild geben will, so sollte man dieselbe doppelt abstufen nach Alter und Dauer der Invalidität.

Die Versicherungsgesellschaften haben an Hand ihrer Sterblichkeitserfahrungen festgestellt, daß dieselben bei ihren Versicherten je nach dem gewählten Versicherungstarif verschieden sind. Die Versicherten mit Kapital- und Todesfallversicherungen haben die größere Mortalität als die Rentner, die sich bei den Versicherungsgesellschaften eine lebenslängliche Rente erwerben. Bei Versicherten, die sich erst auf Grund einer ärztlichen Untersuchung versichern lassen können, erzeugt die letztere eine sog. *Selektionswirkung*. Ihre Sterblichkeit ist abhängig vom Alter dieser Versicherten und der Zeitdauer ihrer Versicherung. Denn in den

2.3. Die wichtigsten Typen von Sterblichkeitstafeln und ihre Eigenschaften.

ersten Jahren des Bestehens einer Versicherung wirkt sich der Umstand aus, daß dank der ärztlichen Prüfung nur gesunde Versicherte aufgenommen werden. Auch bei den Rentnern beweisen die Erfahrungen, daß ihre Sterblichkeit außer vom Alter von der Zeitdauer der Versicherung abhängt. Denn es schließen nur Gesunde lebenslängliche Altersrentenversicherungen ab. Wenn eine Versicherungsgesellschaft demnach die Sterblichkeit möglichst genau erfassen will, so müßte sie bei der Konstruktion ihrer Sterblichkeitstafeln dieses Prinzip der Selbstauslese oder der ärztlichen Auswahl oder ganz allgemein das Prinzip der Selektions- und Antiselektionswirkung (Invalide) berücksichtigen.

Sterblichkeitstafeln, die lediglich nach dem Alter der Versicherten abgestuft sind, bezeichnet man als *Aggregattafeln*. Von den deutschen Versicherungsgesellschaften werden beispielsweise für die Kapitalversicherungen häufig die folgenden Aggregattafeln benützt:

M & W I: Deutsche Sterblichkeitstafel I aus den Erfahrungen von 23 Lebensversicherungsgesellschaften für beide Geschlechter.

Vereinstafel: Einfach abgestufte Vereinssterbetafel V des Vereins deutscher Lebensversicherungsgesellschaften.

Reichstafeln 91/00; 01/10; 24/26 (vgl. Tabelle 3).

Dies sind die allgemeinen deutschen Sterbetafeln für die entsprechende Beobachtungsperiode[1].

Doppelt abgestufte Sterblichkeitstafeln, abgestuft nach Alter und Versicherungsdauer, nennt man *Selektionstafeln*. Für solche Selektionstafeln benützen wir die folgenden Bezeichnungen. Mit $l_{[x]}$ bzw. $l_{[y]}$ bezeichnen wir die Anzahl der Versicherten mit dem Eintrittsalter x (Männer) bzw. y (Frauen) und mit $l_{[x]+t}$ bzw. $l_{[y]+t}$ die Anzahl dieser Versicherten, die nach t Jahren noch leben. $d_{[x]+t} = l_{[x]+t} - l_{[x]+t+1}$ ist die Anzahl dieser Versicherten, die im $(t+1)$. Versicherungsjahr sterben. In Analogie zu den Formeln (2.1.1) und (2.1.2) definieren wir in diesem Fall als Erlebenswahrscheinlichkeit $p_{[x]+t}$ bzw. Todeswahrscheinlichkeit $q_{[x]+t}$ die folgenden Werte

$$p_{[x]+t} = \frac{l_{[x]+t+1}}{l_{[x]+t}}, \qquad (2.3.1)$$

$$q_{[x]+t} = 1 - p_{[x]+t} = \frac{d_{[x]+t}}{l_{[x]+t}}. \qquad (2.3.2)$$

Die Selektionswirkung dauert nach übereinstimmenden Erfahrungen maximal 10 Jahre, die Antiselektionswirkung bei Invaliden bedeutend länger. Wegen der erheblichen rechnerischen Komplikationen, die durch

---

[1] Vgl. KAHLO: Versicherungsbedingungen und Prämien der in der Bundesrepublik Deutschland und in Westberlin arbeitenden Versicherungsgesellschaften. Dieses Buch wird jedes Jahr veröffentlicht und enthält im 3. Teil die Rechnungsgrundlagen der in Deutschland tätigen Lebensversicherungsgesellschaften.

Anwendung von Selektionssterblichkeitstafeln entstehen, ist ihre praktische Bedeutung in den letzten Jahren eher zurückgegangen. Eine Selektionstafel geht nach Ablauf der Selektionszeit in eine gewöhnliche Aggregattafel über, die man als *Schlußtafel* oder *gestutzte Tafel* bezeichnet.

Als neuere von deutschen Versicherungsgesellschaften benutzte Selektionstafeln mit nur einjähriger Selektionsperiode seien die folgenden Tafeln genannt: R IV M und R IV F, ausgearbeitet von W. GRAMBERG[1], L^{rm} und L^{rf}, ausgearbeitet von R. SCHÖNWIESE[2] und GRM bzw. GRF, ausgearbeitet von A. ANDRAE[3].

Allen diesen drei Rentnertafeln ist neben der einjährigen Selektionsperiode auch noch die Annahme gemeinsam, daß im Selektionsjahre die Mortalität für Männer und Frauen unabhängig vom Alter auf einen festen Bruchteil der Mortalität der Schlußtafel reduziert wird. Die Tafeln R IV und GR nehmen an, daß die Sterbenswahrscheinlichkeit im Selektionsjahr 63% der entsprechenden der Schlußtafel betrage. Bei den Tafeln L^r beträgt der entsprechende Satz 60%.

Als Invalidensterbetafel, bei der die Mortalität der Invaliden nach Alter und Invaliditätsdauer abgestuft ist, seien die Tafeln von P. NOLFI erwähnt[4]. In der Tabelle 5 des Anhanges können die Sterbenswahrscheinlichkeiten für Invalide für einige Alterskombinationen abgelesen werden. Beispielsweise beträgt nach dieser Absterbeordnung die Sterbenswahrscheinlichkeit eines 50-jährigen mit 0-jähriger Invaliditätsdauer $80,65^0/_{00}$, bei 10-jähriger Dauer $13,64^0/_{00}$ und bei 20-jähriger Dauer $10,34^0/_{00}$. Diese Werte zeigen, daß unmittelbar nach Eintreten der Invalidität die Mortalität verständlicherweise weitaus am größten ist und nachher abklingt.

Bei Berechnungen für Sozialversicherungen ist es häufig nötig, auch die zu erwartenden säkularen Sterblichkeitsänderungen zu berücksichtigen. Dies kann durch Anwendung von sog. *Generationensterbetafeln* geschehen, in denen der vermutliche Abbau durch Tod dieser ganzen Generation festgestellt wird. Die Sterblichkeit ist in diesem Falle

---

[1] GRAMBERG, W.: Die Untersuchungen der allgemeinen Rentenanstalt Stuttgart über Rentnersterblichkeit und die danach aufgestellten Sterbetafeln. Jubiläumsschrift der Allgemeinen Rentenanstalt zu Stuttgart 1833—1933 oder „Die neuen Renten-Sterbetafeln der Allgemeinen Rentenanstalt", Blätter für Versicherungsmathematik, Bd. 4, S. 205—209.

[2] SCHÖNWIESE, R.: Neue Sterbetafeln für Leibrentenversicherung. Blätter für Versicherungsmathematik, Bd. 4, S. 437—459. — MÜLLER, A.: Die Leibrentner-Sterbetafel der alten Leipziger. Blätter für Versicherungsmathematik, Bd. 5, S. 303—307.

[3] ANDRAE, A.: Neue Rentner-Sterblichkeitstafeln, gestützt auf deutsche und ausländische Beobachtungen. Blätter für Versicherungsmathematik, Bd. 5, S. 375—426.

[4] NOLFI, P.: Technische Grundlagen für Pensionsversicherungen. Zürich 1950. — NOLFI, P., u. W. SUTER: Technische Grundlagen der Invalidenversicherung, Zürich 1954.

doppelt abgestuft nach Alter der Versicherten und Kalenderjahr. Wenn die betreffende Sterblichkeitstafel sich nicht auf die ganze Lebensdauer einer Generation, sondern nur auf eine bestimmte Periode bezieht, so spricht man von *Periodensterbetafeln*.

Die Versicherten einer Versicherungsgesellschaft können nicht nur durch Tod, sondern auch durch freiwilligen Austritt (Rückkauf der Versicherung, *Storno*) ausscheiden. Durch diese freiwilligen Rücktritte wird der Bestand einer Versicherungsgesellschaft wesentlich geändert, und damit kann auch seine Sterblichkeit beeinflußt werden. Wenn bei der Konstruktion einer Sterblichkeitstafel beide Ausscheidewahrscheinlichkeiten, Tod und Storno, berücksichtigt werden, spricht man von *Dekrementtafeln*. Die rechnerische Berücksichtigung von zwei Ausscheidewahrscheinlichkeiten werden wir im nächsten Abschnitt darstellen.

Schließlich spricht man von *Kompakttafeln* dann, wenn die Sterblichkeit lediglich nach der abgelaufenen Versicherungsdauer, nicht aber nach dem Alter der Versicherten abgestuft wird. Da jedoch das Alter einen erheblich größeren Einfluß auf die Sterbenswahrscheinlichkeit besitzt als die abgelaufene Versicherungsdauer, sind diese Kompakttafeln von geringer Bedeutung. Sie werden gelegentlich bei Deckungskapitalberechnungen benutzt.

2.4. Die Ausscheideordnungen.

Eine Absterbeordnung stellt einen Spezialfall einer sog. Ausscheideordnung[1] dar. Unter diesem Begriff verstehen wir folgendes: Eine bestimmte, wohl definierte Anzahl von Objekten, unter denen wir uns insbesondere eine Personengesamtheit vorstellen können, besitze eine bestimmte Eigenschaft, ein bestimmtes *Attribut*. Es werde angenommen, daß die beobachteten Objekte dieses Attribut im Laufe der Zeit verlieren, dasselbe aber nicht durch sog. Reaktivierung wieder gewinnen können. Die Ausscheideordnung gibt an, wie viele dieser Objekte nach einer gewissen Zeit das betreffende Attribut noch besitzen. Im Falle einer Absterbeordnung haben wir es mit einer Personengesamtheit zu tun, wobei das Attribut „leben" bedeutet. Bei Tod verliert demnach die beobachtete Person das zugewiesene Attribut und scheidet aus der Gesamtheit aus.

In den folgenden Betrachtungen sollen die beobachteten Objekte nicht nur ein Attribut, sondern deren mehrere tragen.

1. Beispiel. Die beobachteten Objekte seien eine Anzahl lediger Personen, die einer bestimmten Gesamtheit angehören, z.B. Mitglieder einer Pensionskasse sind.

---

[1] Für eine zusammenfassende Darstellung s. H. Wyss, Erwägungen über abhängige und unabhängige Wahrscheinlichkeiten. Mitteilungen der Vereinigung schweiz. Versicherungsmathematiker, 48. Bd., S. 171—211, 1948.

Die betreffenden Personen tragen demnach zwei Attribute: sie gehören der betrachteten Versicherungsgesamtheit an und sind ledig. Personen, die diese Attribute tragen, bilden die Hauptgesamtheit. Bei Austritt aus der Versichertengesamtheit oder bei Verheiratung verlieren diese Personen jedenfalls eines der beobachteten Attribute. Sie scheiden damit aus der Hauptgesamtheit aus und bilden drei verschiedene Nebengesamtheiten. Die erste Nebengesamtheit umschließt alle ledigen Ausgetretenen, die zweite Nebengesamtheit sämtliche nichtausgetretenen Verheirateten und die dritte Nebengesamtheit sämtliche ausgetretenen Verheirateten. Die Personen der beiden ersten Nebengesamtheiten haben ein Attribut verloren, die Angehörigen der dritten Nebengesamtheit beide Attribute.

2. Beispiel. Als Attribute einer Personengesamtheit sollen gelten: leben und einer bestimmten Versicherungsgesamtheit angehören. Bei Tod oder Austritt verliert eine solche Person eines dieser beiden Attribute. Im Gegensatz zum ersten Beispiel entsteht hier lediglich eine Nebengesamtheit, die Ausgetretenen, die eventuell weiter beobachtet werden kann.

3. Beispiel. Die Hauptgesamtheit werde gebildet von kinderlosen Verheirateten, die einer bestimmten Versichertengesamtheit angehören. Die drei beobachteten Attribute sind: kinderlos, verheiratet und Zugehörigkeit zu einer bestimmten Versichertengesamtheit. Bei Verlust eines dieser drei Attribute entstehen drei Nebengesamtheiten erster Ordnung, bei Verlust von zwei Attributen drei Nebengesamtheiten zweiter Ordnung und bei Verlust von allen drei Attributen eine Nebengesamtheit dritter Ordnung. Selbstverständlich können auch in diesem Falle wie beim zweiten Beispiel je nach Wahl der beobachteten Attribute einzelne Nebengesamtheiten keine Rolle mehr spielen. Dies ist insbesondere dann der Fall, wenn ein Attribut „leben" bedeutet.

4. Beispiel. In neuerer Zeit werden die Todesursachen registriert. Es wird statistisch festgestellt, an welcher Krankheit die beobachteten Personen gestorben sind. Diese Todesursachen seien in n Klassen eingeteilt. Dann betrachten wir eine Hauptgesamtheit von Personen, die im Laufe der Zeit je nach Art der Todesursache in n Nebengesamtheiten zerfällt.

Eine Ausscheideordnung mit n Attributen gibt den zeitlichen Ablauf des Zerfalles einer Hauptgesamtheit in ihre verschiedenen Nebengesamtheiten an. Zur Beschreibung dieses zeitlichen Verlaufes muß eine bestimmte Zeiteinheit, die an sich willkürlich ist, gewählt werden. Die Ausscheideordnung gibt an, wie viele Objekte nach Ablauf dieser Zeiteinheit der Hauptgesamtheit und den verschiedenen Nebengesamtheiten angehören. Wir werden im folgenden als Zeiteinheit ein Jahr wählen.

Es wäre denkbar, daß eine Nebengesamtheit, deren Objekte noch nicht alle Attribute der Hauptgesamtheit verloren haben, bezüglich dieser Attribute einer anderen Ausscheideordnung unterliegt als die Hauptgesamtheit. Beispielsweise seien die Versicherten einer Pensionskasse erwähnt, die dank dem Attribut „aktiv" in die Hauptgesamtheit Aktive und Nebengesamtheit Invalide zerfallen. Das der Hauptgesamtheit und der Nebengesamtheit zugehörende gemeinsame Attribut ist in diesem Fall „leben". Nun besitzen die Invaliden erfahrungsgemäß eine größere Todeswahrscheinlichkeit als die Aktiven. Es tritt also in diesem Fall genau das vorhin erwähnte Phänomen ein, daß wegen Zerfall einer Hauptgesamtheit die Nebengesamtheiten bezüglich behaltenes Attribut eine andere Struktur erhalten als die Hauptgesamtheit. In den folgenden Betrachtungen soll zunächst angenommen werden, daß diese Komplikation nicht eintrete. Die Hauptgesamtheit und alle Nebengesamtheiten sollen bezüglich der in Beobachtung stehenden Attribute grundsätzlich die gleiche Struktur besitzen. Wir sprechen in einem solchen Falle von einer *homogenen* Zerlegung.

Zwecks Darstellung der verschiedenen Beziehungen zwischen den eine Ausscheideordnung beschreibenden Größen werde zunächst eine Hauptgesamtheit von l_x gleichaltrigen Männern (Alter x) bzw. l_y gleichaltrigen Frauen mit zwei Attributen A und B betrachtet. Nach t Jahren sollen dieser Hauptgesamtheit noch l_{x+t} Männer angehören. Im $(t+1)$. Jahre sollen wegen Verlust des Attributes A a_{x+t} und wegen Verlust des Attributes B b_{x+t} Männer aus der Hauptgesamtheit ausscheiden und die Nebengesamtheit ^bL bzw. die Nebengesamtheit ^aL bilden. Die ausgeschiedenen Männer, die das A-Attribut verlieren, bilden aus diesem Grunde die ^bL-Nebengesamtheit, weil sie das B-Attribut noch besitzen. Unter den Wahrscheinlichkeiten α_{x+t} bzw. β_{x+t} verstehen wir die Wahrscheinlichkeit, daß die beobachteten Männer im $(t+1)$. Jahre das Attribut A bzw. B verlieren und definieren sie genau gleich wie die Todeswahrscheinlichkeit durch die folgenden Gleichungen

$$\alpha_{x+t} = \frac{a_{x+t}}{l_{x+t}}, \qquad \beta_{x+t} = \frac{b_{x+t}}{l_{x+t}}. \qquad (2.4.1)$$

Zwischen l_{x+t} und l_{x+t+1} besteht demnach die Beziehung

$$l_{x+t+1} = l_{x+t} - a_{x+t} - b_{x+t}, \quad \frac{l_{x+t+1}}{l_{x+t}} = 1 - \alpha_{x+t} - \beta_{x+t}. \quad (2.4.2)$$

Die Größe $\alpha_{x+t} + \beta_{x+t}$ mißt demnach die totale Wahrscheinlichkeit im $(t+1)$. Jahre wegen Verlust eines dieser beiden Attribute auszuscheiden. Es handelt sich hier um eine Größe von der gleichen Struktur wie die Todeswahrscheinlichkeit, lediglich mit dem Unterschied, daß sie in zwei Komponenten zerfällt.

Neben diesen gewöhnlichen Ausscheidewahrscheinlichkeiten führen wir noch die sog. *partiellen* Ausscheidewahrscheinlichkeiten $^*\alpha_{x+t}$ bzw. $^*\beta_{x+t}$ ein. Darunter verstehen wir folgendes: Man kann sich vorstellen, daß die Hauptgesamtheit lediglich bezüglich des Attributes A bzw. des Attributes B beobachtet werde, d.h. daß die einfachen Ausscheideordnungen für diese beiden Attribute bekannt seien. Zu diesen einfachen Ausscheideordnungen gehören dann gewisse Ausscheidewahrscheinlichkeiten, die wir als die partiellen Ausscheidewahrscheinlichkeiten $^*\alpha_x$ und

24   II. Theorie der Personengesamtheiten.

$*\beta_x$ bezeichnen[1]. Die zu diesen einfachen Ausscheideordnungen gehörige, nach Alter abgestufte Anzahl Personen sei durch $^a l_{x+t}$ bzw. $^b l_{x+t}$ bezeichnet. Dann gelten die Gleichungen

$$*\alpha_{x+t} = \frac{^a l_{x+t} - {^a l_{x+t+1}}}{^a l_{x+t}}, \quad *\beta_{x+t} = \frac{^b l_{x+t} - {^b l_{x+t+1}}}{^b l_{x+t}} \quad (2.4.3)$$

und

$$\left.\begin{array}{l} l_{x+t+1} = l_{x+t}(1 - *\alpha_{x+t} - *\beta_{x+t} + *\alpha_{x+t} *\beta_{x+t}) \\ \quad = l_{x+t}(1 - *\alpha_{x+t})(1 - *\beta_{x+t}) = l_{x+t} \frac{^a l_{x+t+1}}{^a l_{x+t}} \frac{^b l_{x+t+1}}{^b l_{x+t}}. \end{array}\right\} \quad (2.4.4)$$

Bei der Gl. (2.4.4) ist zum Unterschied zur Gl. (2.4.2) die Korrektur $*\alpha_{x+t} *\beta_{x+t}$ deshalb nötig, weil auf Grund des Sinnes einer partiellen Ausscheidewahrscheinlichkeit ohne Berücksichtigung dieser Korrektur diejenigen Personen, die im Laufe des $(t+1)$. Jahres beide Attribute A und B verlieren, zweimal gerechnet worden wären. Nun beträgt die Anzahl derjenigen Personen, die im Laufe des Beobachtungsjahres das Attribut A verlieren $l_{x+t} *\alpha_{x+t}$ und von diesen verlieren noch $l_{x+t} *\alpha_{x+t} *\beta_{x+t}$ das Attribut B.

Die Kenntnis aller vier Wahrscheinlichkeiten α, β und $*\alpha$, $*\beta$ ist in vielen Fällen wichtig. Gemäß Gl. (2.4.2) ermöglichen die Werte α und β sofort die Aufstellung einer Ausscheideordnung. Wenn jedoch eine dieser Ausscheidewahrscheinlichkeiten die Wahrscheinlichkeit infolge Austrittes aus einer Versichertengesamtheit bedeutet, so können die Wahrscheinlichkeiten α und β recht zufälliger Natur sein und keine bindenden Aussagen für die Zukunft geben. Die partiellen Ausscheidewahrscheinlichkeiten $*\alpha$ und $*\beta$ widerspiegeln die innere Struktur einer Gesamtheit besser. Nun ist es gelegentlich aus praktischen Gründen nicht möglich, eine Nebengesamtheit weiter zu beobachten. Beispielsweise bestehen diese Nebengesamtheiten aus den ausgetretenen Versicherten einer Versicherungsgesellschaft, die statistisch überhaupt nicht mehr kontrolliert

---

[1] Die Wahrscheinlichkeiten α und β bzw. $*\alpha$ und $*\beta$ werden in der bisherigen Literatur in der Regel nach KARUP als abhängige bzw. unabhängige Wahrscheinlichkeiten bezeichnet. Diese von KARUP gewählte Bezeichnung ist darauf zurückzuführen, daß bei Gewinnung der Wahrscheinlichkeiten α und β aus Beobachtungen dieselben sich zweifellos im Gegensatz zu $*\alpha$ und $*\beta$ gegenseitig beeinflussen und deshalb als abhängig bezeichnet wurden. Leider widersprechen diese Bezeichnungen der in der Wahrscheinlichkeitsrechnung üblichen Terminologie. Gemäß Gl. (2.4.2) sind α und β im Sinne der Wahrscheinlichkeitsrechnung unabhängige Wahrscheinlichkeitsmaße im Gegensatz zu $*\alpha$ und $*\beta$ gemäß Gl. (2.4.4). Gl. (2.4.4) stellt einen Spezialfall des allgemeinen Theorems in der Wahrscheinlichkeitsrechnung betreffend Addition von abhängigen Wahrscheinlichkeiten dar.

Um in der Bezeichnung eine Kollision mit der Wahrscheinlichkeitsrechnung zu vermeiden, haben wir die Größen α und β einfach als Ausscheidewahrscheinlichkeiten bezüglich Attribute A und B und $*\alpha$ und $*\beta$ als partielle Ausscheidewahrscheinlichkeiten bezeichnet.

2.4. Die Ausscheideordnungen.

werden können. Aus diesem Grunde ist es wichtig, die Zusammenhänge zwischen den Größen α, β und $*\alpha, *\beta$ herzustellen. Zu diesem Zwecke bezeichnen wir mit $^b a_{x+t}$ bzw. $^a b_{x+t}$ die Anzahl derjenigen Personen, die im $(t+1)$. Jahr das Attribut B und im gleichen Jahr noch das Attribut A verlieren. Nach Definition der Größen $*\alpha$ und $*\beta$ gelten die folgenden Gleichungen

$$*\alpha_{x+t} = \frac{a_{x+t} + {}^b a_{x+t}}{l_{x+t}}, \quad *\beta_{x+t} = \frac{b_{x+t} + {}^a b_{x+t}}{l_{x+t}}. \quad (2.4.5)$$

Unter der Annahme, daß das Ausscheiden aus der Hauptgesamtheit oder den Nebengesamtheiten infolge Verlust eines Attributes gleichmäßig über das ganze Jahr erfolge, erhalten wir deshalb die folgenden Gleichungen

$$\frac{{}^b a_{x+t}}{l_{x+t}} = \left(\frac{b_{x+t}}{l_{x+t}}\right)\left(\frac{*\alpha_{x+t}}{2}\right), \quad \frac{{}^a b_{x+t}}{l_{x+t}} = \left(\frac{a_{x+t}}{l_{x+t}}\right)\left(\frac{*\beta_{x+t}}{2}\right). \quad (2.4.6)$$

Diese Ausdrücke für $^b a_{x+t}$ und $^a b_{x+t}$ in Gl. (2.4.5) führen unter Berücksichtigung von Gl. (2.4.1) zu den folgenden Gleichungen

$$\left.\begin{array}{l} *\alpha_{x+t} = \dfrac{a_{x+t}}{l_{x+t}} + \dfrac{b_{x+t}}{l_{x+t}} \dfrac{*\alpha_{x+t}}{2} = \alpha_{x+t} + \beta_{x+t} \dfrac{*\alpha_{x+t}}{2}, \\ *\beta_{x+t} = \dfrac{b_{x+t}}{l_{x+t}} + \dfrac{a_{x+t}}{l_{x+t}} \dfrac{*\beta_{x+t}}{2} = \beta_{x+t} + \alpha_{x+t} \dfrac{*\beta_{x+t}}{2}. \end{array}\right\} \quad (2.4.7)$$

Löst man in Gl. (2.4.7) nach $*\alpha$ und $*\beta$ auf, so erhält man die Gleichungen

$$\left.\begin{array}{l} *\alpha_{x+t} = \dfrac{\alpha_{x+t}}{1 - \dfrac{\beta_{x+t}}{2}} \sim \alpha_{x+t}\left(1 + \dfrac{\beta_{x+t}}{2}\right), \\ *\beta_{x+t} = \dfrac{\beta_{x+t}}{1 - \dfrac{\alpha_{x+t}}{2}} \sim \beta_{x+t}\left(1 + \dfrac{\alpha_{x+t}}{2}\right). \end{array}\right\} \quad (2.4.8)$$

Die Näherungswerte $*\alpha$ und $*\beta$ in den Gln. (2.4.8) wurden unter der Annahme gewonnen, die Werte α und β seien relativ klein, und die entsprechende geometrische Reihe könne nach den ersten beiden Summanden abgebrochen werden. Das Gleichungssystem (2.4.7) ist linear in den Ausdrücken α und β und kann deshalb sofort gemäß Gleichung

$$\left.\begin{array}{l} \alpha_{x+t} = \dfrac{*\alpha_{x+t}\left(1 - \dfrac{*\beta_{x+t}}{2}\right)}{1 - \dfrac{*\alpha_{x+t} *\beta_{x+t}}{4}} \sim *\alpha_{x+t}\left(1 - \dfrac{*\beta_{x+t}}{2}\right), \\ \beta_{x+t} = \dfrac{*\beta_{x+t}\left(1 - \dfrac{*\alpha_{x+t}}{2}\right)}{1 - \dfrac{*\alpha_{x+t} *\beta_{x+t}}{4}} \sim *\beta_{x+t}\left(1 - \dfrac{*\alpha_{x+t}}{2}\right) \end{array}\right\} \quad (2.4.9)$$

aufgelöst werden. Die gemäß den Gln. (2.4.8) und (2.4.9) bestehenden approximativen Beziehungen zwischen den Größen α, β und $*\alpha, *\beta$ werden in der Praxis am meisten benutzt.

Im folgenden sollen die gleichen Betrachtungen in Kürze dargestellt werden, wenn es sich um eine Ausscheideordnung mit drei Attributen A, B und C handelt. Wir benützen die folgenden Bezeichnungen:

Nebengesamtheit 1. Ordnung: $\quad {}^{ab}L, \; {}^{bc}L, \; {}^{ca}L.$

Die Personen der Nebengesamtheit ${}^{ab}L$ besitzen noch die Attribute A und B usw.

Nebengesamtheit 2. Ordnung: $\quad {}^{a}L, \; {}^{b}L, \; {}^{c}L.$

Die Personen der Nebengesamtheit ${}^{a}L$ besitzen noch das Attribut A usw.

Nebengesamtheit 3. Ordnung: $\quad {}^{0}L.$

Die Personen dieser Nebengesamtheit besitzen überhaupt kein Attribut mehr.

Bezeichnung der Ausgeschiedenen im $(t+1)$. Jahre.

Ausgeschiedene der Hauptgesamtheit.

$$ {}^{bc}a_{x+t}, \; {}^{ca}b_{x+t}, \; {}^{ab}c_{x+t}. $$

${}^{bc}a_{x+t}$ sind diejenigen, die das Attribut A verlieren.

Ausgeschiedene der Nebengesamtheiten 1. Ordnung.

Nebengesamtheit $\quad {}^{ab}L : {}^{b}a_{x+t}, \; {}^{a}b_{x+t};$
Nebengesamtheit $\quad {}^{bc}L : {}^{c}b_{x+t}, \; {}^{b}c_{x+t};$
Nebengesamtheit $\quad {}^{ca}L : {}^{a}c_{x+t}, \; {}^{c}a_{x+t}.$

Die Ausgeschiedenen ${}^{b}a_{x+t}$ der Nebengesamtheit ${}^{ab}L$ verlieren im gleichen Jahr zuerst das Attribut C und dann das Attribut A.

Ausgeschiedene der Nebengesamtheiten 2. Ordnung.

$$ {}^{a}L : a_{x+t}, \; {}^{b}L : b_{x+t}, \; {}^{c}L : c_{x+t}, $$

In Analogie zum Beispiel mit den zwei Attributen gelten die folgenden Gleichungen

$$\left. \begin{aligned} \alpha_{x+t} &= \frac{{}^{bc}a_{x+t}}{l_{x+t}}, \quad \beta_{x+t} = \frac{{}^{ca}b_{x+t}}{l_{x+t}}, \quad \gamma_{x+t} = \frac{{}^{ab}c_{x+t}}{l_{x+t}} \\ \frac{l_{x+t+1}}{l_{x+t}} &= 1 - \alpha_{x+t} - \beta_{x+t} - \gamma_{x+t}, \end{aligned} \right\} \quad (2.4.10)$$

2.4. Die Ausscheideordnungen.

$$*\alpha_{x+t} = \frac{{}^a l_{x+t} - {}^a l_{x+t+1}}{{}^a l_{x+t}}, \quad *\beta_{x+t} = \frac{{}^b l_{x+t} - {}^b l_{x+t+1}}{{}^b l_{x+t}}, \quad *\gamma_{x+t} = \frac{{}^c l_{x+t} - {}^c l_{x+t+1}}{{}^c l_{x+t}}$$
$$l_{x+t+1} = l_{x+t}(1 - *\alpha_{x+t})(1 - *\beta_{x+t})(1 - *\gamma_{x+t}), \qquad (2.4.11)$$

$$*\alpha_{x+t} = \frac{{}^{bc}a_{x+t} + {}^b a_{x+t} + {}^c a_{x+t} + a_{x+t}}{l_{x+t}} \text{ und analog } *\beta_{x+t} \text{ und } *\gamma_{x+t}. \quad (2.4.12)$$

Nimmt man an, daß das Ausscheiden im Laufe eines Jahres zeitlich gleichmäßig erfolge, ergeben sich die nachstehenden approximativen Beziehungen:

$$\begin{aligned} {}^b a_{x+t} &= {}^{ab}c_{x+t} \frac{*\alpha_{x+t}}{2}, \quad {}^c a_{x+t} = {}^{ac}b \frac{*\alpha_{x+t}}{2} \\ a_{x+t} &= {}^{ac}b_{x+t} \frac{*\gamma_{x+t}}{2} \frac{*\alpha_{x+t}}{4} + {}^{ab}c_{x+t} \frac{*\beta_{x+t}}{2} \frac{*\alpha_{x+t}}{4}. \end{aligned} \qquad (2.4.13)$$

Substituiert man diese Beziehungen in die Gl. (2.4.12), so erhält man Gleichung

$$\begin{aligned} *\alpha_{x+t} = \alpha_{x+t} &+ \frac{*\alpha_{x+t}}{2}\gamma_{x+t} + \frac{*\alpha_{x+t}}{2}\beta_{x+t} + \\ &+ \frac{*\alpha_{x+t}}{4}\frac{*\gamma_{x+t}}{2}\beta_{x+t} + \frac{*\alpha_{x+t}}{4}\frac{*\beta_{x+t}}{2}\gamma_{x+t}. \end{aligned} \qquad (2.4.14)$$

Läßt man in dieser Gleichung die letzten zwei kleinsten Summanden weg, so erhält man die folgenden approximativen Werte für $*\alpha, *\beta, *\gamma$

$$\begin{aligned} *\alpha_{x+t} &= \frac{\alpha_{x+t}}{1 - \frac{\beta_{x+t}}{2} - \frac{\gamma_{x+t}}{2}} \sim \alpha_{x+t}\left(1 + \frac{\beta_{x+t}}{2} + \frac{\gamma_{x+t}}{2}\right), \\ *\beta_{x+t} &= \frac{\beta_{x+t}}{1 - \frac{\gamma_{x+t}}{2} - \frac{\alpha_{x+t}}{2}} \sim \beta_{x+t}\left(1 + \frac{\gamma_{x+t}}{2} + \frac{\alpha_{x+t}}{2}\right), \\ *\gamma_{x+t} &= \frac{\gamma_{x+t}}{1 - \frac{\alpha_{x+t}}{2} - \frac{\beta_{x+t}}{2}} \sim \gamma_{x+t}\left(1 + \frac{\alpha_{x+t}}{2} + \frac{\beta_{x+t}}{2}\right). \end{aligned} \qquad (2.4.15)$$

Das Gleichungssystem (2.4.14) ist unter Weglassung der Glieder dritter Ordnung linear in α, β, γ. Unter Weglassung der Größen dritter Ordnung in der Lösung erhält man die Gleichung

$$\begin{aligned} \alpha_{x+t} &\sim *\alpha_{x+t}\left(1 - \frac{*\beta_{x+t}}{2} - \frac{*\gamma_{x+t}}{2}\right), \\ \beta_{x+t} &\sim *\beta_{x+t}\left(1 - \frac{*\gamma_{x+t}}{2} - \frac{*\alpha_{x+t}}{2}\right), \\ \gamma_{x+t} &\sim *\gamma_{x+t}\left(1 - \frac{*\alpha_{x+t}}{2} - \frac{*\beta_{x+t}}{2}\right). \end{aligned} \qquad (2.4.16)$$

Der Fall mit n Attributen läßt sich ganz analog behandeln und führt auch zu analogen Resultaten.

2.5. Aktivitätsordnung.

Die Aktivitätsordnung[1] stellt einen besonders wichtigen Fall einer Ausscheideordnung mit zwei Ausscheideursachen dar. Man betrachte in diesem Fall l_x^a aktive Männer vom Alter x, die durch Tod oder Invalidität aus der Hauptgesamtheit ausscheiden können. Die Reaktivierung d.h. die Möglichkeit der Wiedererlangung der Arbeitsfähigkeit und der damit verbundenen Rückkehr zur Aktivengesamtheit werde im folgenden vernachlässigt. Eventuell kommt als dritte Ausscheideursache auch noch der Austritt hinzu. In den folgenden Betrachtungen sollen lediglich die ersten zwei Ausscheideursachen berücksichtigt werden. Durch den Abgang infolge Invalidität entsteht eine Nebengesamtheit erster Ordnung, diejenige der Invaliden. Wie wir schon in 2.4 erwähnten, handelt es sich hier um das Beispiel einer inhomogenen Zerlegung einer Gesamtheit, weil die Invaliden eine andere Todeswahrscheinlichkeit aufweisen als die Aktiven und die Gesamtheit. Die Beziehungen von 2.4 können deshalb nicht ohne weiteres auf diesen Fall übertragen werden. Wir werden im folgenden die charakteristischen Größen einer Aktivitätsordnung definieren, unter teilweiser Änderung der Bezeichnungen gegenüber 2.4 und die entsprechenden Beziehungen herleiten. Wir benutzen die folgenden Größen:

l_{x+t}^a bedeutet die Anzahl der Aktiven bei Beginn des $(t+1)$. Beobachtungsjahres. Die Folge $l_x^a, l_{x+1}^a, \ldots l_\omega^a$ stellt die Aktivitätsordnung dar. l_{x+t}^i bedeutet die Anzahl der Invaliden bei Beginn des $(t+1)$. Versicherungsjahres. q_{x+t} ist die Wahrscheinlichkeit der Gesamtheit (von Aktiven und Invaliden zusammen) im $(x+t)$. Lebensjahr zu sterben.

q_{x+t}^a ist die Wahrscheinlichkeit, aus der Hauptgesamtheit als Aktiver durch Tod auszuscheiden.

i_{x+t} ist die Wahrscheinlichkeit, aus der Hauptgesamtheit als Aktiver durch Invalidität auszuscheiden. Im Sinne von Gl. (2.4.1) gilt demnach die Beziehung

$$l_{x+t+1}^a = l_{x+t}^a (1 - q_{x+t}^a - i_{x+t}). \qquad (2.5.1)$$

Diese Gleichung gestattet die rekursive Berechnung der Zahlen l_{x+t}^a.

$*q_{x+t}^a$ bedeutet die partielle Ausscheidewahrscheinlichkeit eines Aktiven, durch Tod aus der Hauptgesamtheit auszuscheiden und

$*i_{x+t}$ bedeutet die partielle Ausscheidewahrscheinlichkeit infolge Invalidität aus der Hauptgesamtheit auszuscheiden. Allerdings hat $*i_x$ ausschließlich theoretische Bedeutung, da die andere Ausscheideursache

---

[1] Die erste vollständige Darstellung der Aktivitätsordnung wurde von G. SCHAERTLIN im Jahre 1906 in den Mitteilungen der Vereinigung schweiz. Versicherungsmathematiker publiziert.

2.5. Aktivitätsordnung.

den Tod bedeutet und damit Ausscheidung durch Invalidität allein praktisch nicht verwirklicht werden kann. Nach Gl. (2.4.4) gilt die Beziehung

$$l^a_{x+t+1} = l^a_{x+t}(1 - {}^*q^a_{x+t})(1 - {}^*i_{x+t}). \qquad (2.5.2)$$

q^i_{x+t} bedeutet die Wahrscheinlichkeit eines x-jährigen Invaliden, durch Tod aus der Nebengesamtheit der Invaliden auszuscheiden. Durch die Einführung dieser Größe wird dem Umstand Rechnung getragen, daß es sich bei der Aktivitätsordnung um eine nichthomogene Zerlegung einer Hauptgesamtheit handelt. Die Nebengesamtheit der Invaliden verändert sich infolge Abgang durch Tod und infolge Zugang von neuen Invaliden von der Hauptgesamtheit her. Unter sinngemäßer Anwendung der Formel (2.4.6) gilt approximativ die folgende Beziehung

$$l^i_{x+t+1} = l^i_{x+t}(1 - q^i_{x+t}) + l^a_{x+t}\, i_{x+t}\left(1 - \frac{q^i_{x+t}}{2}\right). \qquad (2.5.3)$$

q_{x+t} bedeutet die Wahrscheinlichkeit, durch Tod aus der ungeteilten Gesamtheit von Aktiven und Invaliden zusammen auszuscheiden. Offensichtlich muß zwischen den Größen q_x, q^a_x und q^i_x eine gewisse Beziehung bestehen, die nach der folgenden Gl. (2.5.4) approximativ dargestellt werden soll. Diese Beziehung erhält man dadurch, daß man einerseits den Abgang aus der totalen Gesamtheit mit Hilfe der Größe q_x und andererseits den Abgang aus der Hauptgesamtheit und der Nebengesamtheit berechnet.

$$(l^a_{x+t} + l^i_{x+t})\, q_{x+t} = l^i_{x+t}\, q^i_{x+t} + l^a_{x+t}\, q^a_{x+t} + l^a_{x+t}\, i_{x+t} \frac{q^i_{x+t}}{2}. \qquad (2.5.4)$$

Der erste Summand rechts in dieser Gleichung gibt die vermutliche Anzahl der verstorbenen Aktiven, der zweite Summand die vermutliche Anzahl der verstorbenen Invaliden und der dritte Summand die vermutliche Anzahl derjenigen Aktiven, die im $(t+1)$. Jahre invalid werden und im gleichen Jahre sterben. Da der letztere Ausdruck eine kleine Größe zweiter Ordnung darstellt, wird er gelegentlich auch vernachlässigt.

In der Tabelle 4 sind die Invalidisierungswahrscheinlichkeiten angegeben, die gegenwärtig in einigen viel benützten technischen Grundlagen für Pensionsversicherung angewendet werden. Diese Wahrscheinlichkeiten sind weitgehend vom Berufe der Beobachteten abhängig sowie von der Invalidisierungspraxis einer Versicherungseinrichtung und der Höhe der Versicherungsleistungen. Schließlich spielt auch noch die Konjunktur für den Verlauf der Invalidität eine Rolle[1].

---

[1] Vgl. Sammlung statistischer Grundlagen zur Pensionsversicherung von FRIEDE und LÖER, Verlag René Fischer, Weissenburg. In diesem Tabellenwerk sind unter anderem die wichtigsten Invalidisierungswahrscheinlichkeiten für Männer und Frauen publiziert.

In der Tabelle 5 sind die verschiedenen Sterbenswahrscheinlichkeiten für Männer für einige Alter gemäß den technischen Grundlagen für die eidgenössische Versicherungskasse Bern 1950 zusammengestellt. Die Sterbenswahrscheinlichkeiten der Invaliden sind ebenfalls weitgehend abhängig von der Invalidisierungspraxis einer Versicherungseinrichtung. Je schärfer dieselbe ist, um so größer werden im allgemeinen die Sterbenswahrscheinlichkeiten der Invaliden ausfallen. In 2.3 haben wir darauf hingewiesen, daß der Mortalitätsverlauf der Invaliden die Anwendung von Selektionstafeln rechtfertigen würde.

III. Die Leibrente und die Kapitalversicherungen auf ein Leben.

Die einfachsten Versicherungsformen bestehen darin, daß der Versicherte in einem bestimmten Zeitpunkte mit einer Versicherungsinstitution, z.B. mit einer Versicherungsgesellschaft vertraglich vereinbart, daß ihm diese gegen ein gewisses Entgelt bei Erleben eines bestimmten späteren Zeitpunktes eine gewisse Summe ausbezahlt. In diesem Fall spricht man von einer Erlebensfallversicherung. Wird andererseits vereinbart, daß den Hinterbliebenen des Versicherten nach seinem Tode gewisse Leistungen ausbezahlt werden, so spricht man von einer Todesfallversicherung. Beide Versicherungsformen lassen sich auch kombinieren und dann erhält man gemischte Versicherungen. Die Kosten für eine solche Versicherung werden in der Weise bestimmt, daß man den Barwert der Versicherungsleistungen auf ein bestimmtes Datum, in der Regel das Abschlußdatum der Versicherung, berechnet, unter Annahme eines bestimmten Zinsfußes und einer hypothetischen Absterbeordnung. Bei der Berechnung der Einmaleinlagen oder Prämien, die der Versicherte für seine Versicherung zu bezahlen hat, kommen als drittes Element der Rechnungsgrundlagen noch gewisse Zuschläge zwecks Kompensation der Verwaltungskosten der Versicherungsgesellschaft hinzu. Die Art und Weise der Berechnung und Bemessung dieser Zuschläge soll an späterer Stelle dargestellt werden. Bei der Wahl der Absterbeordnung kann man sich für eine Aggregattafel oder eine Selektionstafel entscheiden. Da die Formeln bei einer Aggregattafel einfacher werden, soll zunächst von der Wahl einer Selektionstafel Abstand genommen werden.

In den folgenden Abschnitten werden die einfachsten Versicherungen definiert und die Barwerte der vereinbarten Versicherungsleistungen bezüglich dem Abschlußalter des Versicherten berechnet.

3.1. Barwerte von Erlebensfallversicherungen, Leibrenten und Terminversicherungen.

a) Erlebensfallversicherung.

Eine x-jährige Person erhalte nach Ablauf von n Jahren den Betrag 1 ausbezahlt, wenn sie diesen Zeitpunkt erlebt. Der Barwert oder Erwartungswert dieser Erlebensfallsumme werde mit $_nE_x$ bezeichnet und wird mit Hilfe der folgenden Überlegung berechnet: Gemäß der angenommenen Absteordnung leben von l_x x-jährigen Personen nach n Jahren noch l_{x+n} Personen. Der Barwert des Betrages 1, bezahlbar nach n Jahren, beträgt gemäß (1.1.6) v^n. Der Barwert der total auszubezahlenden Summe beträgt demnach $v^n \cdot l_{x+n}$. Dieser Betrag kann auf l_x Personen verteilt werden. Deshalb erhalten wir die Gleichung

$$_nE_x = \frac{v^n l_{x+n}}{l_x} = v^n {}_np_x.$$

Nach dieser Gleichung kann demnach dieser Barwert dadurch berechnet werden, daß man die n-jährige Erlebenswahrscheinlichkeit eines x-Jährigen mit dem Diskontierungsfaktor v^n multipliziert[1]. Zwecks bequemer Berechnung dieser Größe hat man Hilfszahlen, die sog. *diskontierten Zahlen der Lebenden* D_x eingeführt. Diese Größen sind gemäß (3.1.1) definiert:

$$D_x = l_x v^x. \tag{3.1.1}$$

Mit Hilfe dieser Größen erhalten wir demnach $_nE_x$ aus Gleichung

$$_nE_x = \frac{v^{x+n} l_{x+n}}{v^x l_x} = \frac{D_{x+n}}{D_x}. \tag{3.1.2}$$

Unter der *Leibrente* eines Versicherten verstehen wir periodische Zahlungen, die dem Versicherten regelmäßig nach Ablauf einer vereinbarten Periode bis zu seinem Tode ausbezahlt werden. Als Periode werden häufig Jahre oder bestimmte Bruchteile von Jahren gewählt. Im folgenden soll als Periode zunächst stets 1 Jahr angenommen werden.

b) Vorschüssige (praenumerando), sofort bezahlbare, lebenslängliche Leibrente.

Ein x-Jähriger erhalte sofort den Betrag 1, nach Ablauf von einem Jahr wiederum den Betrag 1 usw. solange er lebt. Der Barwert dieser vorschüssigen Rente werde mit $\ddot{a}_x$ bezeichnet. Da es sich um eine Folge von Erlebensfallversicherungen handelt, kann der Barwert in der

---

[1] Man bezeichnet einen solchen Wert in der Wahrscheinlichkeitsrechnung als Erwartungswert. Wegen dieser Übereinstimmung „Barwert = Erwartungswert" können die Zahlen p_x als Wahrscheinlichkeitswerte betrachtet werden.

III. Die Leibrente und die Kapitalversicherungen auf ein Leben.

folgenden Weise berechnet werden

$$\ddot{a}_x = 1 + \frac{D_{x+1}}{D_x} + \frac{D_{x+2}}{D_x} + \cdots + \frac{D_\omega}{D_x}.$$

Zwecks einfacherer Darstellung führen wir die sog. *Kommutationswerte* N_x ein. Darunter verstehen wir folgendes:

$$N_x = D_x + D_{x+1} + \cdots + D_\omega = \sum_{t=0}^{\omega-x} D_{x+t}. \qquad (3.1.3)$$

Wir erhalten demnach

$$\ddot{a}_x = \frac{N_x}{D_x}. \qquad (3.1.4)$$

Später werden wir auch noch die Summe der Zahlen N_x benötigen, die nach Gl. (3.1.5) mit S_x bezeichnet werden.

$$S_x = N_x + N_{x+1} + \cdots + N_\omega = \sum_{t=0}^{\omega-x} N_{x+t}. \qquad (3.1.5)$$

c) Nachschüssige (postnumerando), nach einem Jahr beginnende, lebenslängliche Leibrente.

Zum Unterschied zu der vorschüssigen Rente wird die nachschüssige Rente am Ende der Zahlungsperiode ausbezahlt. Da es sich um eine lebenslängliche Leibrente handelt, kommt es darauf hinaus, daß die Zahlung der Rente beim Abschlußdatum ausfällt. Bezeichnet man den Barwert dieser nachschüssigen Rente mit a_x, so gilt demnach

$$a_x = \ddot{a}_x - 1. \qquad (3.1.6)$$

d) Vorschüssige, um n Jahre aufgeschobene, lebenslängliche Leibrente.

Die erste Rente wird in diesem Falle einem x-Jährigen nach Ablauf von n Jahren ausbezahlt, die zweite nach Ablauf von $n+1$ Jahren usw., z.B. bei einer Pensionskasse bei Erreichung eines bestimmten Rücktrittsalters s. Der Barwert einer solchen Rente werde mit $_n|\ddot{a}_x$ bezeichnet. Gemäß den vorausgegangenen Überlegungen erhält man

$$_n|\ddot{a}_x = \frac{N_{x+n}}{D_x} = {}_nE_x\, \ddot{a}_{x+n}. \qquad (3.1.7)$$

e) Nachschüssige, um n Jahre aufgeschobene, lebenslängliche Leibrente.

In diesem Falle wird die erste Rente nach Ablauf von $n+1$ Jahren ausbezahlt. Der Barwert dieser Rente werde mit $_n|a_x$ bezeichnet. Man erhält

$$_n|a_x = \frac{N_{x+n+1}}{D_x} = {}_nE_x\, a_{x+n}. \qquad (3.1.8)$$

f) Vorschüssige, sofort bezahlbare, n Jahre dauernde Leibrente.

Man spricht in diesem Falle von einer temporären Leibrente, da sie längstens n mal bezahlt werden soll. Ihr Barwert werde mit $\ddot{a}_{x:\overline{n}|}$ bezeichnet. Man erhält gemäß Gleichung

$$\ddot{a}_{x:\overline{n}|} = \frac{D_x + D_{x+1} + \cdots + D_{x+n-1}}{D_x} = \frac{N_x - N_{x+n}}{D_x} = \ddot{a}_x - {}_nE_x\,\ddot{a}_{x+n}. \qquad (3.1.9)$$

g) Nachschüssige, sofort bezahlbare, n Jahre dauernde Leibrente.

Dieser Barwert werde mit $a_{x:\overline{n}|}$ bezeichnet. Man erhält Gleichung

$$a_{x:\overline{n}|} = \frac{D_{x+1} + \cdots + D_{x+n}}{D_x} = \frac{N_{x+1} - N_{x+n+1}}{D_x} = a_x - {}_nE_x\,a_{x+n}. \qquad (3.1.10)$$

h) Temporäre, n Jahre dauernde, um m Jahre aufgeschobene Leibrente (vorschüssig oder nachschüssig).

Im Falle einer solchen vorschüssigen Rente wird die erste Zahlung nach Ablauf von m Jahren geleistet und nachher höchstens noch n Jahre, immer unter der Voraussetzung, daß der Versicherte den entsprechenden Zahlungstermin erlebt. Bezeichnet man den Barwert einer solchen vorschüssigen Rente mit ${}_{m|n}\ddot{a}_x$, so erhält man

$$_{m|n}\ddot{a}_x = \frac{D_{x+m} + D_{x+m+1} + \cdots + D_{x+m+n-1}}{D_x} = \frac{N_{x+m} - N_{x+m+n}}{D_x}, \qquad (3.1.11)$$

Gemäß (3.1.7) gilt die leicht verständliche Gleichung

$$_{m|}\ddot{a}_x = {}_{m|n}\ddot{a}_x + {}_{m+n|}\ddot{a}_x.$$

i) Versicherung auf bestimmte Verfallzeit (Terminversicherung, terme-fixe-Versicherung).

In diesem Falle wird die Versicherungssumme nach einer bestimmten Anzahl von Jahren, z.B. nach n Jahren, bezahlt, unabhängig davon, ob der Versicherte während dieser Zeitdauer sterbe oder nicht. Gemäß Gl. (1.1.6) beträgt der Barwert einer solchen Versicherungssumme vom Betrage $1 : v^n$.

3.2. Die unterjährig bezahlbare Leibrente.

In 3.1 haben wir angenommen, daß die Bezahlung der Leibrente je nach einem Jahr erfolge. Häufig werden näher beisammen liegende Zahlungstermine vereinbart. Im folgenden soll angenommen werden, daß die Jahresrente von 1 in m gleichen Raten vom Betrage $1/m$ je nach $1/m$ Jahr ausbezahlt werde. Beispielsweise kann man die Werte 2, 4 oder

III. Die Leibrente und die Kapitalversicherungen auf ein Leben.

12 annehmen (halbjährliche, vierteljährliche oder monatliche Renten). Es sollen die Barwerte der verschiedenen Rentenformen unter dieser Voraussetzung ausgerechnet werden.

a) Vorschüssige, sofort bezahlbare, lebenslängliche Leibrente, in Raten von 1/m je nach 1/m Jahr bezahlbar.

Dieser Barwert werde mit $\ddot{a}_x^{(m)}$ bezeichnet. Wir berechnen zunächst den Barwert der Zahlungen für das erste Versicherungsjahr. Auf Grund der angenommenen Absterbeordnung sterben in diesem Jahr $l_x - l_{x+1}$ Personen. Unter der Annahme, daß sich diese Sterbefälle gleichmäßig auf das Jahr verteilen, ergeben sich demnach je $\frac{1}{m}$ Jahr $\frac{l_x - l_{x+1}}{m}$ Sterbefälle. Nach 1/m Jahren leben demnach noch

$$l_x - \frac{l_x - l_{x+1}}{m} = l_x\left(1 - \frac{1}{m}\right) + \frac{l_{x+1}}{m}$$

Personen. Nach 2/m Jahren

$$l_x\left(1 - \frac{2}{m}\right) + 2\frac{l_{x+1}}{m}$$

Personen usw. Unter Berücksichtigung des Zinses beträgt demnach der Barwert dieser Zahlungen während eines Jahres an l_x Personen gemäß (1.1.6) (auf gebrochene Exponenten angewendet)

$$\frac{1}{m}\left\{l_x + v^{1/m}\left[l_x\left(1 - \frac{1}{m}\right) + \frac{l_{x+1}}{m}\right] + v^{2/m}\left[l_x\left(1 - \frac{2}{m}\right) + \frac{2}{m}l_{x+1}\right] + \cdots \right.$$
$$\left. + v^{\frac{m-1}{m}}\left[l_x \cdot \frac{1}{m} + \frac{m-1}{m}l_{x+1}\right]\right\}$$
$$= \frac{1}{m}l_x\left[1 + v^{\frac{1}{m}}\left(1 - \frac{1}{m}\right) + v^{\frac{2}{m}}\left(1 - \frac{2}{m}\right) + \cdots + v^{\frac{m-1}{m}} \cdot \frac{1}{m}\right] +$$
$$+ \frac{1}{m}l_{x+1}\left[v^{\frac{1}{m}} \cdot \frac{1}{m} + v^{\frac{2}{m}} \cdot \frac{2}{m} + \cdots + v^{\frac{m-1}{m}} \cdot \frac{m-1}{m}\right]$$
$$= a\, l_x + b\, l_{x+1},$$

wobei

$$a = \frac{m + v^{\frac{1}{m}}(m-1) + v^{\frac{2}{m}}(m-2) + \cdots + v^{\frac{m-1}{m}}}{m^2},$$
$$b = \frac{v^{\frac{1}{m}} + 2v^{\frac{2}{m}} + \cdots + (m-1)v^{\frac{m-1}{m}}}{m^2}.$$

Der Barwert der Zahlungen während des zweiten Jahres beträgt entsprechend

$$v\,(a\, l_{x+1} + b\, l_{x+2}).$$

3.2. Die unterjährig bezahlbare Leibrente.

Summiert man alle diese Barwerte und dividiert durch l_x so erhält man demnach

$$\ddot{a}_x^{(m)} = a\,\ddot{a}_x + b\,\frac{l_{x+1} + v\,l_{x+2} + \cdots + v^{\omega-x-1} l_\omega}{l_x} = a\,\ddot{a}_x + b\,\frac{\ddot{a}_x - 1}{v}$$
$$= \ddot{a}_x\left(a + \frac{b}{v}\right) - \frac{b}{v}. \qquad (3.2.1)$$

Die Zahlen a und b sind nur von m und vom Zinsfuß abhängig. Beispielsweise ergeben sich für den Zinsfuß 3,5% und $m = 12$ die folgenden Werte:

$$a + \frac{b}{v} = 1{,}0000978,$$
$$\frac{b}{v} = 0{,}464075.$$

Die Größen $a + \frac{b}{v}$ und v liegen bei den in der Praxis üblichen Zinssätzen ganz nahe bei 1. Setzt man diese Ausdrücke gleich 1, so erhält man für b

$$b \sim \frac{1}{m^2}\left[1 + 2 + \cdots + (m-1)\right] = \frac{m(m-1)}{2m^2} = \frac{m-1}{2m}$$

und damit die Näherungsformeln

$$\ddot{a}_x^{(m)} \sim \ddot{a}_x - \frac{b}{v} \qquad (3.2.2)$$

und

$$\ddot{a}_x^{(m)} \sim \ddot{a}_x - \frac{m-1}{2m}. \qquad (3.2.3)$$

Nach diesen Näherungsformeln setzt man beispielsweise

$$m = 2 \quad \ddot{a}_x^{(2)} = \ddot{a}_x - 0{,}25,$$
$$m = 4 \quad \ddot{a}_x^{(4)} = \ddot{a}_x - 0{,}375,$$
$$m = 12 \quad \ddot{a}_x^{(12)} = \ddot{a}_x - 0{,}458.$$

In analoger Weise und auf Grund der definierten Größen gelten die folgenden Beziehungen:

$$a_x^{(m)} = \ddot{a}_x^{(m)} - \frac{1}{m}, \qquad (3.2.4)$$

$$\ddot{a}_{x:\overline{n}|}^{(m)} = \ddot{a}_x^{(m)} - \frac{D_{x+n}}{D_x}\,\ddot{a}_{x+n}^{(m)} \sim \ddot{a}_{x:\overline{n}|} - \frac{m-1}{2m}\left(1 - \frac{D_{x+n}}{D_x}\right). \qquad (3.2.5)$$

Wenn n relativ groß ist, benutzt man häufig die Näherungsformel

$$\ddot{a}_{x:\overline{n}|}^{(m)} \sim \ddot{a}_{x:\overline{n}|} - \frac{m-1}{2m}. \qquad (3.2.6)$$

36   III. Die Leibrente und die Kapitalversicherungen auf ein Leben.

3.3. Kapitalversicherung auf den Todesfall und gemischte Versicherung.

a) Kapitalversicherung auf den Todesfall.

Ein x-Jähriger vereinbare mit einer Versicherungsgesellschaft, daß seinen Hinterbliebenen am Ende seines Todesjahres die Summe 1 ausbezahlt werde. Der Barwert dieser Versicherungsleistung werde mit A_x bezeichnet. Unter Annahme einer bestimmten Absterbeordnung läßt sich dieser Barwert in der üblichen Weise dadurch berechnen, daß man die Barwerte der Zahlungen aus den einzelnen Versicherungsjahren bis zum Schlußalter ω der Tafel berechnet und summiert. Dann erhält man

$$A_x = \frac{d_x v + d_{x+1} v^2 + \cdots + d_\omega v^{\omega-x+1}}{l_x}$$

$$= \frac{(l_x - l_{x+1}) v + (l_{x+1} - l_{x+2}) v^2 + \cdots + l_\omega v^{\omega-x+1}}{l_x}$$

$$= \frac{l_x v + l_{x+1} v^2 + \cdots + l_\omega v^{\omega-x+1}}{l_x} - \frac{l_{x+1} v + l_{x+2} v^2 + \cdots + l_\omega v^{\omega-x}}{l_x}$$

$$= v \ddot{a}_x - (\ddot{a}_x - 1) = 1 - \ddot{a}_x (1 - v).$$

Es ergibt sich demnach gemäß (1.1.7)

$$A_x = 1 - d \ddot{a}_x. \tag{3.3.1}$$

Die Beziehung

$$1 = d \ddot{a}_x + A_x$$

ist für die Berechnung von A_x sehr bequem. Analoge Gleichungen treten auch bei komplizierteren Versicherungsformen auf. Diese Gleichung sagt einfach, daß man den Betrag 1 als Summe der Barwerte der vorschüssigen Zinsen d auf dem Kapital 1 und der Todesfall-Versicherungssumme 1 betrachten kann.

Die Größe A_x läßt sich ohne Benützung des Barwertes der Leibrente auf eine zweite Art berechnen, indem man die diskontierte Anzahl der Gestorbenen C_x und ihre Kommutationszahl M_x definiert.

$$C_x = d_x v^{x+1}, \tag{3.3.2}$$

$$M_x = \sum_{t=0}^{\omega-x} C_{x+t}. \tag{3.3.3}$$

Man erhält

$$A_x = \frac{M_x}{D_x}. \tag{3.3.4}$$

Zwischen den Größen C, D, M, N bestehen auf Grund der Definition die folgenden Beziehungen:

3.3. Kapitalversicherung auf den Todesfall und gemischte Versicherung.

$$C_x = (l_x - l_{x+1}) v^{x+1} = v D_x - D_{x+1}$$

$$M_x = \sum_{t=0}^{\omega-x} C_{x+t} = \sum_{t=0}^{\omega-x} (v D_{x+t} - D_{x+t+1})$$

$$= v N_x - N_{x+1} = D_x - d N_x.$$

Dazu gelten zwischen den Größen A_x und A_{x+1} die folgenden rekursiven Gleichungen

$$A_x = q_x v + p_x A_{x+1} v = v [q_x + p_x A_{x+1}],$$

die man entweder direkt durch Überlegung oder algebraisch beweisen kann. Später werden wir auch noch die Summen von M_x benötigen.

$$R_x = \sum_{t=0}^{\omega-x} M_{x+t}. \tag{3.3.5}$$

b) Temporäre Todesfallversicherung mit dem Schlußalter s (n-jährige Risikoversicherung).

Häufig werden Todesfallversicherungen nur für eine gewisse Zeit, z.B. für n Jahre, abgeschlossen. Wenn der Versicherte zwischen dem Alter x und dem Schlußalter $s = x + n$ stirbt, so wird den Hinterbliebenen die Versicherungssumme 1 ausbezahlt. Bei Erleben des Schlußalters s erlischt die Versicherung ohne Versicherungsleistung seitens der Versicherungsgesellschaft. Der Barwert einer solchen Todesfallversicherung werde mit $_{|s-x}A_x$ bezeichnet.

Man erhält

$$_{s-x}A_x = \frac{C_x + C_{x+1} + \cdots + C_{s-1}}{D_x} = \frac{M_x - M_s}{D_x}. \tag{3.3.6}$$

c) Todesfallversicherung mit m-jähriger Karenzfrist.

Damit sich die Versicherungseinrichtungen gegen den Abschluß von Todesfallversicherungen von kranken Bewerbern oder von Personen, die beabsichtigen, freiwillig aus dem Leben zu scheiden, schützen können, wird gelegentlich eine sog. *Karenzfrist* eingeführt. Bei einer m-jährigen Karenzfrist wird die Todesfallsumme 1 frühestens dann ausbezahlt, wenn der Tod des Versicherten nach Ablauf von m Jahren nach Abschluß des Versicherungsvertrages eintritt. Der Barwert einer solchen Todesfallversicherung wird mit $_{m|}A_x$ bezeichnet. Man erhält

$$_{m|}A_x = \frac{d_{x+m} v^{m+1} + d_{x+m+1} v^{m+2} + \cdots + d_\omega v^{\omega-x+1}}{l_x}$$

und damit

$$_{m|}A_x = \frac{M_{x+m}}{D_x}. \tag{3.3.7}$$

III. Die Leibrente und die Kapitalversicherungen auf ein Leben.

Aus dieser Gleichung und den früheren Beziehungen ergibt sich die folgende, leicht verständliche Gleichung

$$_{m|}A_x + {}_{|m}A_x = \frac{M_{x+m}}{D_x} + \frac{M_x - M_{x+m}}{D_x} = \frac{M_x}{D_x} = A_x.$$

d) Temporäre, um m Jahre aufgeschobene Todesfallversicherung mit dem Schlußalter s.

Der Barwert einer solchen Versicherung wird mit $_{m|s-x}A_x$ bezeichnet. Man erhält

$$_{m|s-x}A_x = \frac{d_{x+m} v^{m+1} + \cdots + d_{s-1} v^{s-x}}{l_x}$$

und damit

$$_{m|s-x}A_x = \frac{M_{x+m} - M_s}{D_x}. \qquad (3.3.8)$$

In den bisherigen Betrachtungen haben wir angenommen, daß die bei Todesfall fällig werdenden Versicherungsleistungen erst am Ende des Todesjahres ausbezahlt werden sollen. In der Regel erfolgt diese Auszahlung jedoch sofort nach dem Tode. Wenn man diesen Umstand in der Berechnung der Barwerte berücksichtigen will und wiederum annimmt, daß die Todesfälle sich regelmäßig über das ganze Jahr verteilen, erfolgt demnach die Auszahlung der Todesfallsummen im Durchschnitt um ein halbes Jahr früher. Man erhält demnach die entsprechenden Barwerte aus den oben berechneten Werten durch Multiplikation mit $(1+i)^{\frac{1}{2}}$ und bezeichnet diese Barwerte mit $\bar{A}_x$. Es gilt

$$\bar{A}_x = (1+i)^{\frac{1}{2}} A_x. \qquad (3.3.9)$$

Um den Faktor $(1+i)^{\frac{1}{2}}$ zu berücksichtigen, werden auch die Symbole $\bar{C}_x$ eingeführt nach der Gleichung

$$\bar{C}_x = d_x v^{x+\frac{1}{2}} \quad \text{und} \quad \bar{M}_x = \sum_{t=0}^{\omega-x} \bar{C}_{x+t}.$$

Dann gilt

$$\bar{A}_x = \frac{\bar{M}_x}{D_x}.$$

e) Gemischte Versicherung mit n-jähriger Dauer.

Dies ist eine der wichtigsten Versicherungsformen, bei der der Betrag 1 bei Tod des Versicherten während der ersten n Jahre nach Vertragsabschluß, spätestens jedoch nach Erleben der n Jahre ausbezahlt wird. Die gemischte Versicherung setzt sich demnach aus einer temporären Todesfallversicherung und einer Erlebensfallversicherung zusammen. Der Barwert einer solchen gemischten Versicherung wird mit $A_{x:\overline{n}|}$ bezeichnet.

3.3. Kapitalversicherung auf den Todesfall und gemischte Versicherung.

Man erhält

$$A_{x:\overline{n}|} = {}_{|n}A_x + {}_nE_x = \frac{M_x - M_{x+n} + D_{x+n}}{D_x}$$

oder

$$A_{x:\overline{n}|} = A_x - \frac{D_{x+n}}{D_x} A_{x+n} + \frac{D_{x+n}}{D_x} = A_x + \frac{D_{x+n}}{D_x}(1 - A_{x+n}),$$

und damit gemäß (3.3.1) und (3.1.9)

$$A_{x:\overline{n}|} = 1 - d\,\ddot{a}_{x:\overline{n}|}. \qquad (3.3.10)$$

In Tabellenwerken sind die Zahlen C, D, M, N, R, S, $\ddot{a}$, A, ${}_nE$, $\ddot{a}_{x:\overline{n}|}$, $A_{x:\overline{n}|}$ für Männer und Frauen für die wichtigsten Zinssätze und gebräuchlichsten Werte n tabelliert[1]

Aus diesem Tabellenwerk seien beispielsweise die folgenden Zahlen wiedergegeben:

Schweizerische Volkssterbetafel, Männer, 1939/44.

	$\ddot{a}_x$			A_x		
x	$i=2{,}5\%$	$i=3\%$	$i=3{,}5\%$	$i=2{,}5\%$	$i=3\%$	$i=3{,}5\%$
20	27,613	25,156	23,044	0,32652	0,26731	0,22074
30	24,756	22,837	21,154	0,39620	0,33485	0,28466
40	21,059	19,694	18,471	0,48637	0,42639	0,37538
50	16,796	15,931	15,140	0,59035	0,53599	0,48803
60	12,324	11,854	11,416	0,69942	0,65474	0,61396
70	8,136	7,929	7,732	0,80156	0,76906	0,73853
80	4,840	4,767	4,696	0,88195	0,86116	0,84120
90	2,850	2,830	2,810	0,93050	0,91760	0,90500
100	1,750	1,740	1,720	0,95730	0,94930	0,94180

Schweizerische Volkssterbetafel, Frauen, 1939/44.

	$\ddot{a}_y$			A_y		
y	$i=2{,}5\%$	$i=3\%$	$i=3{,}5\%$	$i=2{,}5\%$	$i=3\%$	$i=3{,}5\%$
20	28,708	26,048	23,776	0,29981	0,24133	0,19599
30	25,943	23,832	21,991	0,36725	0,30587	0,25635
40	22,457	20,911	19,535	0,45227	0,39095	0,33940
50	18,261	17,252	16,334	0,55461	0,49752	0,44765
60	13,604	13,043	12,522	0,66820	0,62011	0,57656
70	8,988	8,738	8,501	0,78078	0,74550	0,71253
80	5,326	5,238	5,153	0,87010	0,84744	0,82575
90	3,090	3,060	3,040	0,92460	0,91090	0,89720
100	1,930	1,920	1,920	0,95290	0,94410	0,93510

---

[1] Man vgl. z.B. Schweizerische Volkssterbetafeln 1931/41 und 1939/44, Grundzahlen und Nettowerte. Eidg. Statistisches Amt, Bern 1948.

40   III. Die Leibrente und die Kapitalversicherungen auf ein Leben.

Beispiel: $i = 3\%$,

$x = 40: \ddot{a}_{40} = 19{,}694$,

$A_{40} = 0{,}42639$.

Man kann sofort Gl. (3.3.1) bestätigen.

$$d = \frac{0{,}03}{1{,}03} = 0{,}029126$$

$19{,}694 \cdot 0{,}029126 = 0{,}57361$,

$A_{40} = 1 - 0{,}57361 = 0{,}42639$.

Aus diesen Tabellen ist ersichtlich, daß die Barwerte mit zunehmendem Zins abnehmen. Die Leibrentenbarwerte für die Männer sind kleiner als die entsprechenden Werte für die Frauen und die Barwerte der Todesfallversicherungen größer. In diesen Größenbeziehungen spiegelt sich der Umstand, daß die durchschnittliche Lebensdauer der Frauen größer ist als diejenige der Männer. Zu Vergleichszwecken seien auch noch die Zahlen für $\ddot{a}_x$ beigefügt, die sich gemäß der Sterbetafel Deutsches Reich, Männer, 1924—1926, Zinsfuß $3\frac{1}{2}\%$ ergeben.

x	$\ddot{a}_x$	x	$\ddot{a}_x$	x	$\ddot{a}_x$
20	22,6220	50	15,0443	80	4,7080
30	20,8803	60	11,3287	90	2,9750
40	18,3059	70	7,6501	100	1,0000

3.4. Veränderliche Renten und Versicherungssummen.

In den bisherigen Abschnitten haben wir stets mit dem Rentenbetrag 1 und der Versicherungssumme 1 gerechnet. Bei gewissen Versicherungsformen kommt es vor, daß die Versicherungsleistungen je nach dem Auszahlungsjahr in ihrer Höhe wechseln. Der Barwert solcher Renten und Versicherungssummen muß in Analogie zu den früheren Betrachtungen so gerechnet werden, daß unter Annahme eines bestimmten Zinses und einer Absterbeordnung die Barwerte der auf die einzelnen Jahre entfallenden Versicherungsleistungen berechnet und summiert werden. Im folgenden werden einige wichtige Fälle für die Barwerte solcher veränderlicher Versicherungsleistungen zusammengestellt.

a) Steigende Leibrente, die mit 1 beginnt und mit jedem Jahr um 1 steigen soll bis an das Lebensende.

Der Barwert einer solchen steigenden Leibrente werde mit $(I\ddot{a})_x$ bezeichnet. Er kann mit Hilfe der Bemerkung gerechnet werden, daß diese regelmäßige Steigerung der Rente so betrachtet wird, daß mit jedem Jahr eine neue Leibrente von der Höhe 1 hinzukommt. Gemäß den Gln. (3.1.5) und (3.1.7) erhalten wir demnach

$$(I\ddot{a})_x = \frac{N_x}{D_x} + \frac{N_{x+1}}{D_x} + \cdots + \frac{N_\omega}{D_x} = \frac{S_x}{D_x}. \qquad (3.4.1)$$

3.4. Veränderliche Renten und Versicherungssummen.

b) Temporäre n-jährige Leibrente, beginnend mit 1, die mit jedem Jahr um 1 steigen soll bis zum maximalen Betrag h, wobei $h \leq n$.

Der Barwert dieser Art von Rente werde mit $(I_{\overline{h}|}\ddot{a})_{x:\overline{n}|}$ bezeichnet. Gemäß Gl. (3.1.9) und (3.1.11) erhalten wir

$$\left.\begin{array}{l}(I_{\overline{h}|}\ddot{a})_{x:\overline{n}|} = \dfrac{N_x - N_{x+n}}{D_x} + \dfrac{N_{x+1} - N_{x+n}}{D_x} + \cdots + \dfrac{N_{x+h-1} - N_{x+n}}{D_x}, \\[2mm] (I_{\overline{h}|}\ddot{a})_{x:\overline{n}|} = \dfrac{S_x - S_{x+h} - h\,N_{x+n}}{D_x}.\end{array}\right\} \quad (3.4.2)$$

c) Steigende Todesfallsumme, die mit dem Betrage 1 beginnt und nach jedem Jahr um 1 steigen soll.

Der Barwert dieser steigenden Todesfallsumme sei mit $(IA)_x$ bezeichnet. In Analogie zur steigenden Rente kann diese regelmäßig steigende Todesfallsumme so interpretiert werden, daß mit jedem Jahr eine neue Todesfallversicherung vom Betrage 1 hinzu kommt. Nach den Gln. (3.3.4), (3.3.5) und (3.3.7) erhalten wir deshalb

$$(IA)_x = \frac{M_x + M_{x+1} + \cdots + M_\omega}{D_x} = \frac{R_x}{D_x}. \quad (3.4.3)$$

d) Gemischte Versicherung von der Dauer n Jahre, die mit der Versicherungssumme 1 beginnen soll und in jedem Jahre um 1 steigt bis zum Maximum von $h \leq n$.

Der Barwert dieser steigenden gemischten Versicherung sei mit $(I_{\overline{h}|}A)_{x:\overline{n}|}$ bezeichnet. Diese steigende gemischte Versicherung kann als steigende temporäre Todesfallversicherung mit der Steigerung 1 und eine Erlebensfallversicherung nach n Jahren mit dem Betrage h interpretiert werden. Wir erhalten deshalb

$$(I_{\overline{h}|}A)_{x:\overline{n}|} = (I_{\overline{h}|}A)^1_{x:\overline{n}|} + h\,_nE_x.$$

Der erste Summand rechts ist der Barwert einer steigenden temporären Todesfallversicherung. Und nach Gl. (3.3.8)

$$(I_{\overline{h}|}A)_{x:\overline{n}|} = \frac{M_x - M_{x+n}}{D_x} + \frac{M_{x+1} - M_{x+n}}{D_x} + \cdots + \frac{M_{x+h-1} - M_{x+n}}{D_x} + h\,\frac{D_{x+n}}{D_x},$$

so daß gilt:

$$(I_{\overline{h}|}A)_{x:\overline{n}|} = \frac{R_x - R_{x+h} - h\,[M_{x+n} - D_{x+n}]}{D_x} = \ddot{a}_{x:\overline{h}|} - d\,(I_{\overline{h}|}\ddot{a})_{x:\overline{n}|}. \quad (3.4.4)$$

Die letztere Formel wird erhalten, indem in der vorletzten Formel überall das M ersetzt wird durch $M_x = D_x - d\,N_x$.

III. Die Leibrente und die Kapitalversicherungen auf ein Leben.

e) Fallende, temporäre, n-jährige Todesfallversicherung, Anfangsleistung $h \leq n$, fallend auf 1.

Die Versicherungssumme falle mit jedem Jahre um 1 bis auf das Minimum von 1. Der Barwert werde mit $(D_{\bar{h}|}A)^1_{x:\bar{n}|}$ bezeichnet. Er kann dank der Bemerkung berechnet werden, daß diese Art der Versicherung als temporäre Todesfallversicherung vom Betrage h, abzüglich eine steigende, temporäre Todesfallversicherung vom Steigerungsbetrag 1, interpretiert werden kann. Deshalb erhalten wir

$$\left.\begin{aligned}(D_{\bar{h}|}A)^1_{x:\bar{n}|} &= h\left(\frac{M_x - M_{x+n}}{D_x}\right) - \frac{R_{x+1} - R_{x+h}}{D_x} + \frac{(h-1)M_{x+n}}{D_x}, \\ (D_{\bar{h}|}A)^1_{x:\bar{n}|} &= \frac{h M_x}{D_x} - \frac{R_{x+1} + M_{x+n} - R_{x+h}}{D_x}.\end{aligned}\right\} \quad (3.4.5)$$

f) n-jährige, temporäre Todesfallversicherung. Die Versicherungsleistung sei eine vorschüssige Zeitrente vom Betrage 1 bis zum Schlußalter s.

Die erste Rente wird am Ende des Todesjahres bezahlt, die letzte Rente bei Beginn des $(s-1)$. Jahres. Diese Versicherungsform wird z. B. von Pensionskassen gewählt, welche eine Sparversicherung mit dieser Risikoversicherung kombinieren (Überlebens-Zeitrente oder Erbrente). Die Beiträge der Versicherten werden als Sparguthaben angesammelt. Damit bei frühem Tode eines solchen Sparers den Hinterbliebenen eine Versicherungssumme von gewissem Umfange ausbezahlt werden kann, wird eine solche Zeitrentenversicherung abgeschlossen. Je kleiner das angesammelte Sparguthaben ist, um so größer muß die noch auszubezahlende Risikosumme sein. Diese Bedingung wird bei der obigen Versicherung erfüllt. Der Barwert dieser Versicherungsleistung $_{|n}(vA)_x$ ($n = s - x$) läßt sich dadurch berechnen, daß man die Barwerte der in den einzelnen Jahren fällig werdenden Versicherungsleistungen summiert. Man erhält:

$$\begin{aligned}_{|n}(vA)_x &= \frac{v\,d_x\,\ddot{a}_{\overline{s-x-1}|} + v^2\,d_{x+1}\,\ddot{a}_{\overline{s-x-2}|} + \cdots + v^{n-1}\,d_{x+n-2}\,\ddot{a}_{\overline{1}|}}{l_x}\\ &= \frac{v(l_x - l_{x+1})(1 - v^{n-1}) + v^2(l_{x+1} - l_{x+2})(1 - v^{n-2}) + \cdots + v^{n-1}(l_{x+n-2} - l_{x+n-1})(1 - v)}{l_x(1-v)}\\ &= \frac{(l_x - l_{x+1})(v - v^n) + (l_{x+1} - l_{x+2})(v^2 - v^n) + \cdots + (l_{x+n-2} - l_{x+n-1})(v^{n-1} - v^n)}{l_x(1-v)}\\ &= \frac{-v^n(l_x - l_{x+n-1}) + v(l_x - l_{x+1}) + v^2(l_{x+1} - l_{x+2}) + \cdots + v^{n-1}(l_{x+n-2} - l_{x+n-1})}{l_x(1-v)}\end{aligned}$$

und damit

$$_{|n}(vA)_x = \frac{-v^n D_x + v D_{x+n-1} + v N_x - v N_{x+n-1} - N_{x+1} + N_{x+n}}{D_x(1-v)}. \quad (3.4.6)$$

Nun gilt
$$-v^n D_x + v N_x - N_{x+1} = (1 - v^n) D_x - (1 - v) N_x$$
und
$$v D_{x+n-1} - v N_{x+n-1} + N_{x+n} = (1 - v) N_{x+n}$$
und damit
$$_{|n}(v A)_x = \ddot{a}_{\overline{n}|} - \ddot{a}_{x:\overline{n}|}. \tag{3.4.7}$$

3.5. Nettoprämien.

In den vorhergehenden Abschnitten wurden die Barwerte gewisser Versicherungsleistungen berechnet. Wenn sich eine Versicherungseinrichtung zur Auszahlung dieser Versicherungsleistungen verpflichtet, so muß ihr der Versicherte seinerseits zwecks Finanzierung dieser Versicherungsleistungen gewisse Zahlungen leisten. Man bezeichnet dieselben als *Einmaleinlagen*, oder, wenn mehrere Zahlungen vereinbart werden, als *Prämien*. Die Höhe dieser Einmaleinlagen und Prämien wird nach dem Äquivalenzprinzip berechnet, wonach der Barwert der Einnahmen der Versicherungseinrichtung (Zahlungen der Versicherten) gleich sein soll dem Barwert der Ausgaben der Versicherungseinrichtung (Versicherungsleistungen). Wenn demnach eine Versicherung durch eine Einmaleinlage finanziert wird, so muß die Nettoeinmaleinlage (keine Berücksichtigung von Verwaltungskosten und anderen Zuschlägen) gleich sein dem Barwert der Versicherungsleistungen, der bereits berechnet wurde. Wir werden uns demnach in diesem Abschnitt auf den Fall beschränken können, bei dem die Versicherung durch Prämien finanziert wird. Es ist üblich, daß nach Bezahlung von Versicherungsleistungen keine Prämie mehr entrichtet werden muß, d.h. die Finanzierung der Versicherung hat der Auszahlung der Versicherungsleistungen vorauszugehen. An sich wäre es denkbar, daß in den einzelnen Versicherungsjahren Prämien von verschiedener Höhe entrichtet werden. Wir werden am Ende dieses Abschnittes auf gewisse, in der Praxis vorkommende Fälle von veränderlichen Prämien zu sprechen kommen. Vorläufig werde vorausgesetzt, daß die Prämie konstante Höhe besitze. Bei der Berechnung ihres Barwertes darf demnach angenommen werden, daß die Bezahlung einer Prämie in einer gewissen Anzahl von Jahren durch einen Versicherten eine lebenslängliche oder temporäre Leibrente darstellt, die aber nun nicht wie in den vorhergehenden Abschnitten von der Versicherungseinrichtung an den Versicherten, sondern umgekehrt vom Versicherten selbst bezahlt wird, solange er lebt, eventuell längstens eine gewisse Anzahl Jahre. Wenn die Höhe der Prämie mit P bezeichnet wird, ist demnach der Barwert einer solchen Prämie gleich dem Produkt aus P multipliziert mit dem Barwert der entsprechenden Leibrente.

Im folgenden sei die Höhe der Prämie für die wichtigsten und einfachsten Versicherungsformen zusammengestellt. Dabei werde zunächst angenommen, daß die Prämienbezahlung jährlich vorschüssig erfolgt. Am Ende dieses Abschnittes werden wir zeigen, wie sich die Formeln ändern, wenn die Bezahlung der Jahresprämie von 1 in m Raten von $1/m$ je nach $1/m$ Jahr erfolgt.

a) Erlebensfallversicherung, fällig nach n Jahren.

Die Prämie $P(_nE_x)$ soll bezahlt werden bis zur Fälligkeit der Versicherungssumme 1, längstens jedoch bis zum Tode des Versicherten. Auf Grund des Äquivalenzprinzipes erhalten wir zur Bestimmung der Höhe dieser Prämie die folgende Gleichung

$$P(_nE_x)\,\ddot{a}_{x:\overline{n}|} = {}_nE_x$$

und damit gemäß (3.1.2) und (3.1.9)

$$P(_nE_x) = \frac{{}_nE_x}{\ddot{a}_{x:\overline{n}|}} = \frac{D_{x+n}}{N_x - N_{x+n}}. \tag{3.5.1}$$

b) Vorschüssige, um n Jahre aufgeschobene lebenslängliche Leibrente.

Die Prämie $P(_{n|}\ddot{a}_x)$ werde während der Aufschubszeit, längstens jedoch bis zum Tode, entrichtet.

Man erhält nach dem Äquivalenzprinzip

$$P(_{n|}\ddot{a}_x)\,\ddot{a}_{x:\overline{n}|} = {}_{n|}\ddot{a}_x$$

und damit auf Grund von (3.1.7)

$$P(_{n|}\ddot{a}_x) = \frac{{}_{n|}\ddot{a}_x}{\ddot{a}_{x:\overline{n}|}} = \frac{N_{x+n}}{N_x - N_{x+n}} = P(_nE_x)\ddot{a}_{x+n}. \tag{3.5.2}$$

c) Vorschüssige, temporäre, n Jahre dauernde, um m Jahre aufgeschobene Leibrente.

Die Prämie $P(_{m|n}\ddot{a}_x)$ werde während der Aufschubszeit, längstens jedoch bis zum Tode bezahlt.

Man erhält

$$P(_{m|n}\ddot{a}_x)\,\ddot{a}_{x:\overline{m}|} = {}_{m|n}\ddot{a}_x$$

und gemäß (3.1.11)

$$P(_{m|n}\ddot{a}_x) = \frac{{}_{m|n}\ddot{a}_x}{\ddot{a}_{x:\overline{m}|}} = \frac{N_{x+m} - N_{x+m+n}}{N_x - N_{x+m}}. \tag{3.5.3}$$

d) Versicherung auf bestimmte Laufzeit (nach n Jahren).
Die Prämie $P(v^n)$ werde während dieser n Jahre, längstens jedoch bis zum Tode bezahlt.

Man erhält
$$P(v^n) = \frac{v^n}{\ddot{a}_{x:\overline{n}|}}. \tag{3.5.4}$$

e) Kapitalversicherung auf den Todesfall.
Die Prämie P_x werde lebenslänglich bezahlt.

Gemäß (3.3.1) und (3.3.4) erhält man
$$P_x = \frac{A_x}{\ddot{a}_x} = \frac{M_x}{N_x} = \frac{1}{\ddot{a}_x} - d. \tag{3.5.5}$$

f) Kapitalversicherung auf den Todesfall.
Die Prämie ${}_nP_x$ werde längstens n Jahre nach Vertragsabschluß bezahlt.

Man erhält
$${}_nP_x = \frac{A_x}{\ddot{a}_{x:\overline{n}|}} = \frac{M_x}{N_x - N_{x+n}}. \tag{3.5.6}$$

g) Temporäre Todesfallversicherung bis zum Schlußalter s (n-jährige Risikoversicherung).

Das von der Versicherungsgesellschaft zu tragende Risiko im $(t+1)$. Jahr beträgt $v \cdot q_{x+t}$, unter der Annahme, daß die Todesfallsumme am Ende des Todesjahres ausbezahlt werde. Die natürlichste Art der Prämienbezahlung bestände in diesem Falle darin, daß der Versicherte den vorhin erwähnten Betrag $v \cdot q_{x+t}$ bezahlt. Damit würde man steigende Prämien erhalten.

Wir wollen im folgenden wie in den vorhergehenden Beispielen mit konstanter Prämie rechnen, die in diesem Fall mit $P({}_{|s-x}A_x)$ bezeichnet werde. Gemäß (3.3.6) erhalten wir
$$P({}_{|s-x}A_x) = \frac{{}_{|s-x}A_x}{\ddot{a}_{x:\overline{n}|}} = \frac{M_x - M_s}{N_x - N_s} \quad (n = s - x). \tag{3.5.7}$$

h) Gemischte Versicherung mit n-jähriger Dauer.

Die Prämie $P_{x:\overline{n}|}$ werde n Jahre, längstens bis zum Tode des Versicherten, bezahlt.

Gemäß (3.3.10) erhält man
$$P_{x:\overline{n}|} = \frac{A_{x:\overline{n}|}}{\ddot{a}_{x:\overline{n}|}} = \frac{1}{\ddot{a}_{x:\overline{n}|}} - d = v - \frac{a_{x:\overline{n-1}|}}{\ddot{a}_{x:\overline{n}|}}. \tag{3.5.8}$$

III. Die Leibrente und die Kapitalversicherungen auf ein Leben.

Im folgenden seien einige numerische Beispiele für Nettoprämien gegeben. Als Grundlagen für die Berechnung dieser Beispiele dienten die schweizerischen Absterbeordnungen 1939/44, Männer und Frauen, Zinsfuß 3%.

1. Beispiel. Jährliche Nettoprämie für Todesfallversicherung mit lebenslänglicher Prämienzahlung.

$x = y$	Männer	Frauen
20	0,01063	0,00926
30	0,01466	0,01283
40	0,02165	0,01870
50	0,03364	0,02884

Nach dieser Tabelle müßte ein 30jähriger Mann für eine Todesfallversicherung von 10000 DM je Jahr eine Nettoprämie von 146,6 DM bezahlen.

2. Beispiel. Jährliche Nettoprämie für Todesfallversicherungen bei 30jähriger Bezahlung.

$x = y$	Männer	Frauen
20	0,01379	0,01232
30	0,01760	0,01584
40	0,02387	0,02111

Nach dieser Tabelle müßte ein 30jähriger Mann für eine Todesfallversicherung von 10000 DM eine jährliche Nettoprämie von 176 DM höchstens 30 Jahre lang bezahlen.

3. Beispiel. Jährliche Nettoprämie für eine 30jährige gemischte Versicherung.

$x = y$	Männer	Frauen
20	0,02245	0,02194
30	0,02343	0,02266
40	0,02685	0,02487

Nach dieser Tabelle beträgt die jährliche Nettoprämie für einen 30jährigen Mann für eine gemischte Versicherung mit der Dauer von 30 Jahren und einer Versicherungssumme von 10000 DM je Jahr 234,3 DM.

Veränderliche Prämie. Häufig werden steigende oder fallende Prämien vereinbart. Wenn die Prämie im ersten Versicherungsjahr P_1 beträgt, im zweiten Versicherungsjahr P_2 usf. und im letzten n. Versicherungsjahr P_n, so beträgt der Barwert dieser Prämienzahlungen

$$\frac{P_1 D_x + P_2 D_{x+2} + \cdots + P_n D_{x+n-1}}{D_x}.$$

Wir treffen nun die Annahme, daß die Prämie in arithmetischer Progression steige oder falle, indem wir setzen:

1. Prämie $P_1 = P$,

2. Prämie $P_2 = P\left(1 + \dfrac{k}{100}\right)$,

3. Prämie $P_3 = P\left(1 + \dfrac{2k}{100}\right)$,

n. Prämie $P_n = P\left(1 + \dfrac{(n-1)k}{100}\right)$.

k kann eine positive Zahl (steigende Prämie) oder eine negative Zahl (fallende Prämie) bedeuten. k genüge der Ungleichung $(n-1)k > -100$. Nach der allgemeinen Formel beträgt der Barwert dieser Prämie

$$P\left[\frac{D_x + D_{x+1}\left(1 + \dfrac{k}{100}\right) + \cdots + D_{x+n-1}\left(1 + \dfrac{(n-1)k}{100}\right)}{D_x}\right]$$

$$= P\left[\ddot{a}_{x:\overline{n}|} + \frac{k}{100}\,\frac{S_{x+1} - S_{x+n} - (n-1)N_{x+n}}{D_x}\right]$$

und damit gemäß (3.4.2)

$$= P\left[\ddot{a}_{x:\overline{n}|} + \frac{k}{100}\left\{(I_{\overline{n}|}\ddot{a})_{x:\overline{n}|} - \ddot{a}_{x:\overline{n}|}\right\}\right].$$

Wenn k gegeben ist, kann P für jede Versicherungsform auf Grund des Äquivalenzprinzips bestimmt werden.

Ratenweise Bezahlung der Prämie. Häufig kommt es vor, daß die Jahresprämie in m gleichen Raten nach $1/m$ Jahr bezahlt wird. Wir bezeichnen in diesem Falle die erforderliche Jahresprämie mit $P^{(m)}$. Um ihre Höhe zu bestimmen, muß man in allen vorangehenden Formeln den Ausdruck $\ddot{a}_{x:\overline{n}|}$ durch $\ddot{a}^{(m)}_{x:\overline{n}|}$ ersetzen. Gemäß (3.2.5) gilt die Gleichung

$$\ddot{a}^{(m)}_{x:\overline{n}|} \sim \ddot{a}_{x:\overline{n}|} - \frac{m-1}{2m}\left(1 - \frac{D_{x+n}}{D_x}\right).$$

3.6. Verwaltungskosten, ausreichende Prämie und Bruttoprämie.

In den vorangegangenen Abschnitten wurden für die wichtigsten Versicherungsformen die erforderlichen Nettoeinmaleinlagen und Nettoprämien nach Annahme der beiden ersten Rechnungsgrundlagen, des Zinses und einer Absterbeordnung, berechnet. Mit dem Wort „netto" will man festhalten, daß die betreffenden Werte lediglich die reinen Versicherungskosten, nicht aber die Verwaltungsausgaben der Versicherungseinrichtung decken. Die dritte Rechnungsgrundlage besteht nun gerade darin, daß wir Annahmen über die *Höhe der Verwaltungskosten* treffen und zeigen, wie dieselben zur Nettoprämie hinzugeschlagen

48   III. Die Leibrente und die Kapitalversicherungen auf ein Leben.

werden sollen. Nach Annahme der drei Rechnungsgrundlagen sind wir in der Lage, solche Einmaleinlagen und Prämien zu berechnen, die dann vom Versicherten der Versicherungsgesellschaft für eine Versicherung wirklich bezahlt werden müssen. Die meisten Lebensversicherungen erstrecken sich über Jahrzehnte. Im Laufe dieser Zeit können sowohl der Zins als auch die Mortalität und die Verwaltungskosten erheblichen Schwankungen unterworfen sein. Zins und Verwaltungskosten sind weitgehend von der Konjunktur und der Entwicklung auf dem Kapitalmarkt abhängig, die Mortalität von den Fortschritten der Medizin und ganz allgemein von der Entwicklung eines Volkes. Aus diesen Gründen wird der tatsächliche Ablauf der Versicherung sich in verschiedener Hinsicht von den angenommenen Rechnungsgrundlagen unterscheiden. Damit eine Versicherungsgesellschaft trotz diesen unvermeidlichen Differenzen zwischen Annahmen und Wirklichkeit in der Lage ist, ihre vertraglich übernommenen Verpflichtungen einzuhalten, müssen die Rechnungsgrundlagen vorsichtig gewählt werden. Sie müssen so beschaffen sein, daß die Versicherungsgesellschaft vermutlich eher Gewinne als Verluste realisiert. Grundlagen, die dieser Bedingung genügen, werden als *Grundlagen erster Ordnung* bezeichnet und ergeben nach HÖCKNER sog. *ausreichende Prämien*. Statt von ausreichenden Prämien könnte man auch von maximalen Prämien sprechen. Damit die Versicherten nicht mehr bezahlen müssen, als für die Sicherheit der Versicherungsgesellschaft notwendig erscheint, gewähren diese bei vielen Tarifen *Gewinnbeteiligung*. Es gehört zu den Aufgaben eines sorgfältig geführten Versicherungsbetriebes, am Ende eines Rechnungsjahres das Ergebnis gewissenhaft zu analysieren und insbesondere die angenommenen Rechnungsgrundlagen mit dem wirklichen Ablauf zu vergleichen[1]. Wir werden uns später ausführlich mit der Gewinnbeteiligung befassen. An dieser Stelle sei lediglich bemerkt, daß zwecks Berechnung der Gewinnanteile und der vermutlichen zukünftigen Gewinnanteile von den Versicherungsgesellschaften intern *Rechnungsgrundlagen zweiter Ordnung* angenommen werden, die weniger vorsichtig sind als die Rechnungs-

---

[1] In den meisten Ländern, in denen Versicherungsgesellschaften tätig sind, stehen diese unter staatlicher Aufsicht. Dies ist insbesondere in Deutschland und der Schweiz der Fall. Gemäß dem Gesetz über die Errichtung eines Bundesaufsichtsamtes für das Versicherungs- und Bausparwesen vom 31. Juli 1951 besteht ein Bundesaufsichtsamt in Berlin an Stelle des früheren Aufsichtsamtes. In der Schweiz wurde bereits im Jahre 1885 das eidgenössische Versicherungsamt in Bern geschaffen. Diese Aufsichtsämter verlangen von den unter ihrer Aufsicht stehenden Versicherungsgesellschaften, daß ihre Bilanzen und Jahresrechnungen nach bestimmten Richtlinien erstellt werden, die eine einheitliche Analyse der Geschäftsergebnisse ermöglichen sollen. Beispielsweise sind für die deutschen Versicherungsgesellschaften diese Rechnungslegungsvorschriften für die Geschäftsjahre 1948 bis auf weiteres vom Gesamtverband der Versicherungswirtschaft e.V. herausgegeben worden.

3.6. Verwaltungskosten, ausreichende Prämie und Bruttoprämie.

grundlagen erster Ordnung und dem wirklichen Versicherungsablauf möglichst nahe kommen sollen. Diese Rechnungsgrundlagen zweiter Ordnung ergeben eine Art Minimalprämien, die als Maß für die zukünftig zu erwartenden Gewinnanteile dienen können. Es liegt in der Natur dieser Rechnungsgrundlagen zweiter Ordnung, daß sie fortwährend der Wirklichkeit angepaßt werden müssen im Gegensatz zu den Rechnungsgrundlagen erster Ordnung, die stabilen Charakter haben sollten.

Damit die Gesellschaften mit größter Wahrscheinlichkeit den Versicherten Gewinnanteile ausrichten können, werden gelegentlich zu den ausreichenden Prämien noch Gewinnanteile einkalkuliert. Dies ist insbesondere dann der Fall, wenn es sich um Versicherungen mit garantierten Gewinnanteilen handelt. Neben diesen Gewinnzuschlägen kommen gelegentlich noch andere Zuschläge hinzu zwecks Berücksichtigung besonderer Risiken wie Reisen in gesundheitlich gefährliche Gegenden, ungünstige Heredität, frühere Krankheit des Versicherungsnehmers usw. Ausreichende Prämie zuzüglich dieser Zuschläge ergeben die *Bruttoprämie* und *Bruttoeinmaleinlage*. Im folgenden werden wir zunächst zeigen, in welcher Form die *Verwaltungskosten* der Versicherungsgesellschaft bei der Berechnung der ausreichenden Einmaleinlage und Prämie berücksichtigt werden können.

Die Verwaltungskosten werden in drei Gruppen eingeteilt:

α-*Gruppe*. In dieser Gruppe berücksichtigt man diejenigen Kosten der Versicherungsgesellschaft, die mit dem Neuabschluß von Versicherungen zusammenhängen. Sie umfaßt alle Entschädigungen an die Außen- und Aquisitionsorgane der Versicherungsgesellschaft, die Kosten für die ärztlichen Untersuchungen, die Ausstellung der Policen usw. Während die Zuweisung der Kosten für die Außenorgane zu dieser Gruppe als selbstverständlich erscheint, ist die Zuteilung von gewissen inneren Kosten der Versicherungsgesellschaft zu dieser Gruppe mehr oder weniger willkürlich. Damit die Versicherungsgesellschaft eine möglichst genaue Analyse ihrer Geschäftsergebnisse durchführen kann, muß sie genau abgrenzen, welche Kosten zu dieser Gruppe gerechnet werden sollen. Der Kostensatz in dieser Gruppe sei mit α bezeichnet und hat im allgemeinen die folgende Bedeutung: Er mißt die Kosten für eine Versicherungssumme vom Betrage 1 bzw. für eine Rente vom Betrage 1 und muß beim Abschluß der Versicherung bezahlt werden. Es wird demnach angenommen, daß die Kosten in dieser Gruppe proportional den Versicherungssummen gehen. Dies dürfte bei der Aquisitionsvergütung (Abschlußprovision) an die Agenten in der Regel der Fall sein, während die inneren Abschlußkosten nicht unbedingt proportional der Versicherungssumme sind. Mit Rücksicht darauf, daß

III. Die Leibrente und die Kapitalversicherungen auf ein Leben.

die erste Komponente das stärkste Gewicht der Kosten in der α-Gruppe besitzt und im Interesse einer einfachen Berechnung wird nach dem obigen Proportionalitätsprinzip gerechnet.

β-Gruppe. Darunter versteht man alle diejenigen Kosten, die mit dem Inkasso der Prämien zusammenhängen. β sei der Kostenbetrag, der je Einheit der Prämie einkalkuliert werde. In der Regel nimmt man hier die ausreichende Prämie oder die Bruttoprämie, gelegentlich jedoch auch die Barprämie, die durch Abzug der Gewinnanteile von der Bruttoprämie entsteht. Zwecks einfacher Berechnung und im Bestreben nach möglichster Sicherheit werde im folgenden stets mit der ausreichenden Prämie oder Bruttoprämie gerechnet. Diese Kosten müssen so lange bezahlt werden, als Prämien einkassiert werden. Im Falle einer Einmaleinlage fällt diese Kostengruppe dahin.

γ-Gruppe. Darunter verstehen wir sämtliche inneren Verwaltungskosten der Versicherungsgesellschaft, so weit sie nicht mit dem Neuabschluß der Versicherungen zusammenhängen. Zu diesen Kosten gehören insbesondere die Personalkosten, die Miete für das Geschäftshaus, Steuern usw. γ bedeutet diese Kosten je Einheit der Versicherungssumme bzw. Rente und muß während der ganzen Dauer der Versicherung für jedes Jahr bezahlt werden[1].

Im folgenden sollen die *ausreichenden Einmaleinlagen* für einige wichtige Versicherungsformen berechnet werden. Wir bezeichnen diese ausreichenden Einmaleinlagen durch das Symbol ε_x^a.

Ausreichende Einmaleinlagen.
I. Rentenversicherungen.

a) Ausreichende Einmaleinlage ε_x^a für eine sofort beginnende, vorschüssig bezahlbare Leibrente im Betrage 1. Gemäß dem Äquivalenzprinzip erhält man die folgende Gleichung

$$\varepsilon_x^a = \ddot{a}_x + \alpha\,\varepsilon_x^a + \gamma\,\ddot{a}_x$$

und damit

$$\varepsilon_x^a = \frac{(1+\gamma)\,\ddot{a}_x}{1-\alpha}. \qquad (3.6.1)$$

In der Praxis werden beispielsweise als totale Verwaltungs- und Abschlußkosten 5% der ausreichenden Einlage in dieselbe einkalkuliert.

b) Ausreichende Einmaleinlage $_{n|}\varepsilon_x^a$ für eine vorschüssige, um n Jahre aufgeschobene, lebenslängliche Leibrente vom Betrage 1.

---

[1] Gelegentlich wird noch eine feinere Zerlegung der Verwaltungskosten vorgenommen, indem man zwischen den Kosten — abhängig von der Höhe der Versicherungssumme und den Prämien — und den von diesen Beträgen unabhängigen unterscheidet.

Man erhält
$$_{n|}\varepsilon_x^a = {}_{n|}\ddot{a}_x + \alpha\, _{n|}\varepsilon_x^a + \gamma\, \ddot{a}_x$$
und damit
$$_{n|}\varepsilon_x^a = \frac{_{n|}\ddot{a}_x}{1-\alpha} + \frac{\gamma}{1-\alpha}\ddot{a}_x. \tag{3.6.2}$$

II. Kapitalversicherungen.

a) Ausreichende Einmaleinlage ε_x^a für eine lebenslängliche Todesfallversicherung vom Betrage 1.
$$\varepsilon_x^a = A_x + \alpha + \gamma\, \ddot{a}_x. \tag{3.6.3}$$

b) Ausreichende Einmaleinlage $\varepsilon_{x:\overline{n}|}^a$ für eine temporäre, n Jahre dauernde Todesfallversicherung vom Betrage 1. Es gilt
$$\varepsilon_{x:\overline{n}|}^a = {}_{|n}A_x + \alpha + \gamma\, \ddot{a}_{x:\overline{n}|}. \tag{3.6.4}$$

c) Ausreichende Einmaleinlage $\varepsilon_{x:\overline{n}|}^a$ für eine gemischte Versicherung von der Dauer n Jahre und dem Betrage 1. Es gilt
$$\varepsilon_{x:\overline{n}|}^a = A_{x:\overline{n}|} + \alpha + \gamma\, \ddot{a}_{x:\overline{n}|} = (1+\alpha) - (d-\gamma)\, \ddot{a}_{x:\overline{n}|}. \tag{3.6.5}$$

Ausreichende Prämien.

Wir bezeichnen dieselben durch das Symbol π_x^a.

I. Rentenversicherungen.

Ausreichende Prämie $\pi_{x:\overline{n}|}^a$ für eine vorschüssige, um n Jahre aufgeschobene, lebenslängliche Leibrente vom Betrag 1, wenn die Prämie höchstens n Jahre bezahlt wird.

Nach dem Äquivalenzprinzip und der vorher geschilderten Berücksichtigung der Verwaltungskosten erhält man die Gleichung
$$\pi_{x:\overline{n}|}^a\, \ddot{a}_{x:\overline{n}|} = {}_{n|}\ddot{a}_x + \alpha\, \pi_{x:\overline{n}|}^a + \beta\, \pi_{x:\overline{n}|}^a\, \ddot{a}_{x:\overline{n}|} + \gamma\, \ddot{a}_x$$
und damit die Gleichung
$$\pi_{x:\overline{n}|}^a = \frac{_{n|}\ddot{a}_x + \gamma\, \ddot{a}_x}{(1-\beta)\, \ddot{a}_{x:\overline{n}|} - \alpha}. \tag{3.6.6}$$

II. Kapitalversicherungen.

a) Ausreichende Prämie π_x^a für eine lebenslängliche Todesfallversicherung vom Betrage 1 mit höchstens n-jähriger Prämienzahlung.

Man erhält
$$\pi_x^a\, \ddot{a}_{x:\overline{n}|} = A_x + \alpha + \beta\, \pi_x^a\, \ddot{a}_{x:\overline{n}|} + \gamma\, \ddot{a}_x$$

und damit
$$\pi_x^a = \frac{A_x + \alpha + \gamma \ddot{a}_x}{(1-\beta) \ddot{a}_x} = \frac{1 - (d-\gamma)\ddot{a}_x + \alpha}{(1-\beta) \ddot{a}_x}. \qquad (3.6.7)$$

b) Ausreichende Prämie $\pi_{x:\overline{m}|}^a$ für eine gemischte Versicherung von der Dauer n Jahre und dem Betrage 1, wenn die Prämie höchstens m Jahre bezahlt wird, wobei $m \leq n$.

Man erhält
$$\pi_{x:\overline{m}|}^a \ddot{a}_{x:\overline{m}|} = A_{x:\overline{n}|} + \alpha + \beta \pi_{x:\overline{m}|}^a \ddot{a}_{x:\overline{m}|} + \gamma \ddot{a}_{x:\overline{n}|}$$
und damit
$$\pi_{x:\overline{m}|}^a = \frac{A_{x:\overline{n}|} + \alpha + \gamma \ddot{a}_{x:\overline{n}|}}{(1-\beta) \ddot{a}_{x:\overline{m}|}} = \frac{1 - (d-\gamma)\ddot{a}_{x:\overline{n}|} + \alpha}{(1-\beta) \ddot{a}_{x:\overline{m}|}}. \qquad (3.6.8)$$

Die erste vorhin benutzte Gleichung läßt sich in die folgende Form bringen
$$\pi_{x:\overline{m}|}^a = \frac{A_{x:\overline{n}|}}{\ddot{a}_{x:\overline{m}|}} + \frac{\alpha}{\ddot{a}_{x:\overline{m}|}} + \beta \pi_{x:\overline{m}|}^a + \gamma \frac{\ddot{a}_{x:\overline{n}|}}{\ddot{a}_{x:\overline{m}|}}. \qquad (3.6.9)$$

Diese Gleichung zeigt besonders schön die Zerlegung der ausreichenden Prämie in die Nettoprämie und die drei Komponenten der Verwaltungskosten. Setzt man $m = n$, so erhält man den folgenden Spezialfall
$$\pi_{x:\overline{n}|}^a = P_{x:\overline{n}|} + \frac{\alpha}{\ddot{a}_{x:\overline{n}|}} + \beta \pi_{x:\overline{n}|}^a + \gamma,$$
wobei $P_{x:\overline{n}|}$ die Nettoprämie der gemischten Versicherung bedeutet. Daraus ergibt sich die Gleichung
$$\pi_{x:\overline{n}|}^a = \frac{P_{x:\overline{n}|}}{1-\beta} + \frac{\alpha}{(1-\beta)\ddot{a}_{x:\overline{n}|}} + \frac{\gamma}{1-\beta}.$$

Mit Hilfe der Beziehungen
$$\frac{1}{1-\beta} = \frac{\beta}{1-\beta} + 1$$
und
$$\frac{1}{\ddot{a}_{x:\overline{n}|}} = P_{x:\overline{n}|} + d,$$
erhalten wir
$$\pi_{x:\overline{n}|}^a = \left(1 + \frac{\beta}{1-\beta} + \frac{\alpha}{1-\beta}\right) P_{x:\overline{n}|} + \frac{d\alpha}{1-\beta} + \frac{\gamma}{1-\beta}$$
oder
$$\pi_{x:\overline{n}|}^a = (1+k) P_{x:\overline{n}|} + \lambda. \qquad (3.6.10)$$

Die letztere Gleichung wird gelegentlich aus praktischen Gründen benutzt, obwohl sie sich zur Vergleichung der effektiven Verwaltungskosten mit den einkalkulierten weniger gut eignet.

3.6. Verwaltungskosten, ausreichende Prämie und Bruttoprämie.

In der Praxis kommen für die gemischte Versicherung nicht zu kleiner Versicherungssummen (sog. Großleben) beispielsweise die folgenden Sätze in Betracht:

$\alpha = 3{,}5\%$ der Versicherungssumme.

$\beta = 4\text{—}5\%$ der Bruttoprämie oder 6% der Nettoprämie.

$\gamma = 2\,^0/_{00}$ der Versicherungssumme.

Übersteigt die Versicherungssumme einen gewissen Betrag, z.B. 20000 DM, so wird gelegentlich auf der berechneten ausreichenden Prämie ein Rabatt von etwa 1% gewährt.

Bei *veränderlichen* Versicherungsleistungen wird α in der Regel als Proportionalitätsfaktor der Anfangsleistung und γ als Proportionalitätsfaktor der späteren Versicherungsleistungen benutzt. Als Beispiel werde die ausreichende Prämie $\pi^a_{x:\overline{n}}$ für eine gemischte Versicherung von der Dauer n Jahre berechnet, die mit der Versicherungssumme S beginnen soll und h Jahre lang in jedem Jahre um s steigt, wobei $h \leq n-1$. Diese Versicherung kann als eine gemischte Versicherung mit der Versicherungssumme S zuzüglich eine steigende gemischte Versicherung vom Alter $x+1$ an, $h-1$ Jahre lang mit dem Anfangsbetrage s und mit dem Steigerungsbetrage s betrachtet werden. Der Barwert der steigenden Versicherung bei Beginn des Alters $x+1$ werde durch das Symbol $s(IA)_{x+1:\overline{h-1}}$ bezeichnet. Dazu sei $s(I_s \ddot{a})_{x+1:\overline{h-1}}$ der Barwert einer temporären Leibrente, beginnend mit dem Alter $x+1$ und $h-1$ Jahre dauernd, Anfangsbetrag s, Steigerungsbetrag s. Gemäß der oben erwähnten Methode bezüglich Verrechnung der Verwaltungskosten erhält man nach dem Äquivalenzprinzip die folgende Gleichung

$$\pi^a_{x:\overline{n}}\,\ddot{a}_{x:\overline{n}} = S\,A_{x:\overline{n}} + \frac{D_{x+1}}{D_x} s(IA)_{x+1:\overline{h-1}} + \alpha\,S +$$
$$+ \beta\,\pi^a_{x:\overline{n}}\,\ddot{a}_{x:\overline{n}} + \gamma\left[S\,\ddot{a}_{x:\overline{n}} + s\frac{D_{x+1}}{D_x}(I_s\ddot{a})_{x+1:\overline{h-1}}\right].$$

Wir haben am Anfang dieses Abschnittes den Zusammenhang zwischen der Bruttoprämie und der ausreichenden Prämie definiert. Bei der Bruttoprämie kommen zur ausreichenden Prämie noch gewisse Zuschläge hinzu.

Beispiel. Bei einer gemischten Versicherung vom Betrage 1 werde ein totaler Gewinnanteil mit dem Barwert G_x einkalkuliert. Bezeichnet man die Bruttoprämie für diese Versicherung mit $\pi_{x:\overline{n}}$, so erhält man nach dem Äquivalenzprinzip die folgende Gleichung

$$\pi_{x:\overline{n}}\,\ddot{a}_{x:\overline{n}} = A_{x:\overline{n}} + \alpha + \beta\,\pi_{x:\overline{n}}\,\ddot{a}_{x:\overline{n}} + \gamma\,\ddot{a}_{x:\overline{n}} + G_x$$

und damit

$$\pi_{x:\overline{n}|} = \frac{A_{x:\overline{n}|}}{(1-\beta)\,\ddot{a}_{x:\overline{n}|}} + \frac{\alpha}{(1-\beta)\,\ddot{a}_{x:\overline{n}|}} + \frac{\gamma}{1-\beta} + \frac{G_x}{(1-\beta)\,\ddot{a}_{x:\overline{n}|}}.$$

Wenn der Gewinn G_x in gleichmäßigen Raten a nach dreijährigem Bestehen der Versicherung ausbezahlt wird, so erhält man für die Bestimmung von a die folgende Gleichung

$$a\,\ddot{a}_{x+3:\overline{n-3}|}\,\frac{D_{x+3}}{D_x} = G_x.$$

Gelegentlich wird in der Gleichung für die Berechnung der Bruttoprämie als Faktor vor $\beta\,\ddot{a}_{x:\overline{n}|}$ die Barprämie $\pi_{x:\overline{n}|} - a$ eingesetzt. Variiert a mit den Versicherungsjahren, so ist der von β herrührende Unkostenbeitrag als entsprechende ausführliche Summe zu schreiben, deren einzelne Summanden die Inkassokosten aus den verschiedenen Versicherungsjahren darstellen.

3.7. Prämienrückgewähr.

Bei gewissen Versicherungsformen kommt es vor, daß der Versicherte eine teilweise oder ganze Rückzahlung seiner Einlagen dann verlangt, wenn die von ihm bezogene Versicherungsleistung kleiner ist als die Summe seiner bezahlten Prämien. Wir zeigen an zwei in der Praxis häufig vorkommenden Beispielen wie diese Prämienrückgewähr bei der Berechnung der Prämie berücksichtigt werden kann.

1. Beispiel. Es handle sich um eine Erlebensfallversicherung von der Summe 1, fällig nach n Jahren. Für diese Erlebensfallversicherung werde eine Nettoeinmaleinlage von ε_x mit der Bedingung bezahlt, daß dieselbe den Erben zurückerstattet werde, wenn der Versicherte vor Ablauf von n Jahren stirbt. Die Berechnung dieser Nettoeinmaleinlage kann mit der Bemerkung geschehen, daß hier eine Erlebensfallversicherung vom Betrage 1 kombiniert wird mit einer n Jahre dauernden temporären Todesfallversicherung vom Betrage ε_x. Gemäß dem Äquivalenzprinzip erhalten wir für die Bestimmung von ε_x die folgende Gleichung

$$\varepsilon_x = {}_nE_x + {}_{|n}A_x\,\varepsilon_x$$

und damit

$$\varepsilon_x = \frac{{}_nE_x}{1 - {}_{|n}A_x}.$$

Nehmen wir an, diese Erlebensfallversicherung werde durch Bezahlung einer jährlichen Prämie, höchstens n Jahre lang, finanziert. Die Nettoprämie für diese Versicherung betrage P_x, die Bruttoprämie π_x.

3.7. Prämienrückgewähr.

Zwischen diesen beiden Prämien bestehe die folgende Gleichung

$$\pi_x = P_x(1+k) + \lambda. \qquad (3.7.1)$$

Bei Tod des Versicherten vor Ablauf der n Jahre sollen die bezahlten Bruttoprämien zurückerstattet werden. Diese Versicherung kann als eine Erlebensfallversicherung, kombiniert mit einer temporären steigenden Todesfallversicherung, betrachtet werden, wobei die Todesfallsumme im ersten Versicherungsjahre π_x, im zweiten Versicherungsjahre $2\pi_x$ und im n. Versicherungsjahre $n\pi_x$ beträgt. Der Barwert dieser temporären Todesfallversicherungen werde mit $(IA)_{x:\overline{n}|}^{\pi_x}$ bezeichnet. Gemäß (3.4.4) gilt die Gleichung

$$(IA)_{x:\overline{n}|}^{\pi_x} = \pi_x \frac{R_x - R_{x+n} - nM_{x+n}}{D_x}. \qquad (3.7.2)$$

Nach dem Äquivalenzprinzip, den Gln. (3.1.2) und (3.7.1) und (3.7.2) erhalten wir

$$\left.\begin{aligned} P_x \ddot{a}_{x:\overline{n}|} &= {}_nE_x + (IA)_{x:\overline{n}|}^{\pi_x} \\ &= \frac{D_{x+n}}{D_x} + \left(P_x(1+k) + \lambda\right)\frac{(R_x - R_{x+n} - nM_{x+n})}{D_x}, \\ P_x &= \frac{D_{x+n} + \lambda(R_x - R_{x+n} - nM_{x+n})}{N_x - N_{x+n} - (1+k)(R_x - R_{x+n} - nM_{x+n})}. \end{aligned}\right\} \qquad (3.7.3)$$

2. Beispiel. Für eine um n Jahre aufgeschobene Leibrente vom Betrage 1 werde eine Nettoprämie von P_x höchstens n Jahre lang bezahlt. Die entsprechende Bruttoprämie betrage π_x. Zwischen diesen beiden Prämien soll wiederum die Gl. (3.7.1) gelten. Diese Leibrentenversicherung werde mit der Bedingung abgeschlossen, daß an die Erben des Versicherten die Differenz zwischen der Summe der einbezahlten Prämien und der Summe der bezogenen Renten zurückbezahlt werden müsse, sofern diese Differenz positiv ausfällt. Gemäß dieser Bestimmung zerfällt die Versicherung in drei Teile. Der erste Teil wird gebildet von der aufgeschobenen Leibrente, der zweite Teil von der steigenden temporären Todesfallversicherung, während der ersten n Jahre. Sie beginnt mit π_x, steigt mit jedem Jahr um π_x bis zum Maximum von $n\pi_x$.

Nach Ablauf der n Jahre kommt eine fallende temporäre Todesfallversicherung hinzu. Im ersten Rentenbezugsjahr beträgt die versicherte Todesfallsumme $n\pi_x - 1$, im zweiten $n\pi_x - 2$ usw. Wenn wir mit dem Symbol $[n\pi_x]$ die größte in $n\pi_x$ enthaltene ganze Zahl bezeichnen, dauert demnach diese abnehmende temporäre Todesfallversicherung $[n\pi_x]$ Jahre lang. Ihr Barwert im Alter $x+n$ beträgt gemäß früheren Betrachtungen

$$(D_{\overline{n\pi_x}|}A)^1_{x+n:\overline{[n\pi_x]}|} = \frac{n\pi_x M_{x+n} - R_{x+n} + R_{x+n+[n\pi_x]} - (n\pi_x - [n\pi_x])M_{x+n+[n\pi_x]}}{D_{x+n}}.$$

III. Die Leibrente und die Kapitalversicherungen auf ein Leben.

Nach dem Äquivalenzprinzip erhalten wir demnach für die Bestimmung von P_x die folgende Gleichung

$$P_x \ddot{a}_{x:\overline{n}|} = {}_n\ddot{a}_x + (IA)^{\pi_x}_{x:\overline{n}|} + \frac{D_{x+n}}{D_x}(D_n \overline{\pi_x} A)^1_{x+n:\overline{[n\pi_x]}|}.$$

Berücksichtigt man die Gl. (3.7.1), so hat man damit in der letzteren Gleichung eine nicht elementare Beziehung zur Bestimmung der Prämie. Denn die Zahl n ist ebenfalls von der Höhe von π_x abhängig. Diese Gleichung kann jedoch leicht mit Hilfe des sog. Verfahrens der sukzessiven Approximation gelöst werden. Darunter versteht man folgendes: Man trifft eine Annahme über die Dauer dieser temporären Todesfallversicherung und berechnet das zugehörige P_x. Ergibt sich dann für $[n\,\pi_x]$ eine andere Zahl als gemäß Annahme, so muß die Annahme korrigiert werden bis zum Verschwinden des Widerspruchs.

3.8. Anwendung von Selektionstafeln.

Die Formeln in den vorangegangenen Abschnitten wurden unter der ausdrücklichen Voraussetzung berechnet, daß Aggregattafeln angewendet würden. In diesem Abschnitt werden wir zeigen, wie sich die wichtigsten Formeln unter Anwendung von Selektionstafeln berechnen lassen. In Abschnitt **2.3** haben wir den Begriff der Selektionstafeln definiert. In einer solchen wird die Sterbenswahrscheinlichkeit nicht nur nach dem Alter, sondern noch nach einem zweiten Kriterium abgestuft. Beispielsweise bedeutet dieses Kriterium die Anzahl der Versicherungsjahre oder die Anzahl der Invaliditätsjahre. Wir benutzen die folgende Bezeichnung: Unter $l_{[x]+t}$ verstehen wir die Anzahl der Beobachteten mit dem Alter $x+t$, wenn der Beobachtete bereits t Jahre der beobachteten Gesamtheit angehört. Wenn die Selektionsdauer h Jahre beträgt, so heißt das, daß nach dieser Dauer die Selektionstafel in die Schlußtafel einmündet. Es gilt dann

$$l_{[x]+h+1} = l_{x+h+1}.$$

Maßgebend für alle versicherungstechnischen Berechnungen sind die Kommutationszahlen und die Leibrentenbarwerte. Da bei einer Selektionstafel die Zahlen l nach zwei Kriterien abgestuft sind, entsteht damit nicht nur eine Sterbetafel. Jede Folge

$$l_{[x]},\, l_{[x]+1},\, l_{[x]+2},\, \ldots l_\omega$$

definiert eine solche Sterbetafel. Nun können für eine solche Folge sämtliche früheren Formeln angewendet werden, wie die folgenden wichtigsten und einfachsten Beziehungen zeigen sollen. Gemäß den

3.8. Anwendung von Selektionstafeln.

früheren Bezeichnungen erhalten wir:

$$l_{[x]+t} - l_{[x]+t+1} = d_{[x]+t},$$

$$p_{[x]+t} = \frac{l_{[x]+t+1}}{l_{[x]+t}} \quad \text{und} \quad q_{[x]+t} = 1 - p_{[x]+t} = \frac{d_{[x]+t}}{l_{[x]+t}},$$

$$C_{[x]+t} = v^{x+t+1} d_{[x]+t},$$

$$D_{[x]+t} = v^{x+t} l_{[x]+t},$$

$$M_{[x]+t} = \sum_{\tau=0}^{\omega-[x]-t} C_{[x]+t+\tau},$$

$$N_{[x]+t} = \sum_{\tau=0}^{\omega-[x]-t} D_{[x]+t+\tau},$$

$$\ddot{a}_{[x]} = \frac{N_{[x]}}{D_{[x]}}, \quad \ddot{a}_{[x]+t} = \frac{N_{[x]+t}}{D_{[x]+t}},$$

$$A_{[x]} = \frac{M_{[x]}}{D_{[x]}} = 1 - d\ddot{a}_{[x]}, \quad A_{[x]+t} = \frac{M_{[x]+t}}{D_{[x]+t}} = 1 - d\ddot{a}_{[x]+t}.$$

Als Beispiele seien Leibrentenbarwerte für Invalide genannt, die sich gemäß den Zürcher Grundlagen 1950 unter Anwendung eines Zinsfußes von 3 % ergeben.

$$\ddot{a}^{i\,(12)}_{[30]+20} = 16{,}145,$$

$$\ddot{a}^{i\,(12)}_{[40]+10} = 15{,}901,$$

$$\ddot{a}^{i\,(12)}_{[50]} = 13{,}781.$$

Der Leibrentenbarwert wird erheblich kleiner, wenn er unmittelbar nach der Invaliderklärung eines Versicherten berechnet wird als für einen gleichaltrigen Versicherten, der schon einige Jahre invalid war.

Schließlich sei noch gezeigt, daß die Leibrentenbarwerte einer Selektionstafel sehr einfach aus den entsprechenden Werten der Schlußtafel berechnet werden können, wenn die Selektionsdauer lediglich ein Jahr angenommen wird und die Mortalitätsreduktion im ersten Versicherungsjahr unabhängig vom Alter angenommen wird. Wir benutzen die folgenden Bezeichnungen: Es sei

$$q_{[x]} = c_0 q_x, \quad 0 < c_0 < 1, \quad 1 - c_0 = k_0;$$

$$q_{[x]+t} = q_{x+t}, \quad \text{wobei} \quad t \geq 1.$$

Dann gilt

$$_{t|}\ddot{a}_{[x]} = \frac{D_{[x]+t} + D_{[x]+t+1} + \cdots + D_\omega}{D_{[x]}}$$

III. Die Leibrente und die Kapitalversicherungen auf ein Leben.

und wenn $t \geq 1$

$$_{t|}\ddot{a}_{[x]} = \frac{D_{x+t} + D_{x+t+1} + \cdots + D_\omega}{D_{[x]}}$$

$$= \frac{D_x}{D_{[x]}} \frac{D_{x+t} + D_{x+t+1} + \cdots + D_\omega}{D_x} = \frac{D_x}{D_{[x]}} {}_{t|}\ddot{a}_x.$$

Nun ist

$$\frac{D_x}{D_{[x]}} = \frac{l_x}{l_{[x]}} = \frac{l_{x+1}}{l_{[x]}} \frac{l_x}{l_{x+1}} = \frac{p_{[x]}}{p_x},$$

$$\frac{p_{[x]}}{p_x} = \frac{1 - c_0 q_x}{p_x} = \frac{p_x + k_0 q_x}{p_x} = 1 + k_0 \frac{q_x}{p_x}.$$

Setzt man

$$\frac{q_x}{p_x} = f_x, \tag{3.8.1}$$

so hat man demnach

$$_{t|}\ddot{a}_{[x]} = (1 + k_0 f_x) {}_{t|}\ddot{a}_x. \tag{3.8.2}$$

Diese Formel kann insbesondere für $t = 1$ angewendet werden, um dann die nachschüssigen Leibrentenbarwerte nach der folgenden Formel zu liefern:

$$a_{[x]} = (1 + k_0 f_x) a_x. \tag{3.8.3}$$

A. ANDRAE bezeichnet den Ausdruck $k_0 f_x$ zweckmäßig als *Auslesezuschlag*.

Als Beispiel werde der Leibrentenbarwert für einen 70jährigen Mann, Tafel GR IV, Zinsfuß 3%, erwähnt. Der Auslesezuschlag beträgt in diesem Fall unabhängig vom Zinsfuß 2,05% der nachschüssigen Leibrente gemäß Schlußtafel. Man erhält nach der vorigen Gleichung

$$a_{[70]} = 1{,}0205 \cdot 7{,}0322 = 7{,}176.$$

Der obige Zusammenhang zwischen den Leibrentenbarwerten der Selektionstafel und der Schlußtafel kann für den Fall verallgemeinert werden, daß die *Selektionsdauer mehrere Jahre* beträgt unter der Annahme, daß die prozentuale Abnahme der Mortalität in den Selektionsjahren nur von der Anzahl der abgelaufenen Selektionsjahre, nicht aber vom Alter der Beobachteten abhängt. Auf Grund der vorliegenden statistischen Untersuchungen darf man annehmen, daß diese Voraussetzung in der Praxis weitgehend erfüllt sei. Die vorhergehenden Formeln seien auf den Fall übertragen, daß die Selektionszeit zwei Jahre daure. Wir benutzen die folgenden Bezeichnungen:

$$q_{[x]} = c_0 q_x, \quad 0 < c_0 < 1, \quad 1 - c_0 = k_0;$$
$$q_{[x]+1} = c_1 q_{x+1}, \quad 0 < c_1 < 1, \quad 1 - c_1 = k_1;$$
$$q_{[x]+t} = q_{x+t}, \quad \text{wenn } t \geq 2.$$

Es gilt

$$\begin{aligned}
{}_2|\ddot{a}_x &= \frac{D_{x+2}+D_{x+3}+\cdots+D_\omega}{D_{[x]}} = \frac{D_x}{D_{[x]}} {}_2|\ddot{a}_x, \quad \frac{D_x}{D_{[x]}} = \frac{l_x}{l_{[x]}}, \\
\frac{l_{x+1}}{l_{[x]+1}} &= \frac{l_{x+2}}{l_{[x]+1}} \frac{l_{x+1}}{l_{x+2}} = \frac{p_{[x]+1}}{p_{x+1}} = 1 + k_1 f_{x+1}, \\
\frac{l_x}{l_{[x]}} &= \frac{l_{[x]+1}}{l_{[x]}} \frac{l_{x+1}}{l_{[x]+1}} \frac{l_x}{l_{x+1}} = \frac{p_{[x]}(1+k_1 f_{x+1})}{p_x} = (1+k_1 f_{x+1})(1+k_0 f_x), \\
{}_2|\ddot{a}_{[x]} &= (1+k_1 f_{x+1})(1+k_0 f_x) {}_2|\ddot{a}_x.
\end{aligned} \right\} \quad (3.8.4)$$

Nun ist
$$a_{[x]} = \frac{D_{[x]+1}}{D_{[x]}} + {}_2|\ddot{a}_{[x]},$$

$$\frac{D_{[x]+1}}{D_{[x]}} = \frac{D_{x+1}}{D_x} \frac{l_{[x]+1}}{l_{x+1}} \frac{l_x}{l_{[x]}} = \frac{D_{x+1}}{D_x}(1+k_0 f_x)$$

und damit

$$a_{[x]} = (1+k_0 f_x)\frac{D_{x+1}}{D_x} + (1+k_0 f_x)(1+k_1 f_{x+1}) {}_2|\ddot{a}_x,$$

$$\left. \begin{aligned}
a_{[x]} &= (1+k_0 f_x)[a_x + k_1 f_{x+1} {}_2|\ddot{a}_x] \\
&= a_x + k_0 f_x a_x + k_1 f_{x+1}(1+k_0 f_x) {}_2|\ddot{a}_x.
\end{aligned} \right\} \quad (3.8.5)$$

Der zweite Summand enthält die Korrektur, die vom ersten Jahr der Selektionsdauer herrührt und der dritte Summand diejenige vom zweiten Jahr. Analoge, wenn auch kompliziertere Formeln könnten für größere Selektionsdauern aufgestellt werden.

IV. Versicherungen auf mehrere Leben.

Häufig werden Versicherungen abgeschlossen, bei denen nicht nur eine Person, sondern zwei oder sogar mehrere Personen beteiligt sind. Beispielsweise will ein Vater für sein Kind bei Vollendung von dessen 20. Altersjahr ein bestimmtes Kapital bereit stellen. Zu diesem Zwecke schließt er eine Aussteuerversicherung mit einer Versicherungsgesellschaft ab. Er verpflichtet sich zur Bezahlung einer bestimmten Prämie für eine gewisse Anzahl von Jahren, längstens jedoch bis zu seinem Tode. Die Versicherungsgesellschaft verpflichtet sich zur Auszahlung des versicherten Kapitales bei Vollendung des 20. Altersjahres des begünstigten Kindes. An dieser Versicherung sind demnach der Vater und sein Kind beteiligt. Häufig werden auch Witwenrentenversicherungen abgeschlossen, gemäß denen sich die Versicherungsgesellschaft zur Ausbezahlung einer bestimmten Witwenrente verpflichtet, wenn der Gatte stirbt. Dieser übernimmt die Bezahlung einer festgesetzten Prämie.

Man spricht in solchen Fällen von Versicherungen auf *mehrere oder verbundene* Leben.

Solche Versicherungen werden von den Versicherungsgesellschaften in Form sog. Einzelversicherungen abgeschlossen, oder aber auch in Form von Gruppen- oder Kollektivversicherungen. Die letztere Form ist die gebräuchlichste Form bei Pensionskassen. Im Falle einer solchen Gruppenversicherung vereinbart eine ganze Gruppe von Personen, z.B. das Personal einer Firma, bestimmte Versicherungsleistungen mit einer Versicherungsgesellschaft gegen Bezahlung gewisser Prämien und eventuell Einmaleinlagen. Bei solchen Kollektivversicherungen werden unter anderem sehr häufig Versicherungen auf verbundene Leben vereinbart, wie Witwenrenten und Waisenrenten. In diesem Kapitel werden wir die wichtigsten Versicherungsformen für Einzelversicherungen darstellen und im nächsten Kapitel diejenigen der Pensionsversicherungen. Selbstverständlich können diese beiden Kategorien von Versicherungen nicht streng voneinander getrennt werden.

4.1. Absterbeordnung von Paaren.

Bei der Darstellung der wichtigsten Versicherungen auf ein Leben mußten wir am Anfang den Begriff der Absterbeordnung entwickeln, um daran anschließend die Barwerte und Prämien dieser Versicherungen berechnen zu können. Eine ganz analoge Situation liegt vor, wenn die entsprechenden Beziehungen für Versicherungen auf mehrere Leben, insbesondere auf zwei Leben, hergeleitet werden sollen. Wir werden uns im folgenden im wesentlichen damit begnügen, Versicherungen auf zwei Leben zu betrachten. Zu diesem Zweck müssen wir den Begriff der Absterbeordnung von Paaren einführen. Würde es sich um Versicherungen auf mehr als zwei Leben handeln, so müßten Absterbeordnungen für Tripel, Quadrupel usw. dargestellt werden. Die Absterbeordnung für Paare läßt sich durch leichte Verallgemeinerung aus dem Begriff der Absterbeordnung für Einzelpersonen herleiten. Bei Versicherungen auf mehr als drei Personen ist die Anwendung allgemeinerer Methoden zur Herleitung der wesentlichsten statistischen Größen zweckmäßiger[1].

Zur Herstellung der Absterbeordnung von Paaren betrachten wir zwei Personen vom Alter x und y, die je einer bestimmten Absterbeordnung für eine Person unterworfen sein sollen, die an sich nicht gleich sein müssen. Die Anzahl der Lebenden der Absterbeordnung der Personen x werde mit $l_x, l_{x+1}, \ldots$ und die Anzahl der Lebenden der Absterbeordnung der Personen y werden mit $l_y, l_{y+1}, \ldots$ bezeichnet. Das Schlußalter der beiden Absterbeordnungen könnte verschieden angenommen

---
[1] Man vgl. z.B. BERGER, A.: Mathematik der Lebensversicherung, S. 162—172. Wien: Springer 1939.

4.1. Absterbeordnung von Paaren.

werden. Der Einfachheit halber werde es als gleich angenommen und wie früher mit ω bezeichnet. Nun wird die Absterbeordnung von Paaren in der folgenden Weise konstruiert: Jede Person des Alters x von den l_x Personen ihrer Absterbeordnung werde mit jeder Person y der l_y Personen der zweiten Absterbeordnung zu einem Paar kombiniert. Total ergeben sich demnach $l_x l_y$ Paare. Nach einem Jahr leben gemäß den angenommenen Absterbeordnungen noch l_{x+1} bzw. l_{y+1} Personen und damit noch $l_{x+1} l_{y+1}$ Paare. Die Zahlfolge $l_x l_y$, $l_{x+1} l_{y+1}$, $l_{x+2} l_{y+2}$, stellt die Absterbeordnung von Paaren dar. Es ist für das Folgende zweckmäßig, das nachstehende Symbol einzuführen.

$$l_{xy} = l_x l_y. \tag{4.1.1}$$

Nach t Jahren sind demnach noch $l_{x+t:y+t}$ Paare vorhanden; d.h. der Quotient $\dfrac{l_{x+t} l_{y+t}}{l_x l_y}$ mißt den Bruchteil der noch vorhandenen Paare nach t Jahren. Wir definieren nun gewisse Häufigkeiten oder Wahrscheinlichkeiten, deren Bedeutung analog zu werten ist wie die entsprechenden statistischen Begriffe bei einfachen Absterbeordnungen.

1. Die Wahrscheinlichkeit, daß ein Paar vom Alter x und Alter y nach t Jahren noch lebt, werde mit $_tp_{xy}$ bezeichnet und beträgt

$$_tp_{xy} = \frac{l_{x+t} l_{y+t}}{l_x l_y} = \frac{l_{x+t:y+t}}{l_{xy}} = {}_tp_x \,{}_tp_y. \tag{4.1.2}$$

Im Falle von $t = 1$ wird der Index 1 weggelassen.

2. Die Wahrscheinlichkeit, daß wenigstens eine Person vom betrachteten Paar x, y im Laufe der ersten t Jahre sterbe, werde mit $_tq_{xy}$ bezeichnet. Offensichtlich ist diese Größe das Komplement von $_tp_{xy}$ zu 1, so daß die Gleichung gilt

$$_tq_{xy} = 1 - {}_tp_{xy}. \tag{4.1.3}$$

3. Die Wahrscheinlichkeit, daß im Laufe der ersten t Jahre beide Personen x und y sterben, werde mit $_tq_{\overline{xy}}$ bezeichnet. Man erhält diese Wahrscheinlichkeit oder Häufigkeit dadurch, daß man sämtliche Gestorbenen der ersten t Jahre der ersten Absterbeordnung mit sämtlichen Gestorbenen der ersten t Jahre der zweiten Absterbeordnung kombiniert. Denn das sind diejenigen Paare, bei denen beide Personen in diesem Zeitraum gestorben sind. Es gilt demnach die Gleichung

$$_tq_{\overline{xy}} = \left(\frac{l_x - l_{x+t}}{l_x}\right)\left(\frac{l_y - l_{y+t}}{l_y}\right) = {}_tq_x \,{}_tq_y. \tag{4.1.4}$$

4. Die Wahrscheinlichkeit, daß nach t Jahren noch mindestens eine Person x oder y lebt, werde mit $_tp_{\overline{xy}}$ bezeichnet. Offensichtlich ergänzen

sich ${}_t p_{\overline{xy}}$ und ${}_t q_{\overline{xy}}$ wieder zu eins. Es gilt demnach

$$\left.\begin{array}{l}{}_t p_{\overline{xy}} = 1 - {}_t q_{\overline{xy}} = 1 - {}_t q_x \, {}_t q_y = 1 - (1 - {}_t p_x)(1 - {}_t p_y) \\ {}_t p_{\overline{xy}} = {}_t p_x + {}_t p_y - {}_t p_x \, {}_t p_y. \end{array}\right\} \quad (4.1.5)$$

Die letztere Beziehung hätte direkt hergeleitet werden können. Die Summe ${}_t p_x + {}_t p_y$ mißt die Wahrscheinlichkeit, daß x oder y nach t Jahren noch leben. Der Ausdruck ${}_t p_x \, {}_t p_y$ mißt die Wahrscheinlichkeit, daß gleichzeitig x und y nach t Jahren noch leben.

5. Die Wahrscheinlichkeit, daß nach t Jahren noch genau eine Person lebt, werde mit ${}_t p^{\mathrm{I}}_{xy}$ bezeichnet. Man erhält diese Größe, indem man die nach t Jahren noch Lebenden der ersten Absterbeordnung mit den in diesem Zeitraum Gestorbenen der zweiten Absterbeordnung kombiniert und umgekehrt die noch Lebenden der zweiten Absterbeordnung mit den Gestorbenen der ersten Absterbeordnung. Man erhält

$$\left.\begin{array}{l}{}_t p^{\mathrm{I}}_{xy} = \dfrac{l_{x+t}(l_y - l_{y+t}) + l_{y+t}(l_x - l_{x+t})}{l_x l_y} \\ = {}_t p_x (1 - {}_t p_y) + {}_t p_y (1 - {}_t p_x) \\ = {}_t p_x + {}_t p_y - 2 \, {}_t p_{xy}. \end{array}\right\} \quad (4.1.6)$$

6. Die Wahrscheinlichkeit, daß im $(t+1)$. Jahre die Person x stirbt, und y am Ende des $(t+1)$. Jahres noch lebt, läßt sich in der folgenden Weise berechnen: Von den l_{xy} Paaren leben nach t Jahren noch ${}_t p_{xy} l_{xy}$ Paare. Durch Kombination dieses Ausdruckes mit $q_{x+t} p_{y+t}$ erhält man diejenigen Paare, bei denen der Partner x im $(t+1)$. Jahre stirbt und y das Jahr überlebt. Die erwähnte Wahrscheinlichkeit beträgt demnach ${}_t p_{xy} q_{x+t} p_{y+t}$.

7. Die Wahrscheinlichkeit, daß der erste Tod bei zwei Personen in das $(t+1)$. Jahr falle, werde mit ${}_{t|} q_{xy}$ bezeichnet. Es sei

$$d_{xy} = l_{xy} - l_{x+1:y+1}, \qquad d_{x+t:y+t} = l_{x+t:y+t} - l_{x+t+1:y+t+1}.$$

d_{xy} bedeutet demnach die Anzahl der im ersten Jahre abgehenden Paare. Man erhält demnach

$${}_{t|} q_{xy} = \dfrac{d_{x+t:y+t}}{l_{xy}} = \dfrac{l_{x+t} l_{y+t} - l_{x+t+1} l_{y+t+1}}{l_x l_y} = {}_t p_{xy} - {}_{t+1} p_{xy}. \quad (4.1.7)$$

8. Die Wahrscheinlichkeit, daß der Überlebende von x oder y im $(t+1)$. Jahre stirbt, werde mit ${}_{t|} q_{\overline{xy}}$ bezeichnet. Gemäß dem früher definierten Sinn der folgenden Symbole gilt offensichtlich die folgende Gleichung

$${}_{t|} q_{\overline{xy}} = {}_{t|} q_x + {}_{t|} q_y - {}_{t|} q_{xy}. \quad (4.1.8)$$

9. Die Wahrscheinlichkeit, daß weder x noch y im $(t+1)$. Jahre sterbe, ist gleich dem Produkt der entsprechenden Einzelwahrscheinlichkeiten und beträgt demnach $(1 - {}_{t|}q_x)(1 - {}_{t|}q_y)$.

10. Die Wahrscheinlichkeit, daß wenigstens eine der Personen x oder y im $(t+1)$. Jahre sterbe, ist der komplementäre Wert zu 1 zur vorhin berechneten Wahrscheinlichkeit und beträgt demnach

$$1 - (1 - {}_{t|}q_x)(1 - {}_{t|}q_y) = {}_{t|}q_x + {}_{t|}q_y - {}_{t|}q_x \, {}_{t|}q_y.$$

Für Tripel von Personen könnten nach den gleichen Prinzipien die entsprechenden Häufigkeits- oder Wahrscheinlichkeitswerte berechnet werden.

4.2. Wichtigste Versicherungswerte für zwei verbundene Leben.

Für die Berechnung der Barwerte und Prämien der wichtigsten Versicherungen für zwei verbundene Leben ist die Einführung von Kommutationszahlen in ähnlichem Zusammenhang mit der Absterbeordnung von Paaren wie die entsprechenden Kommutationszahlen für die Absterbeordnung von Einzelpersonen zweckmäßig. Das Symbol D_x wurde früher mit $l_x v^x$ definiert. Ganz analog definieren wir das Symbol D_{xy} durch die folgende Gleichung

$$D_{xy} = v^{\frac{1}{2}(x+y)} l_{xy}, \quad D_{x+t:y+t} = v^{\frac{1}{2}(x+y+2t)} l_{x+t:y+t}. \quad (4.2.1)$$

Es sei beigefügt, daß neben der obigen Definition, symmetrisch in x und y, in der Literatur auch noch eine andere Definition vorkommt. In dieser anderen Definition wird vom größeren Wert der beiden Zahlen x und y ausgegangen und der Exponent von v gleich dieser größeren Zahl gesetzt. Die obige Definition hat den Vorteil der Symmetrie, führt aber gelegentlich zu gebrochenen Exponenten von v im Gegensatz zur anderen erwähnten Definition. Mit Hilfe dieses Symbols D definieren wir die folgenden weiteren Werte.

$$N_{xy} = D_{xy} + D_{x+1:y+1} + \cdots. \quad (4.2.2)$$

Die Summation läuft so lange, bis das Schlußalter der größeren der beiden Zahlen x und y erreicht wird.

$$C_{xy} = v^{\frac{1}{2}(x+y)+1} d_{xy}, \quad C_{x+t:y+t} = v^{\frac{1}{2}(x+y+2t)+1} d_{x+t:y+t}. \quad (4.2.3)$$

Im Falle des Gebrauches von Selektionstafeln müßten diese Zahlen doppelt abgestuft werden, genau gleich wie im Falle der Kommutationszahlen für ein Leben.

Wir berechnen im folgenden die Barwerte oder Nettoeinmaleinlagen, die sich für die wichtigsten Versicherungen für zwei verbundene Leben ergeben.

A. Erlebensfall- und Rentenversicherungen.

Erlebensfallversicherung eines Personenpaares x und y.

Die Versicherungsgesellschaft bezahle einem Personenpaar x und y nach t Jahren den Betrag 1, sofern in diesem Zeitpunkt noch beide Personen leben. Der Barwert dieser Erlebensfallversicherung werde mit $_tE_{xy}$ bezeichnet. Man erhält auf Grund der statistischen Werte von **4.1** und der üblichen Diskontierungsmethode

$$_tE_{xy} = v^t \,_tp_{xy} = v^t \,_tp_x \,_tp_y = v^t \frac{l_{x+t}}{l_x} \frac{l_{y+t}}{l_y} = \frac{v^{\frac{1}{2}(x+y+2t)} l_{x+t} l_{y+t}}{v^{\frac{1}{2}(x+y)} l_x l_y} \quad (4.2.4)$$

und damit nach (4.2.1)

$$_tE_{xy} = \frac{D_{x+t:y+t}}{D_{xy}}.$$

Vorschüssige n-jährige Verbindungsrente auf zwei Leben.

In einem solchen Falle verpflichtet sich die Versicherungsgesellschaft an zwei Personen jährlich vorschüssig so lange den Betrag 1 zu bezahlen, so lange beide Personen noch leben, längstens jedoch n Jahre. Der Barwert einer solchen Verbindungsrente wird mit $\ddot{a}_{xy:\overline{n}|}$ bezeichnet. Seine Berechnung kann dadurch erfolgen, daß diese sukzessiven Rentenzahlungen als Erlebensfallversicherungen betrachtet werden. Auf Grund von (4.2.4) und (4.2.2) erhalten wir deshalb

$$\ddot{a}_{xy:\overline{n}|} = \frac{D_{xy} + D_{x+1:y+1} + \cdots + D_{x+n-1:y+n-1}}{D_{xy}} = \frac{N_{xy} - N_{x+n:y+n}}{D_{xy}}. \quad (4.2.5)$$

Im Falle, daß diese Rente in m gleiche Jahresraten, bezahlbar je nach $1/m$ Jahren, zerfällt, bezeichnen wir den Barwert einer solchen unterjährigen Verbindungsrente mit $\ddot{a}_{xy:\overline{n}|}^{(m)}$. In Analogie zu den Überlegungen von (3.2.5) erhalten wir in diesem Falle

$$\ddot{a}_{xy:\overline{n}|}^{(m)} \sim \ddot{a}_{xy:\overline{n}|} - \frac{m-1}{2m}\left(1 - \frac{D_{x+n:y+n}}{D_{xy}}\right). \quad (4.2.6)$$

Der Barwert der lebenslänglichen Verbindungsrente, bezahlbar bis zum Tode des ersten Versicherten des Versichertenpaares werde mit $\ddot{a}_{xy}$ bezeichnet. Es gilt

$$\ddot{a}_{xy} = \frac{N_{xy}}{D_{xy}}. \quad (4.2.7)$$

4.2. Wichtigste Versicherungswerte für zwei verbundene Leben.

Schließlich definieren wir noch die um n Jahre aufgeschobene lebenslängliche Verbindungsrente und bezeichnen ihren Barwert mit $_n|\ddot{a}_{xy}$. Es gilt die Gleichung

$$_n|\ddot{a}_{xy} = \frac{N_{x+n:y+n}}{D_{xy}}. \qquad (4.2.8)$$

Vorschüssige Verbindungsrente auf das letzte Leben eines Personenpaares.

In diesem Falle wird die Rente vom jährlichen Betrage 1 so lange bezahlt, so lange noch eine Person des versicherten Personenpaares lebt. Der Barwert dieser Verbindungsrente werde mit $\ddot{a}_{\overline{xy}}$ bezeichnet. Auf Grund der Bedeutung des Wertes $_tp_{\overline{xy}}$ [vgl. (4.1.5)] erhalten wir mit Hilfe der üblichen Diskontierungsmethode die folgende Gleichung

$$\left.\begin{array}{l}\ddot{a}_{\overline{xy}} = 1 + p_{\overline{xy}}\,v + _2p_{\overline{xy}}\,v^2 + \cdots \\ \phantom{\ddot{a}_{\overline{xy}}} = 1 + (p_x + p_y - p_x\,p_y)\,v + (_2p_x + _2p_y - _2p_x\,_2p_y)\,v^2 + \cdots \\ \ddot{a}_{\overline{xy}} = \ddot{a}_x + \ddot{a}_y - \ddot{a}_{xy}.\end{array}\right\} \quad (4.2.9)$$

Dieses Ergebnis kann direkt auf Grund der Bedeutung der drei Summanden in dieser Gleichung bestätigt werden.

Häufig werden Verbindungsrenten mit der Bedingung abgeschlossen, daß die frühere Verbindungsrente vom Betrage 1 auf den Betrag r reduziert werden soll bei Tod des ersten Versicherten, wobei $0 < r < 1$. Der Barwert einer solchen Rente beträgt

$$r\,(\ddot{a}_x + \ddot{a}_y) + (1 - 2r)\,\ddot{a}_{xy}.$$

Denn gemäß dieser Formel beträgt die Rente — so lange beide leben — 1 und nach Tod von einem Versicherten noch r.

Überlebensrente.

Nach dem Tode der Person x soll erstmals bei Beginn des nächsten Versicherungsjahres an die überlebende Person y die lebenslängliche Rente vom jährlichen Betrage 1 ausbezahlt werden. Der Barwert dieser Rente werde mit $\ddot{a}_{x|y}$ bezeichnet. Auf Grund direkter Überlegung erhalten wir die folgende Gleichung

$$\ddot{a}_{x|y} = \ddot{a}_y - \ddot{a}_{xy}. \qquad (4.2.10)$$

Dieser Barwert läßt sich auch mit Hilfe der in Abschnitt 6 von **4.1** berechneten Wahrscheinlichkeit summandenweise durch die folgende Gleichung darstellen.

$$\ddot{a}_{x|y} = q_x\,p_y\,\ddot{a}_{y+1}\,v + p_{xy}\,q_{x+1}\,p_{y+1}\,\ddot{a}_{y+2}\,v^2 + _2p_{xy}\,q_{x+2}\,p_{y+2}\,\ddot{a}_{y+3}\,v^3 + \cdots.$$

Durch Benutzung der früheren Gleichungen für die einzelnen Symbole der obigen Gleichung kann man leicht daraus die Gl. (4.2.10) erhalten.

B. Todesfall- und gemischte Versicherungen für zwei verbundene Leben.

m-jährige, temporäre Todesfallversicherungen.

In diesem Falle bezahlt die Versicherungsgesellschaft beim Tod des ersten Versicherten eines Versichertenpaares den Betrag 1 aus, wenn dieser Tod im Laufe der m ersten Jahre nach Versicherungsabschluß erfolgt. Der Barwert einer solchen Versicherung werde mit $_{|m}A_{xy}$ bezeichnet. Die Wahrscheinlichkeit dafür, daß ein Paar nach t Jahren noch lebt, beträgt $_tp_{xy}$, daß es nach $t+1$ Jahren noch lebt $_{t+1}p_{xy}$. Die Wahrscheinlichkeit dafür, daß das Paar wegen Tod des einen Versicherten im $(t+1)$. Jahre aufgelöst werde, beträgt demnach $_tp_{xy} - {_{t+1}p_{xy}} = {_{t|}q_{xy}}$ [vgl. (4.1.7)]. Durch Summation der Barwerte der Belastungen der einzelnen Versicherungsjahre erhalten wir demnach

$$\begin{aligned}
_{|m}A_{xy} &= \sum_{t=0}^{m-1} v^{t+1} ({_tp_{xy}} - {_{t+1}p_{xy}}) \\
&= \sum_{t=0}^{m-1} v^{t+1} \left(\frac{l_{x+t}\,l_{y+t}}{l_x\,l_y} - \frac{l_{x+t+1}\,l_{y+t+1}}{l_x\,l_y} \right), \\
_{|m}A_{xy} &= v\,\ddot{a}_{xy:\overline{m}|} - a_{xy:\overline{m}|}.
\end{aligned} \quad (4.2.11)$$

Auch diese Gleichung könnte durch direkte Überlegung gewonnen werden. Sind die Zahlen C_{xy} bekannt, so ist die folgende Formel für die Berechnung von $_{|m}A_{xy}$ bequem:

$$_{|m}A_{xy} = \frac{C_{xy} + C_{x+1:y+1} + \cdots + C_{x+m-1:y+m-1}}{D_{xy}} = \frac{M_{xy} - M_{x+m:y+m}}{D_{xy}}. \quad (4.2.12)$$

Gemischte Versicherung für n Jahre für zwei verbundene Leben.

Die Versicherungsgesellschaft verpflichtet sich, den Betrag 1 auszubezahlen, sofern eine der versicherten Personen im Laufe von n Jahren nach Abschluß der Versicherung stirbt. Erleben beide Versicherte diese n Jahre, so wird der Betrag nach Ablauf dieser Zeit ausbezahlt. Der Barwert einer solchen gemischten Versicherung wird mit $A_{xy:\overline{n}|}$ bezeichnet und setzt sich aus einer temporären Todesfallversicherung und einer Erlebensfallversicherung zusammen. Gemäß den Gln. (4.2.4) und (4.2.11) erhalten wir deshalb

$$\begin{aligned}
A_{xy:\overline{n}|} &= v\,\ddot{a}_{xy:\overline{n}|} - a_{xy:\overline{n}|} + \frac{D_{x+n:y+n}}{D_{xy}} \\
&= v\,\ddot{a}_{xy:\overline{n}|} - a_{xy:\overline{n-1}|} = v\,\ddot{a}_{xy:\overline{n}|} + 1 - \ddot{a}_{xy:\overline{n}|}, \\
A_{xy:\overline{n}|} &= 1 - d\,\ddot{a}_{xy:\overline{n}|}
\end{aligned} \quad (4.2.13)$$

und als Spezialfall
$$A_{xy} = 1 - d\,\ddot{a}_{xy}.$$

4.2. Wichtigste Versicherungswerte für zwei verbundene Leben. 67

Ablebensversicherung auf zwei Leben, zahlbar bei Tod des zweiten Versicherten.

Der Barwert einer solchen Versicherung werde mit $A_{\overline{xy}}$ bezeichnet. Auf Grund der Bedeutung dieses Barwertes und der vorigen Gleichung sowie (4.2.10) erhalten wir

$$A_{\overline{xy}} = A_x + A_y - A_{xy} = 1 - d\,\ddot{a}_{\overline{xy}}. \tag{4.2.14}$$

Überlebenskapitalversicherung.
(Einseitige Todesfallversicherung.)

In diesem Fall wird bei Tod des Versicherten x vor dem Versicherten y dem letzteren die Todesfallsumme 1 ausbezahlt. Der Barwert einer solchen Todesfallversicherung werde mit A^1_{xy} bezeichnet. Unter der Annahme, daß sich die Todesfälle gleichmäßig über das Jahr verteilen, erhalten wir durch Summation der Barwerte der einzelnen Versicherungsjahre die folgende Gleichung

$$A^1_{xy} = q_x \frac{l_y + l_{y+1}}{2\,l_y} v + p_x p_y q_{x+1} \frac{l_{y+1} + l_{y+2}}{2\,l_{y+1}} v^2 + \cdots \tag{4.2.15}$$

und durch zweckmäßige Zusammenfassung

$$A^1_{xy} = \frac{v}{2}\ddot{a}_{xy} + \frac{v}{2} p_y \ddot{a}_{x:y+1} - \frac{v}{2} p_x \ddot{a}_{x+1:y} - \frac{a_{xy}}{2}.$$

In analoger Weise bezeichnen wir den Barwert der Todesfallversicherung zugunsten von x bei früherem Tod von y mit $A_{xy}^{\ 1}$. Durch Vertauschung von x mit y in der letzten Gleichung erhalten wir

$$A_{xy}^{\ 1} = \frac{v}{2}\ddot{a}_{xy} + \frac{v}{2} p_x \ddot{a}_{x+1:y} - \frac{v}{2} p_y \ddot{a}_{x:y+1} - \frac{a_{xy}}{2}.$$

Die Summe dieser beiden Barwerte muß natürlich A_{xy} ergeben, wie man durch Vergleichung mit Gl. (4.2.13) feststellen kann.

Ablebensversicherung auf zwei Leben, zahlbar bei Tod von y, wenn x vorher gestorben ist.

Der Barwert einer solchen Todesfallversicherung werde mit $A_{xy}^{\ 2}$ bezeichnet. Auf Grund der Bedeutung von A^1_{xy} erhält man die Gleichung

$$A_{xy}^{\ 2} = A_y - A^1_{xy}, \tag{4.2.16}$$

und ganz analog

$$A^2_{xy} = A_x - A_{xy}^{\ 1}.$$

Bei der Berechnung der jährlichen Nettoprämie für diese Versicherungen hat man lediglich darauf zu achten, ob die Prämienbezahlung davon abhängig sei, ob x oder y oder beide Personen x und y noch leben. Je nach dieser Bedingung hat man bei der Berechnung der Nettoprämie den temporären Leibrentenbarwert der Person x oder y oder eventuell den verbundenen Leibrentenbarwert zu benutzen.

4.3. Anwendung der MAKEHAMschen Absterbeordnung bei der Berechnung der Verbindungsrente verbundener Leben.

Schon im Abschnitt 2.2 haben wir auf die Bedeutung der MAKEHAMschen Absterbeordnung bei der Berechnung der Verbindungsrente verbundener Leben hingewiesen. Die folgenden Überlegungen werden zeigen, daß in diesem Falle $\ddot{a}_{xy}$ einfacher berechnet werden kann als bei der Anwendung beliebiger Absterbeordnungen. Gemäß (2.2.3) ist die MAKEHAMsche Absterbeordnung durch die folgende Gleichung definiert

$$l_x = k\, s^x\, g^{(c^x)},$$

wobei $c > 1$. Nach dieser Gleichung erhielten wir gemäß (2.2.3)

$$_n p_x = s^n\, g^{(c^{x+n} - c^x)}.$$

Bei der Berechnung der Verbindungsrente von zwei verbundenen Leben mit den Altern x und y nehmen wir nunmehr an, daß beide Personen der gleichen MAKEHAMschen Absterbeordnung unterliegen. Diese Voraussetzung trifft beispielsweise dann ungefähr zu, wenn es sich um zwei Männer oder um zwei Frauen handelt. Gemäß Gl. (4.2.5) gilt

$$\ddot{a}_{xy:\overline{n}|} = \sum_{t=0}^{n-1} v^t \frac{l_{x+t}}{l_x} \frac{l_{y+t}}{l_y}.$$

Dank unserer Annahme haben nun die Quotienten $\dfrac{l_{x+t}}{l_x}$ und $\dfrac{l_{y+t}}{l_y}$ die folgenden Werte:

$$\frac{l_{x+t}}{l_x} = {}_t p_x = s^t\, g^{(c^{x+t} - c^x)},$$

$$\frac{l_{y+t}}{l_y} = {}_t p_y = s^t\, g^{(c^{y+t} - c^y)}.$$

Damit erhalten wir

$$\ddot{a}_{xy:\overline{n}|} = \sum_{t=0}^{n-1} v^t\, s^{2t}\, g^{(c^x + c^y)(c^t - 1)}.$$

Jetzt setzen wir

$$c^x + c^y = a\, c^\alpha,$$

wobei a die Werte 1 oder 2 annehmen soll und α gemäß dieser Gleichung eine positive Zahl sein muß.

4.3. Anwendung der MAKEHAMschen Absterbeordnung.

1. Annahme: $a = 1$. In diesem Fall erhalten wir

$$\ddot{a}_{xy:\overline{n}|} = \sum_{t=0}^{n-1} (vs)^t\, s^t\, g^{c^\alpha(c^t-1)}.$$

Der Ausdruck $s^t g^{c^\alpha(c^t-1)}$ stellt die Erlebenswahrscheinlichkeit einer α-jährigen Person nach t Jahren dar. Führen wir mittels der Gleichung

$$vs = v' = \frac{1}{1+i'}$$

einen neuen rechnungsmäßigen Zinsfuß i' ein, so haben wir damit die Gleichung

$$\ddot{a}^{(i)}_{xy:\overline{n}|} = \ddot{a}^{(i')}_{\alpha:\overline{n}|}. \qquad (4.3.1)$$

Dank der Änderung des Zinsfußes ist es also gelungen, die *Berechnung des Barwertes der Verbindungsrente zweier verbundener Leben auf die Berechnung des Barwertes der Rente eines Lebens mit dem rechnungsmäßigen Alter α zurückzuführen.* Da α im allgemeinen keine ganze Zahl sein wird, wird man in diesem Fall auf die nächste ganze Zahl auf- oder abrunden oder aber den Barwert der betreffenden Rente für ein gebrochenes α durch Interpolation bestimmen.

2. Annahme: $a = 2$. In diesem Fall erhalten wir

$$\ddot{a}_{xy:\overline{n}|} = \sum_{t=0}^{n-1} v^t\, s^{2t}\, g^{2c^\alpha(c^t-1)},$$

d. h.

$$\ddot{a}_{xy:\overline{n}|} = \ddot{a}_{\alpha\alpha:\overline{n}|}. \qquad (4.3.2)$$

In diesem Falle ist es unter Festhaltung des Zinsfußes gelungen, die *Berechnung der Verbindungsrente von zwei verbundenen Leben mit verschiedenen Altern auf die Berechnung der Verbindungsrente von zwei verbundenen Leben mit dem gleichen rechnungsmäßigen Alter α zurückzuführen.* α wird als das sog. *Zentralalter* bezeichnet und berechnet sich aus der Gleichung

$$2c^\alpha = c^x + c^y.$$

Treffen wir die Annahme, daß $x > y$, so erhalten wir

$$2c^\alpha = c^y(c^{x-y} + 1),$$

$$\alpha = y + \frac{\log(c^{x-y}+1) - \log 2}{\log c}. \qquad (4.3.3)$$

Die Gl. (4.3.3) beweist, daß α einen eindeutigen Wert erhält und zwischen x und y liegen muß. Die Tatsache, daß die Verbindungsrente für verschiedene Alter mit einer einfachen Rechnung auf die Berechnung der Verbindungsrente von gleichen Altern zurückgeführt werden kann, ermöglicht es, die Tabelle für diese Verbindungsrenten nur nach diesem Zentralalter abzustufen.

Wenn man die obigen Gleichungen ansieht, bemerkt man, daß sich dieselbe Methode auch auf den Fall von h Personen übertragen läßt, wobei $h > 2$, sofern alle diese Personen der gleichen MAKEHAMschen Absterbeordnung unterliegen. a kann in diesem Falle die Werte $1, 2, \ldots, h$ annehmen und setzen wir $a = h$, so erhalten wir wiederum die Verbindungsrente von h gleichaltrigen Personen mit dem Zentralalter α. Liegt a zwischen 1 und h, so muß der Zinsfuß geändert werden. Dafür wird die Berechnung der Verbindungsrente von h Personen auf die Berechnung der Verbindungsrente von weniger Personen im gleichen Alter zurückgeführt.

Die obige Methode zur Vereinfachung der Berechnung der Verbindungsrente mit Hilfe des Zentralalters kann auch dann angewendet werden, wenn die beiden verbundenen Leben x und y zwei verschiedenen MAKEHAMschen Absterbeordnungen, jedoch mit der gleichen Konstanten c, gehorchen. Wir setzen demnach voraus, daß

$$l_x = k_1 \, s_1^x \, g_1^{(c^x)} \quad \text{und} \quad l_y = k_2 \, s_2^y \, g_2^{(c^y)}.$$

Diese Bemerkung ist deshalb nützlich, da mit ihrer Hilfe eine praktische Methode zur Berechnung der Verbindungsrente eines Mannes und einer Frau gewonnen wird. Man erhält unter den obigen Voraussetzungen die folgende Gleichung

$$\ddot{a}_{xy:\overline{n}|} = \sum_{t=0}^{n-1} v^t \, s_1^t \, s_2^t \, g_1^{(c^{x+t} - c^x)} \, g_2^{(c^{y+t} - c^y)}.$$

Wir definieren nunmehr das Zentralalter α gemäß der Gl. (4.3.4)

$$g_1^{(c^{x+t} - c^x)} \, g_2^{(c^{y+t} - c^y)} = g_1^{(c^{\alpha+t} - c^\alpha)} \, g_2^{(c^{\alpha+t} - c^\alpha)}$$

oder

$$c^x \log g_1 + c^y \log g_2 = c^\alpha (\log g_1 + \log g_2), \tag{4.3.4}$$

dann beweist der obige Ausdruck für $\ddot{a}_{xy:\overline{n}|}$, *daß die Verbindungsrente zweier verschiedener Alter x und y gleich ist der Verbindungsrente von zwei Personen mit dem gleichen Alter α.*

V. Pensionsversicherung.

Im vorhergehenden Kapitel wurden die einfachsten und wichtigsten Formen von Versicherungen auf mehrere Leben dargestellt. Bei solchen Versicherungen sind zwei oder eventuell sogar mehrere Personen Träger der gleichen Versicherung, wobei allerdings die einzelnen Personen bei dieser Versicherung vielleicht eine verschiedene Rolle spielen. Als sinngemäße Verallgemeinerung solcher Versicherungen auf mehrere Leben können die in neuerer Zeit immer größere Verbreitung findenden

Pensions- oder *Gruppenversicherungen* betrachtet werden. Bei solchen Versicherungen versichert sich eine ganz bestimmte Personengruppe, z.B. das Personal einer Firma, die Angestellten und Arbeiter einer staatlichen Körperschaft, die Mitglieder eines Berufsverbandes usw. gegen bestimmte Risiken. Wenn durch eine solche Versicherung ein ganzes Volk oder zum mindesten ein erheblicher Teil davon auf Grund gesetzgeberischer Erlasse versichert wird, spricht man von einer *Sozialversicherung*. In diesem Kapitel sollen die wichtigsten Formen der Pensionsversicherung dargestellt werden. Als Versicherungsträger von Pensionsversicherungen kommen Versicherungsgesellschaften oder autonome Pensionskassen (Werkpensionskassen) in Betracht, welche gerade zum Zwecke der Durchführung der Pensionsversicherung für bestimmte Personengruppen gegründet wurden. Eine voll ausgebaute Pensionsversicherung versichert in der Regel die Risiken der Invalidität, des Alters und des Todes durch Gewährung von Einmalabfindungen oder Renten im Falle von Invalidität und Tod und bei Erreichung eines gewissen Alters. Alle drei Zweige werden auch als Einzelversicherungen durch die Versicherungsgesellschaften getätigt. Der Unterschied zwischen der Einzelversicherung und einer Pensionsversicherung besteht lediglich darin, daß die Versicherungsgesellschaft oder Pensionskasse für Gruppenversicherungen andere Grundlagen und andere Tarife zur Anwendung bringt als bei Einzelversicherungen. Die Altersrentenversicherung wurde im wesentlichen bereits in **3.1** behandelt, indem die Gewährung einer Altersrente bei Erreichung eines bestimmten Rücktrittsalters nichts anderes als eine aufgeschobene Leibrente darstellt. Auch bestimmte Formen der Todesfallversicherung wurden im 3. Kapitel bereits besprochen. Aus diesem Grunde werden in diesem Kapitel die wichtigsten Formen der Invaliditäts- und der Hinterbliebenenversicherung, nämlich die Witwen- und Waisenrentenversicherung, dargestellt.

5.1. Aktivitätsrente.

In **2.5** haben wir die Aktivitätsordnung beschrieben. Mit l^a_{x+t} bezeichnen wir die Anzahl der noch aktiven Personen bei Beginn des $(t+1)$. Jahres, wenn die Aktivitätsordnung mit dem Alter x beginnt und mit dem Alter ω aufhören soll. Die Zahlenfolge $l^a_x, l^a_{x+1}, l^a_{x+2}, \ldots, l^a_\omega$ stellt die Aktivitätsordnung dar und zeigt, wie sich der Bestand der Aktiven einer bestimmten Gruppe durch Alter und Invalidität im Laufe der Jahre sukzessive abbaut. Unter der Aktivitätsrente verstehen wir eine solche Rente, die nur so lange bezahlt wird, als der Versicherte aktiv ist. Wenn der Versicherte z.B. eine Versicherung mit der Bedingung abschließt, daß im Falle von Invalidität Prämienbefreiung eintrete, die Prämie jedoch bei Ausbleiben der Invalidität bis zum Tode bezahlt werde, bedeutet diese Prämie eine Aktivitätsrente. Der Barwert kann genau gleich mit Hilfe der Aktivitätsordnung gerechnet werden wie der Barwert einer gewöhnlichen Leibrente mit Hilfe der Absterbeordnung. Man hat lediglich an Stelle der Absterbeordnung die Aktivitätsordnung zu benützen. In Analogie zu den früheren Formeln definieren wir deshalb die folgenden Symbole:

$$D_x^a = l_x^a v^x, \qquad (5.1.1)$$

$$N_x^a = \sum_{t=0}^{\omega-x} D_{x+t}^a. \qquad (5.1.2)$$

Der Barwert der *vorschüssigen Aktivitätsrente* vom Betrage 1 werde mit $\ddot{a}_x^a$ bezeichnet. Gemäß (3.1.4) beträgt er

$$\ddot{a}_x^a = \frac{N_x^a}{D_x^a}. \qquad (5.1.3)$$

Für den Barwert der *vorschüssigen temporären Aktivitätsrente* $\ddot{a}_{x:\overline{s-x}|}^a$ vom Betrage 1, längstens bezahlbar bis zur Erreichung des Rücktritts- oder Schlußalters s erhalten wir

$$\ddot{a}_{x:\overline{s-x}|}^a = \frac{1}{D_x^a} \sum_{t=0}^{s-x-1} D_{x+t}^a = \frac{N_x^a - N_s^a}{D_x^a}. \qquad (5.1.4)$$

Bei *unterjähriger Zahlung in m Raten* von je $1/m$, bezahlbar je nach $1/m$ Jahr, gelten in Analogie zu (3.2.5) die folgenden Beziehungen:

$$\ddot{a}_{x:\overline{s-x}|}^{a\,(m)} \sim \ddot{a}_{x:\overline{s-x}|}^a - \frac{m-1}{2m}\left(1 - \frac{D_s^a}{D_x^a}\right) \qquad (5.1.5)$$

und bei nachschüssiger Bezahlung

$$a_{x:\overline{s-x}|}^{a\,(m)} \sim a_{x:\overline{s-x}|}^a + \frac{m-1}{2m}\left(1 - \frac{D_s^a}{D_x^a}\right). \qquad (5.1.6)$$

Die letzte Formel findet man durch direkte Überlegung, indem bei nachschüssiger Bezahlung der Barwert um den gleichen Betrag größer werden muß wie bei vorschüssiger Bezahlung kleiner.

Selbstverständlich sind die Barwerte der Aktivitätsrente kleiner als die Barwerte der Leibrente, indem ja bei ihrer Berechnung auch das Ausscheiden der Versicherten durch Invalidität berücksichtigt werden mußte.

Beispiel. Grundlagen VZ, 1950, 3%, Männer.

$$x = 40, \quad s = 60.$$
$$\ddot{a}_{40:\overline{20}|}^{(12)} = 14{,}490,$$
$$\ddot{a}_{40:\overline{20}|}^{a\,(12)} = 13{,}992.$$

Die Aktivitätsrente wird hauptsächlich zur Berechnung von Prämienbarwerten benutzt. Die Frage der Prämie für Pensionsversicherungen werden wir an späterer Stelle behandeln.

5.2. Invaliditätsversicherungsleistungen[1].

Bei Eintritt von Invalidität werden Einmalabfindungen oder Renten, lebenslänglich oder temporär, gewährt. Dazu kommt sehr häufig Prämienbefreiung für die übrigen noch laufenden Versicherungen, wie z. B. für die Witwen- und Waisenrentenversicherung. In diesem Abschnitt werden wir die Barwerte der Einmalabfindungen und Renten berechnen, während die Prämienbefreiung im Zusammenhang mit der Prämie für Pensionsversicherungen besprochen werden soll.

A. Einmalabfindungen.

Einem Versicherten vom Abschlußalter x werde der Betrag 1 ausbezahlt, wenn er im Laufe der späteren Jahre invalid wird. Die Ausbezahlung dieses Betrages erfolge in der Mitte des Jahres, in welchem die Invalidität festgestellt wird. Der Barwert einer solchen Invaliditätseinmalabfindung werde mit $\bar{A}_x^{ai}$ bezeichnet. i_{x+t} sei die Wahrscheinlichkeit zwischen dem Alter $x+t$ und $x+t+1$ durch Invalidität aus dem Verband der Aktiven auszuscheiden. Die vermutliche Anzahl der durch Invalidität in diesem Alter Ausscheidenden beträgt demnach $i_{x+t} l_{x+t}^a$. Durch die übliche Diskontierung auf das Alter x erhalten wir

$$\bar{A}_x^{ai} = \sum_{t=0}^{\omega-x} \frac{v^{t+\frac{1}{2}} i_{x+t} l_{x+t}^a}{l_x^a}.$$

Setzt man

$$\bar{C}_{x+t}^{ai} = v^{x+t+\frac{1}{2}} i_{x+t} l_{x+t}^a, \tag{5.2.1}$$

$$\overline{M}_{x+t}^{ai} = \sum_{t=0}^{\omega-x} \bar{C}_{x+t}^{ai}, \tag{5.2.2}$$

so gilt

$$\bar{A}_x^{ai} = \frac{\overline{M}_x^{ai}}{D_x^a}. \tag{5.2.3}$$

Der Barwert einer temporären n-jährigen Invaliditätsversicherung vom Betrage 1 werde mit $_{|n}\bar{A}_x^{ai}$ bezeichnet. Er beträgt

$$_{|n}\bar{A}_x^{ai} = \frac{\overline{M}_x^{ai} - \overline{M}_{x+n}^{ai}}{D_x^a}. \tag{5.2.4}$$

---

[1] Für die Pensionsversicherungen und insbesondere die Invaliditätsversicherung bestehen keine einheitlichen Bezeichnungen. Wir haben gebräuchliche Bezeichnungen unter teilweiser leichter Vereinfachung benutzt, soweit solche ohne Verletzung der Eindeutigkeit der Bezeichnungen möglich war.

B. Invalidenrenten.

Laufende Invalidenrenten. Die Nebengesamtheit der Invaliden unterstehe einer Absterbeordnung mit den Sterbenswahrscheinlichkeiten q_x^i. Der Barwert einer solchen Invalidenrente kann gemäß 3.1 berechnet werden, wenn die Absterbeordnung der Invaliden und die entsprechenden Kommutationszahlen D_x^i und N_x^i benützt werden. Für die vorschüssige lebenslängliche Invalidenrente $\ddot{a}_x^i$ vom Betrage 1 erhält man

$$\ddot{a}_x^i = \frac{N_x^i}{D_x^i}. \tag{5.2.5}$$

Die unterjährigen und temporären Invalidenrenten können analog wie in den Formeln (3.2.3) und (3.2.5) berechnet werden.

Anwartschaft eines Aktiven auf eine lebenslängliche vorschüssige Invalidenrente.

Einem Aktiven mit dem Abschlußalter x werde bei späterem Eintreten der Invalidität die Bezahlung einer vorschüssigen Invalidenrente vom Betrage 1 versprochen. Die Bezahlung der ersten Rente erfolge in der Mitte desjenigen Jahres, in welchem die Invalidität festgestellt wurde. Der Barwert einer solchen unterjährig bezahlbaren Invalidenrente werde mit $\ddot{a}_x^{ai(m)}$ bezeichnet. Der Wert dieser Anwartschaft kann durch direkte Überlegung gewonnen werden, indem der Barwert der zwischen dem Alter $x+t$ und $x+t+1$ zugesprochenen Invalidenrente in der Mitte dieses Jahres $i_{x+t}\, l_{x+t}^a\, \ddot{a}_{x+t+\frac{1}{2}}^i$ beträgt. Mit Hilfe der Diskontierung auf das Alter x erhalten wir demnach

$$\ddot{a}_x^{ai(m)} = \sum_{t=0}^{\omega-x} \frac{v^{t+\frac{1}{2}}\, i_{x+t}\, l_{x+t}^a\, \ddot{a}_{x+t+\frac{1}{2}}^{i(m)}}{l_x^a}.$$

Setzt man

$$D_x^{ai(m)} = v^{x+\frac{1}{2}}\, i_x\, l_x^a\, \ddot{a}_{x+\frac{1}{2}}^{i(m)}, \tag{5.2.6}$$

$$N_x^{ai(m)} = \sum_{t=0}^{\omega-x} D_{x+t}^{ai(m)}, \tag{5.2.7}$$

so erhalten wir

$$\ddot{a}_x^{ai(m)} = \frac{N_x^{ai(m)}}{D_x^a}. \tag{5.2.8}$$

Eine andere Methode erhält man durch Benützung der Beziehungen zwischen den Größen $\ddot{a}_x$, $\ddot{a}_x^a$, $\ddot{a}_x^{ai}$. Bei Beginn der Aktivität, d.h. wenn $l_x = l_x^a$, oder sofern es sich um eine homogene Zerlegung handelt (die Invaliden hätten in diesem Falle die gleiche Mortalität wie die Gesamtheit) gilt offenbar die Gleichung

$$\ddot{a}_x = \ddot{a}_x^a + \ddot{a}_x^{ai}. \tag{5.2.9}$$

5.2. Invaliditätsversicherungsleistungen.

In dieser Gleichung wurde angenommen, daß die erste Bezahlung der Invalidenrente bei Beginn des nächsten auf die Invaliditätserklärung folgenden Versicherungsjahres geschieht und nicht in der Mitte dieses Jahres wie gemäß Annahme bei (5.2.8). Aus diesem Grunde ergeben (5.2.8) und (5.2.9) nicht genau die gleichen Werte für $\ddot{a}_x^{ai}$. Sind die Voraussetzungen für Gl. (5.2.9) nicht erfüllt, so finden wir

$$l_x \ddot{a}_x = l_x^a (\ddot{a}_x^a + \ddot{a}_x^{ai}) + l_x^i \ddot{a}_x^i \qquad (l_x = l_x^a + l_x^i)$$

und damit (5.2.10)

$$\ddot{a}_x^{ai} = \ddot{a}_x - \ddot{a}_x^a + \frac{l_x^i}{l_x^a} (\ddot{a}_x - \ddot{a}_x^i).$$

Gl. (5.2.9) ist als Spezialfall in dieser Gleichung enthalten, wenn $l_x^i = 0$ (Beginn der Aktivität).

Anwartschaft eines Aktiven auf eine lebenslängliche vorschüssige Invalidenrente, sofern die Invalidität vor Erreichung des Schlußalters s eintritt.

Der Barwert einer solchen Anwartschaft werde mit $^{(s)}\ddot{a}^{ai}$ bezeichnet. Nach den obigen Überlegungen beträgt er

$$^{(s)}\ddot{a}_x^{ai} = \frac{N_x^{ai} - N_s^{ai}}{D_x^a}. \qquad (5.2.10)$$

Anwartschaft eines Aktiven auf eine vorschüssige Invalidenrente vom Betrage 1, temporär bezahlbar bis zur Erreichung des Schlußalters s.

Der Barwert einer solchen temporären, unterjährigen Invalidenrente werde mit $\ddot{a}_{x:\overline{s-x}|}^{ai(m)}$ bezeichnet. Er kann entweder mit Hilfe einer analogen Beziehung zu (5.2.9) und (5.2.10) aus der temporären Leibrente, Invalidenrente und Aktivitätsrente berechnet oder direkt mit Hilfe der folgenden Formeln bestimmt werden:

$$D_{x:\overline{s-x}|}^{ai(m)} = v^{x+\frac{1}{2}} i_x l_x^a \ddot{a}_{x+\frac{1}{2}:\overline{s-x-\frac{1}{2}}|}^{i(m)}, \qquad (5.2.11)$$

$$N_{x:\overline{s-x}|}^{ai(m)} = \sum_{t=0}^{s-x-1} D_{x+t:\overline{s-x-t}|}^{ai(m)}, \qquad (5.2.12)$$

$$\ddot{a}_{x:\overline{s-x}|}^{ai(m)} = \frac{N_{x:\overline{s-x}|}^{ai(m)}}{D_x^a}. \qquad (5.2.13)$$

Bei vielen Invaliditätsversicherungen von Pensionskassen ist es üblich, die Höhe der Invalidenrente nach der Anzahl der abgelaufenen Dienstjahre abzustufen. Die Berücksichtigung einer solchen Steigerung, sofern sie regelmäßig erfolgt, kann ganz analog wie bei **3.4** mit Hilfe der Zahlen $S^{ai(m)}_{x:\overline{s-x}|}$ erfolgen, wobei

$$S^{ai(m)}_x = \sum_{t=0}^{s-x-1} N^{ai(m)}_{x+t:\overline{s-x-t}|}. \qquad (5.2.14)$$

5.3. Kombinierte Alters- und Invalidenrentenversicherung.

In Pensionskassen ist die folgende Kombination von Invaliden- und Altersrentenversicherung üblich: Bei Eintritt der Invalidität zwischen dem Abschlußalter x und dem Schlußalter s wird eine lebenslängliche Invalidenrente gewährt, deren Höhe in der Regel von der Anzahl der versicherten Dienstjahre abhängig ist. Erreicht der Versicherte das Schlußalter s als Aktiver, so wird ihm von jenem Zeitpunkte an eine Altersrente entsprechend der Anzahl der abgelaufenen versicherten Jahre bezahlt. Die Anwartschaft einer solchen kombinierten Invaliditäts- und Altersrente werde mit $\ddot{a}^{aiA}_x$ und bei unterjähriger Zahlung mit $\ddot{a}^{aiA(m)}_x$ bezeichnet. Sie kann mittels zweier Methoden berechnet werden, die im folgenden dargestellt werden sollen.

1. Methode. Die Anwartschaft setzt sich aus der Anwartschaft auf die lebenslängliche Invalidenrente $(I^{(s)}\ddot{a}^{ai(m)}_x)$, sofern die Invalidität vor Erreichung des Schlußalters s eintritt und der Anwartschaft auf eine Altersrente $\ddot{a}^{a*(m)}$ zusammen, wenn der Versicherte das Schlußalter s als Aktiver erlebt (Aktivenaltersrente). Wenn die Höhe dieser Aktivenaltersrente mit c_1 bezeichnet wird, so erhalten wir demnach

$$\ddot{a}^{aiA(m)}_x = (I^{(s)}\ddot{a}^{ai(m)}_x) + c_1 \frac{D^a_s}{D^a_x} \ddot{a}^{a*(m)}_s. \qquad (5.3.1)$$

$\ddot{a}^{a*(m)}_s$ bestimmt man aus den Gleichungen[1]

$$\ddot{a}^{a*(m)}_s = \ddot{a}^{ai(m)}_s + \ddot{a}^{a(m)}_s$$

oder

$$l_s \ddot{a}^{(m)}_s = l^a_s \ddot{a}^{a*(m)}_s + l^i_s \ddot{a}^{i(m)}_s.$$

Mit dem Symbol I soll in Analogie zur früheren Bezeichnung angedeutet werden, daß es sich in der Regel um eine entsprechend der Anzahl der abgelaufenen Dienstjahre steigende Invalidenrente handelt.

2. Methode. Die Anwartschaft setzt sich zusammen aus der Anwartschaft auf eine temporäre Invalidenrente, bezahlbar bis zum Schlußalter s und der nachherigen Altersrente. Der Barwert der steigenden Invalidenrente werde mit $\left(I \ddot{a}^{ai(m)}_{x:\overline{s-x}|}\right)$ bezeichnet. Beträgt die Höhe der

---

[1] Unter der Annahme, daß die Invaliden vom Schlußalter s an die gleiche Mortalität haben wie die übrigen Pensionierten, was bei $s \geq 65$ ungefähr zutrifft, kann man $\ddot{a}^{a*}_s$ durch $\ddot{a}_s$ ersetzen.

Altersrente c_2, so erhalten wir:

$$\ddot{a}_x^{aiA(m)} = \left(I\,\ddot{a}_{x:\overline{s-x}|}^{ai(m)}\right) + c_2\,_{s-x|}\ddot{a}_s^{a*(m)}, \qquad (5.3.2)$$

wobei

$$l_x\,_{s-x|}\ddot{a}_x^{(m)} = l_x^a\,_{s-x|}\ddot{a}_x^{a*(m)} + l_x^i\,_{s-x|}\ddot{a}_x^{i(m)}.$$

Im Falle einer Steigerungsskala für die Invalidenrente wird die Höhe der Altersrente vom Zeitpunkte der Pensionierung abhängen. Aus diesem Grunde muß in der Formel (5.3.2) der Mittelwert c_2 eingesetzt werden. Die Berechnung von c_2 werde an Hand der nachstehenden Steigerungsskala dargestellt. Abschlußalter x. Die Höhe der Invaliden- bzw. Altersrente werde nach der folgenden Tabelle festgelegt:

Anzahl der abgelaufenen Dienstjahre im Zeitpunkte der Invaliditätserklärung	Höhe der Invalidenrente in Prozent der versicherten Besoldung
0 Jahre	c
1 Jahr	$c+1$
jährliche Steigerung	1 %
$x+n$ und mehr	$c+n = c_1$ (Maximum)

Selbstverständlich muß die Ungleichung gelten:

$$x + n \leq s.$$

Der Mittelwert der prozentualen Höhe c_2 der Altersrente beträgt in diesem Falle gemäß der Aktivitätsordnung

$$c_2 = \frac{\sum\limits_{t=0}^{n-1} i_{x+t}\,l_{x+t}^a(c+t) + c_1 \sum\limits_{t=0}^{s-x-n-1} i_{x+n+t}\,l_{x+n+t}^a + c_1\,l_s^a}{\sum\limits_{t=0}^{s-x-1} i_{x+t}\,l_{x+t}^a + l_s^a}. \qquad (5.3.3)$$

Häufig wird aus Sicherheitsgründen für die Berechnung der Anwartschaft auf Altersrente der gemäß der Steigerungsskala maximal mögliche Rentensatz genommen.

5.4. Variation der Invaliditätswahrscheinlichkeiten bei der Berechnung des Barwertes anwartschaftlicher Invalidenrenten.

Es wurde bereits ausgeführt, daß die Invaliditätswahrscheinlichkeiten in erheblichem Maße von der Art des Versicherungsbestandes und auch von der Invalidisierungspraxis der Versicherungseinrichtung abhängen. Spezielle Untersuchungen[1] haben gezeigt, daß die Kosten für die In-

---

[1] Man vgl. z.B. die Untersuchungen von H. PARTHIER in den Blättern für Versicherungsmathematik, 4. und 5. Bd. und A. URECH in den Mitteilungen der Vereinigung schweiz. Versicherungsmathematiker, 25. H.

validitätsversicherung in erster Linie von den Invaliditätswahrscheinlichkeiten abhängen. Da deren Verlauf starken Schwankungen unterworfen sein kann und überdies eine Annahme über ihre Größe bei der Gründung neuer Versicherungseinrichtungen mangels vorliegender Erfahrungen recht hypothetischen Charakter besitzt, ist es häufig wertvoll, die Invaliditätswahrscheinlichkeiten zu variieren, um ein zuverlässiges Bild der mutmaßlichen Kosten der Invaliditätsversicherung zu erhalten. Um den Arbeitsaufwand für die entsprechenden numerischen Berechnungen möglichst tief zu halten, wurden verschiedene Näherungsformeln für die Durchführung der Variation der Invaliditätswahrscheinlichkeiten aufgestellt[1]. Im folgenden sollen zwei einfache Näherungsformeln hergeleitet werden, die im allgemeinen Näherungswerte liefern, die sich um höchstens 5% von den exakten Werten und in Ausnahmefällen höchstens um 10% unterscheiden.

Wir bezeichnen mit $i_x^{(1)}$ und $i_x^{(2)}$ die beiden Invaliditätswahrscheinlichkeiten von zwei verschiedenen Aktivitätsordnungen. Die Sterbenswahrscheinlichkeiten sollen in beiden Aktivitätsordnungen gleich sein. Die Größe $i_{x+t}^{(k)} l_{x+t}^{a\,(k)}$ ($k=1,2$) bedeute die gemäß der benutzten Aktivitätsordnung zu erwartende Anzahl der Invaliden im $(t+1)$. Jahr nach Abschluß der Versicherung im Alter x.

Wir setzen
$$i_{x+t}^{(k)} l_{x+t}^{a\,(k)} = Z_{x+t}^{(k)}.$$

Gemäß den Formeln (5.2.11), (5.2.12) und (5.2.13) berechnet sich der Barwert einer temporären Invalidenrente vom Betrage 1, bezahlbar bis zur Erreichung des Schlußalters s, aus der nachstehenden Formel:

$$\ddot{a}_{x:\overline{s-x}|}^{a\,i} = \frac{1}{D_x^a} \sum_{t=0}^{s-x-1} Z_{x+t}\, c_{x+t}, \quad \text{wobei} \quad c_{x+t} = v^{x+t+\frac{1}{2}}\, \ddot{a}_{x+t+\frac{1}{2}:\overline{s-x-t-\frac{1}{2}}|}^{i}.$$

Mit $^{(1)}\ddot{a}_{x:\overline{s-x}|}^{a\,i}$ bezeichnen wir den entsprechenden Wert der ersten Aktivitätsordnung und mit $^{(2)}\ddot{a}_{x:\overline{s-x}|}^{a\,i}$ denjenigen der zweiten Ordnung. Die Größen c sind unabhängig von den Invaliditätswahrscheinlichkeiten, unter der Voraussetzung, daß die Sterbenswahrscheinlichkeiten der Invaliden unabhängig von den Invaliditätswahrscheinlichkeiten seien, was allerdings bei starker Variation der Invalidität nicht mehr genau zutreffen dürfte. Wir bilden nunmehr den Quotienten

$$Q = \frac{^{(2)}\ddot{a}_{x:\overline{s-x}|}^{a\,i}}{^{(1)}\ddot{a}_{x:\overline{s-x}|}^{a\,i}}. \tag{5.4.1}$$

---

[1] Man vgl. z.B. Richttafeln HEUBECK und FISCHER: Richttafeln Invalidenpensionsversicherung, Kap. 2.

5.4. Variation der Invaliditätswahrscheinlichkeiten.

Seine approximative Berechnung soll zunächst im Spezialfall gezeigt werden, wenn $s-x=2$. In diesem Falle gilt die Beziehung

$$Q = \frac{Z_x^{(2)} c_x + Z_{x+1}^{(2)} c_{x+1}}{Z_x^{(1)} c_x + Z_{x+1}^{(1)} c_{x+1}},$$

die man durch Ausdividieren auf die beiden folgenden Formen bringen kann

$$Q = \frac{Z_x^{(2)}}{Z_x^{(1)}} + \left[\frac{Z_{x+1}^{(2)} Z_x^{(1)} - Z_{x+1}^{(1)} Z_x^{(2)}}{Z_x^{(1)} (Z_x^{(1)} c_x + Z_{x+1}^{(1)} c_{x+1})}\right] c_{x+1}$$

und

$$Q = \frac{Z_{x+1}^{(2)}}{Z_{x+1}^{(1)}} - \left[\frac{Z_{x+1}^{(2)} Z_x^{(1)} - Z_{x+1}^{(1)} Z_x^{(2)}}{Z_{x+1}^{(1)} (Z_x^{(1)} c_x + Z_{x+1}^{(1)} c_{x+1})}\right] c_x.$$

Durch Addition der beiden letzteren Gleichungen erhalten wir

$$Q = \frac{1}{2}\left\{\left(\frac{Z_x^{(2)}}{Z_x^{(1)}} + \frac{Z_{x+1}^{(2)}}{Z_{x+1}^{(1)}}\right) + \left(\frac{Z_{x+1}^{(2)} Z_x^{(1)} - Z_{x+1}^{(1)} Z_x^{(2)}}{Z_x^{(1)} c_x + Z_{x+1}^{(1)} c_{x+1}}\right)\left(\frac{c_{x+1}}{Z_x^{(1)}} - \frac{c_x}{Z_{x+1}^{(1)}}\right)\right\}.$$

Setzt man

$$Z_x^{(2)} = Z_x^{(1)} + \Delta Z_x^{(1)}, \qquad Z_{x+1}^{(2)} = Z_{x+1}^{(1)} + \Delta Z_{x+1}^{(1)},$$

so gilt

$$Z_{x+1}^{(2)} Z_x^{(1)} - Z_{x+1}^{(1)} Z_x^{(2)} = \Delta Z_{x+1}^{(1)} Z_x^{(1)} - Z_{x+1}^{(1)} \Delta Z_x^{(1)}.$$

Beim letzteren Ausdruck handelt es sich um eine doppelte Differenzenbildung, die dazu noch mit einer Differenz multipliziert wird. Der ganze Ausdruck ist demnach von kleinerer Größenordnung als der erste Summand von der Form

$$\frac{1}{2}\left[\frac{Z_x^{(2)}}{Z_x^{(1)}} + \frac{Z_{x+1}^{(2)}}{Z_{x+1}^{(1)}}\right].$$

Wir setzen deshalb näherungsweise

$$Q \sim \frac{1}{2}\left[\frac{Z_x^{(2)}}{Z_x^{(1)}} + \frac{Z_{x+1}^{(2)}}{Z_{x+1}^{(1)}}\right].$$

Dauert die Versicherungszeit nicht 2 sondern n Jahre, so erhalten wir ganz analog die Näherungsformel

$$Q \sim \frac{1}{n}\left[\frac{Z_x^{(2)}}{Z_x^{(1)}} + \frac{Z_{x+1}^{(2)}}{Z_{x+1}^{(1)}} + \cdots + \frac{Z_{x+n-1}^{(2)}}{Z_{x+n-1}^{(1)}}\right].$$

Die Berechnung der obigen Quotienten $Z_{x+t}^{(2)}/Z_{x+t}^{(1)}$ kann durch die folgenden Überlegungen gezeigt werden. Wir setzen:

$$Z_{x+t} = l_{x+t}^a i_{x+t} \quad \text{und damit} \quad \frac{Z_{x+t}^{(2)}}{Z_{x+t}^{(1)}} = \frac{l_{x+t}^{a\,(2)} i_{x+t}^{(2)}}{l_{x+t}^{a\,(1)} i_{x+t}^{(1)}}.$$

V. Pensionsversicherung.

Normieren wir l_x^a mit 1, so erhalten wir

$$l_{x+t}^a = \prod_{k=0}^{t-1} (1 - i_{x+k} - q_{x+k}^a).$$

Wir finden weiter

$$\frac{l_{x+t}^{a(2)}}{l_{x+t}^{a(1)}} = \frac{\prod_{k=0}^{t-1}(1 - i_{x+k}^{(2)} - q_{x+k}^a)}{\prod_{k=0}^{t-1}(1 - i_{x+k}^{(1)} - q_{x+k}^a)} \sim \prod_{k=0}^{t-1} (1 - i_{x+k}^{(2)} - q_{x+k}^a)(1 + i_{x+k}^{(1)} + q_{x+k}^a)$$

$$\sim \prod_{k=0}^{t-1} (1 + i_{x+k}^{(1)} - i_{x+k}^{(2)}) \sim 1 + \sum_{k=0}^{t-1} (i_{x+k}^{(1)} - i_{x+k}^{(2)}).$$

Damit gewinnen wir schließlich die Näherungsformel

$$\frac{{}^{(2)}\ddot{a}_{x:\overline{n}|}^{ai}}{{}^{(1)}\ddot{a}_{x:\overline{n}|}^{ai}} \sim \frac{1}{n}\left[\frac{i_x^{(2)}}{i_x^{(1)}} + k_1 \frac{i_{x+1}^{(2)}}{i_{x+1}^{(1)}} + \cdots + k_{n-1} \frac{i_{x+n-1}^{(2)}}{i_{x+n-1}^{(1)}}\right], \qquad (5.4.2)$$

wobei

$$k_\lambda = 1 + \sum_{\mu=0}^{\lambda-1} (i_{x+\mu}^{(1)} - i_{x+\mu}^{(2)}) \quad \text{und} \quad \lambda = 1, 2, \ldots, n-1.$$

Amerikanische Mathematiker und M. JAKOB[1] haben gezeigt, daß man näherungsweise l_{x+t}^a durch l_{x+t} ersetzen darf. Unter dieser Voraussetzung erhalten wir

$$\frac{z_{x+t}^{(2)}}{z_{x+t}^{(1)}} \sim \frac{i_{x+t}^{(2)}}{i_{x+t}^{(1)}}$$

und damit die Näherungsformel

$$\frac{{}^{(2)}\ddot{a}_{x:\overline{n}|}^{ai}}{{}^{(1)}\ddot{a}_{x:\overline{n}|}^{ai}} \sim \frac{1}{n}\left[\frac{i_x^{(2)}}{i_x^{(1)}} + \frac{i_{x+1}^{(2)}}{i_{x+1}^{(1)}} + \cdots + \frac{i_{x+n-1}^{(2)}}{i_{x+n-1}^{(1)}}\right]. \qquad (5.4.3)$$

Als Beispiele für die Anwendung dieser Näherungsformeln seien die Grundlagen VZ 1950, Männer, 3%, $s = 60$ Jahre, erwähnt. Die Werte $i_x^{(2)}$ sind EVK 1950 entnommen.

x	$\dfrac{i_x^{(2)}}{i_x^{(1)}}$	${}^{(2)}\ddot{a}_{x:\overline{60-x}|}^{ai(12)}$		
		exakt	gemäß Gl. (5.4.2)	gemäß Gl. (5.4.3)
20	1,5370	0,4206	0,4196	0,4147
30	0,4539	0,3698	0,3748	0,3684
40	0,4530	0,4023	0,4073	0,4032
50	0,8779	0,3260	0,3272	0,3270

---

[1] JACOB, M.: Sui metodi di approssimazione per il calcolo dei premi nelle assicurazioni d'invalidità. Berichte des 10. internat. Aktuarkongresses, Rom 1934, 1. Bd., S. 304—322.

5.5. Allgemeine Betrachtungen über die Witwenrentenversicherung.

In 4.2 wurde der Barwert $\ddot{a}_{x|y}$ einer vorschüssigen jährlichen Überlebensrente ausgerechnet. Nach dem Tode der Person vom Abschlußalter x soll erstmals bei Beginn des nächsten Versicherungsjahres an die überlebende Person mit dem Abschlußalter y die lebenslängliche Rente vom jährlichen Betrage 1 ausbezahlt werden. Wenn man sich unter der Person x einen Ehemann und unter der Person y dessen Ehefrau vorstellt, so wird damit diese Überlebensrente zu einer Witwenrente. Bei Pensionsversicherungen und Sozialversicherungen kommt es sehr häufig vor, daß andere Formen für eine Witwenrentenversicherung gewählt werden als im obigen Falle. Die Höhe der Witwenrente wird sehr häufig abgestuft nach der Anzahl der Dienstjahre, die der Verstorbene im Zeitpunkte seines Todes hatte. Sterben zwei Versicherte im gleichen Alter und war der eine wegen Invalidität schon einige Jahre pensioniert, so wird dessen Witwe in der Regel eine kleinere Witwenrente erhalten als die Witwe des anderen Versicherten, der bis zu seinem Tode beruflich tätig war.

Zwecks *Berücksichtigung der Invalidität bei der Bemessung der Witwenrente* ist es nötig, eine spezielle Darstellung für die Witwenrenten zu geben. Dazu kommt der weitere Umstand, daß die Prämie für eine Witwenrente nicht wie bei der Überlebensrente je nach Alter der beiden versicherten Personen abgestuft wird, sondern daß eine Durchschnittsprämie, nur abhängig vom Abschlußalter x, jedoch unabhängig vom Zivilstand dieses Versicherten x und dem Abschlußalter einer allfällig vorhandenen Ehefrau berechnet wird. Schließlich wurde bei der Berechnung der Überlebensrente angenommen, daß die Person y lediglich durch Tod ausscheiden könne. Bei den Witwen kommt jedoch zu dieser Ausscheidemöglichkeit noch diejenige einer eventuellen Wiederverheiratung hinzu. In der Regel erlischt die Witwenrente bei Wiederverheiratung der Witwe, eventuell erhält sie bei ihrer Wiederverheiratung eine gewisse Abfindungssumme. Um alle diese verschiedenen Möglichkeiten zu erfassen, werden wir die Witwenrentenversicherung in den folgenden drei Abschnitten darstellen. In Abschnitt **5.6** werden die Barwerte laufender Witwenrenten und Abfindungen im Falle von Wiederverheiratung berechnet. Im Abschnitt **5.7** werden die Anwartschaften verheirateter Männer auf Witwenrenten, abgestuft nach dem Abschlußalter der Ehegatten, mit und ohne Berücksichtigung von Aktivität und Invalidität, berechnet. Man spricht in diesem Falle von der *Individual-* oder direkten Methode der Witwenrentenberechnung. Neben der Berechnung dieser Anwartschaft verheirateter Männer auf eine Witwenrente für ihre Ehefrauen mit einem bestimmten Alter berechnen wir im Abschnitt **5.7** noch die Anwartschaft unverheirateter Männer auf

Witwenrenten (ledig, verwitwet, geschieden) und die Anwartschaft verheirateter und unverheirateter Männer auf Witwenrenten aus Nachehen.

Diese Berechnungen werden dann nötig, wenn trotz Anwendung der individuellen Methode die Witwenrentenversicherung mit einer Durchschnittsprämie bezahlt wird, die deshalb die Witwenrentenversicherung unverheirateter Männer und für zukünftige Nachehen ebenfalls finanzieren muß.

In Abschnitt **5.8** werden wir die Barwerte der anwartschaftlichen Witwenrenten auf Grund der *Kollektivmethode* (indirekte Methode) berechnen. Bei dieser Methode wird ein Durchschnittsbarwert für die Versicherten vom gleichen Alter, unabhängig von ihrem Zivilstand und vom Alter einer allfällig vorhandenen Ehefrau, berechnet. Die Anwendung dieser Kollektivmethode kann nur dann in Betracht fallen, wenn die Versicherungseinrichtung mit einem rechtlich gesicherten Nachwuchs von stabiler statistischer Struktur rechnen kann. In allen anderen Fällen ist die Individualmethode anzuwenden, wenn finanzielle Ausfälle bei der Witwenrentenversicherung wegen Annahme falscher statistischer Hypothesen verhütet werden sollen.

5.6. Der Barwert laufender Witwenrenten und Witwenabfindungen.

Einer Witwe vom Alter y werde eine jährliche vorschüssige Rente vom Betrage 1 bis zu ihrem Tode oder ihrer Wiederverheiratung ausgerichtet. Der Barwert einer solchen Witwenrente werde mit $\ddot{a}_y^w$, bei unterjähriger Bezahlung mit $\ddot{a}_y^{w\,(m)}$ bezeichnet. Diese Größen können nach der üblichen Methode berechnet werden, wenn die Witwenausscheideordnung l_y^w bekannt ist. Zur Darstellung der letzteren müssen die beiden Ausscheidewahrscheinlichkeiten der Witwen durch Tod und Wiederverheiratung gegeben sein. Bezeichnet man diese Wahrscheinlichkeiten mit q_y^w und h_y^w, so gilt die Gleichung

$$l_{y+t+1}^w = l_{y+t}^w (1 - q_{y+t}^w - h_{y+t}^w).$$

In der Regel kennt man von der Statistik her die beiden partiellen Ausscheidewahrscheinlichkeiten $*q_y^w$ und $*h_y^w$. In einem solchen Falle berechnen sich die Größen q_y^w und h_y^w mit Hilfe der Gl. (2.4.9). Wie statistische Erfahrungen zeigen, hängen die Größen $*h_y^w$ weitgehend von der sozialen Struktur des beobachteten Witwenbestandes ab. Es seien aus den Grundlagen VZ 1950 die folgenden Werte für $*h_y^w$ wiedergegeben.

y	VZ 1950 $*h_y^w$	y	VZ 1950 $*h_y^w$
20	0,05323	40	0,01232
30	0,03449	50	0,00260

5.7. Anwartschaftliche Witwenrente, berechnet gemäß der Individualmethode. 83

Mit Hilfe der Größen l_y^w berechnen sich die Kommutationszahlen D_y^w und N_y^w und damit erhalten wir die Gleichungen

$$\ddot{a}_y^w = \frac{N_y^w}{D_y^w}, \quad (5.6.1)$$

$$\ddot{a}_y^{w\,(m)} \sim \ddot{a}_y^w - \frac{m-1}{2m}. \quad (5.6.2)$$

Wird im Falle der Wiederverheiratung, deren Zeitpunkt in der Mitte des Jahres angenommen sei, der aus dem Witwenverbande ausscheidenden Witwe eine einmalige Abfindung vom Betrage 1 gewährt, so sei der Barwert einer solchen Abfindung mit A_y^{wh} bezeichnet. Mit Hilfe der üblichen Diskontierungsmethode erhalten wir diesen Barwert aus der folgenden Gleichung

$$A_y^{wh} = \frac{1}{l_y^w} \sum_{t=0}^{\omega-y} v^{t+\frac{1}{2}} l_{y+t}^w h_{y+t}^w.$$

Setzen wir

$$C_y^{wh} = v^{y+\frac{1}{2}} l_y^w h_y^w \quad \text{und} \quad M_y^{wh} = \sum_{t=0}^{\omega-y} C_{y+t}^{wh},$$

so erhalten wir

$$A_y^{wh} = \frac{M_y^{wh}}{D_y^w}. \quad (5.6.3)$$

Wir bezeichnen mit $\ddot{a}_y^W$ bzw. $\ddot{a}_y^{W(m)}$ den Barwert der laufenden Witwenrente inklusive Witwenabfindung bei der Wiederverheiratung, wobei die Abfindung bei Wiederverheiratung k betragen soll (k-fache Witwenrente). Es gilt demnach

$$\ddot{a}_y^W = \ddot{a}_y^w + k A_y^{wh}, \quad (5.6.4)$$

$$\ddot{a}_y^{W(m)} = \ddot{a}_y^{w\,(m)} + k A_y^{wh}. \quad (5.6.5)$$

5.7. Anwartschaftliche Witwenrente, berechnet gemäß der Individualmethode.

a) Anwartschaftliche Witwenrente verheirateter Männer, unabhängig von Aktivität und Invalidität.

Wir benutzen die folgenden Bezeichnungen:

$\ddot{a}_{x|y}^w$ bzw. $\ddot{a}_{x|y}^{w\,(m)}$ bedeutet den Barwert der anwartschaftlichen Witwenrente eines x-jährigen Mannes, verheiratet mit einer y-jährigen Frau, zahlbar vom Ableben des Mannes an an die überlebende Ehefrau bis zu deren Ableben oder bis zu einer allfälligen Wiederverheiratung.

$A_{x|y}^{wh}$ bedeutet den Barwert der anwartschaftlichen Abfindungssumme 1, zahlbar im Zeitpunkte der Wiederverheiratung der Witwe.

Für die Berechnung von $\ddot{a}^w_{x|y}$ gehen wir in analoger Weise vor wie bei der Berechnung der Überlebensrente in Abschnitt **4.2**. Wir setzen

$$C^w_{x|y} = v^{\frac{x+y+1}{2}} l_x q_x l_{y+\frac{1}{2}} \ddot{a}^w_{y+\frac{1}{2}}, \qquad D_{xy} = v^{\frac{x+y}{2}} l_x l_y,$$

$$M^w_{x|y} = \sum_{t=0}^{\omega-x} C^w_{x+t|y+t}.$$

Dann gilt

$$\ddot{a}^w_{x|y} = \frac{M^w_{x|y}}{D_{xy}}. \tag{5.7.1}$$

Im Falle unterjähriger Zahlung der Witwenrente ist in den obigen Formeln der Ausdruck $\ddot{a}^w_y$ durch $\ddot{a}^{w\,(m)}_y$ zu ersetzen. Für die Berechnung von $A^{w\,h}_{x|y}$ gehen wir in ganz analoger Weise vor und setzen

$$C^{w\,h}_{x|y} = v^{\frac{x+y+1}{2}} l_x q_x l_{y+\frac{1}{2}} A^{w\,h}_{y+\frac{1}{2}},$$

$$M^{w\,h}_{x|y} = \sum_{t=0}^{\omega-x} C^{w\,h}_{x+t|y+t}$$

und erhalten

$$A^{w\,h}_{x\,y} = \frac{M^{w\,h}_{x|y}}{D_{xy}}. \tag{5.7.2}$$

b) Anwartschaftliche Witwenrente verheirateter Männer unter Berücksichtigung von Aktivität und Invalidität.

Wie wir schon in Abschnitt **5.5** ausführten, wird die Berücksichtigung von Aktivität und Invalidität bei der Berechnung anwartschaftlicher Witwenrenten und Abfindungen dann nötig, wenn die Witwenrente abgestuft wird nach der Anzahl der Dienstjahre beim Tod des versicherten Ehemannes. In einem solchen Falle muß sowohl die Anwartschaft eines Aktiven auf Witwenrente bekannt sein, wenn er als Aktiver stirbt *(Aktivenwitwenrente)* als auch für den Fall, daß er als Invalider stirbt *(Invalidenwitwenrente)*. Die Anwartschaft eines Aktiven auf Witwenrente stellt sich dann als Summe dieser beiden Anwartschaften dar. Zwecks Berechnung dieser beiden Komponenten benötigen wir vorerst die anwartschaftliche Witwenrente eines bereits pensionierten Invaliden vom Alter x, der mit einer Frau vom Alter y verheiratet sei. Wir bezeichnen den Barwert dieser anwartschaftlichen Witwenrente mit $\ddot{a}^{i\,w}_{x|y}$ bzw. $\ddot{a}^{i\,w\,(m)}_{x|y}$. Dieser Barwert läßt sich in ganz analoger Weise wie im obigen Abschnitt (a) berechnen, wenn an Stelle der oben benutzten Absterbeordnung l_x der Männer die Absterbeordnung $l^{(i)}_x$ [†] der invaliden

---

[†] Diese Zahlen sind von der Anzahl l^i_x der Invaliden der Aktivitätsordnung wohl zu unterscheiden.

5.7. Anwartschaftliche Witwenrente, berechnet gemäß Individualmethode. 85

Männer benutzt wird. Setzen wir

$$C_{x|y}^{iw} = v^{\frac{x+y+1}{2}} l_x^{(i)} q_x^i l_{y+\frac{1}{2}} \ddot{a}_{y+\frac{1}{2}}^w, \qquad D_{xy}^i = v^{\frac{1}{2}(x+y)} l_x^{(i)} l_y,$$

$$M_{x|y}^{iw} = \sum_{t=0}^{\omega-x} C_{x+t|y+t}^{iw},$$

so gilt

$$\ddot{a}_{x|y}^{iw} = \frac{M_{x|y}^{iw}}{D_{xy}^i}. \tag{5.7.3}$$

Für die Berechnung der anwartschaftlichen Einmalabfindung $A_{x|y}^{iwh}$ der Invalidenwitwe setzen wir

$$C_{x|y}^{iwh} = v^{\frac{x+y+1}{2}} l_x^{(i)} q_x^i l_{y+\frac{1}{2}} A_{y+\frac{1}{2}}^{wh},$$

$$M_{x|y}^{iwh} = \sum_{t=0}^{\omega-x} C_{x+t|y+t}^{iwh}$$

und erhalten

$$A_{x|y}^{iwh} = \frac{M_{x|y}^{iwh}}{D_{xy}^i}. \tag{5.7.4}$$

Die totale Anwartschaft des Invaliden bzw. dessen Ehefrau auf Witwenrente inklusive Einmalabfindung k werde mit $\ddot{a}_{x|y}^{iW}$ bezeichnet und beträgt

$$\ddot{a}_{x|y}^{iW} = \ddot{a}_{x|y}^{iw} + k A_{x|y}^{iwh}. \tag{5.7.5}$$

Invalidenwitwenrente. Die Anwartschaft eines Aktiven vom Alter x, verheiratet mit einer Frau vom Alter y, auf Witwenrente, wenn er als Invalider oder Pensionierter stirbt, werde mit $\ddot{a}_{x|y}^{aiw}$ bezeichnet, wenn keine Einmalabfindung der Witwe bei Wiederverheiratung berücksichtigt wird und mit $\ddot{a}_{x|y}^{aiW}$, wenn dies der Fall ist. Wir setzen

$$C_{x|y}^{aiW} = v^{\frac{x+y+1}{2}} i_x l_x^a l_{y+\frac{1}{2}} \ddot{a}_{x+\frac{1}{2}|y+\frac{1}{2}}^{iW}.$$

Vom Schlußalter s an sei $l_{s+t}^a = l_{s+t}$ und $i_{s+t} = 1$, $t = 0, 1, \ldots$.

Es sei

$$M_{x|y}^{aiW} = \sum_{t=0}^{\omega-x} C_{x+t|y+t}^{aiW},$$

und wir erhalten

$$\ddot{a}_{x|y}^{aiW} = \frac{M_{x|y}^{aiW}}{D_{xy}^a}, \qquad \text{wobei} \qquad D_{xy}^a = v^{\frac{x+y}{2}} l_x^a l_y. \tag{5.7.6}$$

Aktivenwitwenrente. Die Anwartschaft eines x-jährigen Aktiven, verheiratet mit einer Frau vom Alter y, auf eine Witwenrente, wenn er als Aktiver stirbt, werde mit $\ddot{a}_{x|y}^{aaw}$ bzw. $\ddot{a}_{x|y}^{aaW}$ bezeichnet. In Analogie zur vorhergehenden Bezeichnung setzen wir

$$C_{x|y}^{aaW} = v^{\frac{x+y+1}{2}} q_x^a l_x^a l_{y+\frac{1}{2}} \ddot{a}_{y+\frac{1}{2}}^W,$$

$$M_{x|y}^{aaW} = \sum_{t=0}^{\omega-x} C_{x+t\ y+t}^{aaW}.$$

Wir erhalten

$$\ddot{a}_{x|y}^{aaW} = \frac{M_{x|y}^{aaW}}{D_{xy}^a}. \qquad (5.7.7)$$

Totale Anwartschaft eines verheirateten Aktiven auf Witwenrente.

Dieselbe werde mit $\ddot{a}_{x|y}^{aW}$ bezeichnet. Sie beträgt

$$\ddot{a}_{x|y}^{aW} = \ddot{a}_{x|y}^{aaW} + \ddot{a}_{x|y}^{aiW} = \frac{M_{x|y}^{aaW} + M_{x|y}^{aiW}}{D_{xy}^a}. \qquad (5.7.8)$$

Die Berücksichtigung von steigenden Versicherungsleistungen erfolgt mit Hilfe der Größen

$$M_{x|y}^{aW} = D_{xy}^a \ddot{a}_{xy}^{aW} \quad \text{und} \quad R_{x|y}^{aW} = \sum_{t=0}^{\omega-x} M_{x+t|y+t}^{aW}.$$

c) Anwartschaft eines unverheirateten Aktiven auf Witwenrente.

Diese Anwartschaft werde mit $\ddot{a}_x^{uw}$ bzw. $\ddot{a}_x^{uW}$ bezeichnet. Zu ihrer Berechnung muß eine Ausscheideordnung l_x^u dieser Unverheirateten bekannt sein. Unverheiratete können entweder durch Tod oder Verheiratung ausscheiden. Die Todeswahrscheinlichkeit dieser Unverheirateten werde mit u_x und ihre Verheiratungswahrscheinlichkeit mit h_x^u bezeichnet. Gewöhnlich sind die partiellen Ausscheidewahrscheinlichkeiten $*u_x$ und $*h_x^u$ bekannt. Die erwähnten Ausscheidewahrscheinlichkeiten u_x und h_x^u lassen sich in üblicher Weise aus den partiellen Ausscheidewahrscheinlichkeiten berechnen. Es gilt dann die Beziehung

$$l_{x+1}^u = l_x^u (1 - h_x^u - u_x).$$

Im ersten Jahr verheiraten sich gemäß der Ausscheideordnung $H_x^u = l_x^u h_x^u$. Wir bezeichnen das statistisch ermittelte Heiratsalter der Frau mit y_x und setzen

$$C_x^{uW} = H_x^u v^{x+\frac{1}{2}} \ddot{a}_{x+\frac{1}{2}|y_x+\frac{1}{2}}^W,$$

$$M_x^{uW} = \sum_{t=0}^{\omega-x} C_{x+t}^{uW}$$

und erhalten

$$\ddot{a}_x^{uW} = \frac{M_x^{uW}}{D_x^u}. \qquad (5.7.9)$$

5.7. Anwartschaftliche Witwenrente, berechnet gemäß der Individualmethode. 87

Häufig haben Pensionskassen die Bestimmung, wonach an Witwen, deren Verheiratung nach einem bestimmten Alter s des Ehemannes stattgefunden hat, keine Witwenrente mehr gewährt wird. Wir bezeichnen in diesem Falle die anwartschaftliche Witwenrente eines Unverheirateten mit $\ddot{a}^{uW}_{x:\overline{s-x}}$. Dann gilt

$$\ddot{a}^{uW}_{x:\overline{s-x}} = \frac{M^{uW}_x - M^{uW}_s}{D^u_x}. \qquad (5.7.10)$$

Die Berücksichtigung von Aktivität und Invalidität kann nach genau derselben Methode erfolgen wie in den vorhergehenden Ausführungen.

d) Anwartschaft verheirateter Männer auf Witwenrente für Witwen der ersten Nachehe

(unabhängig von Aktivität und Invalidität).

Ein x-jähriger Mann sei mit einer y-jährigen Frau verheiratet. Es werde angenommen, daß diese Frau vor dem Mann sterbe und daß er nachher eine erste Nachehe eingehe. Der Barwert der anwartschaftlichen Witwenrente für die zweite Ehefrau des Versicherten werde mit $\ddot{a}^{w_2}_{x|y}$ bzw. $\ddot{a}^{W_2}_{x|y}$ bezeichnet. Zwecks der Berechnung dieser Werte gehen wir in der folgenden Weise vor: Bei Beginn der Versicherung leben $l_x l_y$ Ehepaare. Von den Ehefrauen dieser Ehepaare sterben im ersten Jahre $l_x l_y q_y$ Frauen und hinterlassen $l_x l_y q_y \left(1 - \frac{q_x}{2}\right)$ Witwer. Die Anwartschaft dieser Witwer auf Witwenrenten beträgt $\ddot{a}^{uW}_{x+\frac{1}{2}}$. Bei der Berechnung dieser Werte ist daran zu denken, daß die Heiratswahrscheinlichkeit und der durchschnittliche Altersunterschied gegenüber der zweiten Ehefrau größer ist, als wenn die entsprechenden Werte für sämtliche Unverheiratete (Ledige inbegriffen) berechnet werden. Wir definieren nun die Werte

$$C^{W_2}_{x|y} = v^{\frac{x+y+1}{2}} l_x \left(1 - \frac{q_x}{2}\right) l_y q_y \ddot{a}^{uW}_{x+\frac{1}{2}}$$

und

$$M^{W_2}_{x|y} = \sum_{t=0}^{s-1-x} C^{W_2}_{x+t|y+t}.$$

s bedeutet jenes Grenzalter für Heiraten, nach welchem die Witwen nicht mehr rentenberechtigt sind. Man erhält

$$\ddot{a}^{W_2}_{x|y} = \frac{M^{W_2}_{x|y}}{D_{xy}}. \qquad (5.7.11)$$

Die Berücksichtigung von Aktivität und Invalidität kann in derselben Weise geschehen wie beim Abschnitt (b).

In diesem genannten Abschnitt wurde lediglich das Ausscheiden der Ehefrauen durch Tod, nicht aber durch Scheidung der Ehe berücksichtigt. Im Falle des Miteinbezuges der Scheidungen kommt den Nachehen erheblich größere Bedeutung zu, als wenn lediglich der Tod der Witwe einkalkuliert wird. Zweite Nachehen kommen so selten vor, daß ihre Darstellung an dieser Stelle unterbleiben kann.

5.8. Anwartschaftliche Witwenrente, berechnet nach der Kollektivmethode.

Im Falle der Anwendung der Kollektivmethode wird die Anwartschaft von Männern auf Witwenrenten unabhängig von ihrem Zivilstand und vom Alter einer allfälligen Ehefrau berechnet. Diese Werte ergeben demnach Mittelwerte für Männer gleichen Alters mit verschiedenem Zivilstand und mit verschiedener Altersdifferenz zu den Ehefrauen. Zur Berechnung der anwartschaftlichen Witwenrente müssen in diesem Falle die Wahrscheinlichkeiten ϑ_x bekannt sein, daß ein Mann bei seinem Tode verheiratet war. Ferner benötigen wir das durchschnittliche Alter y_x einer Ehefrau eines Mannes, der im Alter x stirbt. Werden Aktivität und Invalidität berücksichtigt, so müssen diese Wahrscheinlichkeiten, verheiratet zu sein, getrennt für Aktive und Invalide, bekannt sein (ϑ_x^a und ϑ_x^i). Diese Werte ϑ sind wiederum stark von der sozialen Struktur des beobachteten Versicherungsbestandes abhängig.

Wahrscheinlichkeit, beim Tode verheiratet zu sein.

x	HEUBECK und FISCHER ϑ_x	EVK 1950	
		ϑ_x^a	ϑ_x^i
30	0,7515	0,66435	0,19005
40	0,9215	0,85680	0,57442
50	0,9330	0,92262	0,86901
60	0,8915	0,92373	0,85183

Die durchschnittlichen Altersdifferenzen y_x hängen stark vom Alter des Versicherten ab, weil sich in höherem Alter die Nachehen mit jüngeren Frauen bemerkbar machen.

x	EVK 1950 y_x
30	29,4
40	38
50	47,2
60	56,3

Wir berechnen zunächst diese anwartschaftlichen Witwenrenten nach der Kollektivmethode, unabhängig von Aktivität und Invalidität. Im ersten Versicherungsjahre sterben d_x Männer. Von diesen sind $d_x \vartheta_{x+\frac{1}{2}}$ verheiratet mit einer Frau vom durchschnittlichen Alter $y_{x+\frac{1}{2}}$. Der Barwert der im ersten Jahre verfallenen Witwenrenten beträgt demnach $d_x \vartheta_{x+\frac{1}{2}} v^{\frac{1}{2}} \ddot{a}^w_{y_{x+1/2}}$. Wir setzen

$$C_x^w = v^{x+\frac{1}{2}} d_x \vartheta_{x+\frac{1}{2}} \ddot{a}^w_{y_{x+\frac{1}{2}}},$$

$$M_x^w = \sum_{t=0}^{\omega-x} C_{x+t}^w$$

5.8. Anwartschaftliche Witwenrente, berechnet nach der Kollektivmethode.

und erhalten

$$\ddot{a}_x^w = \frac{M_x^w}{D_x}. \tag{5.8.1}$$

Wenn bei der Wiederverheiratung der Witwen Einmalabfindungen berücksichtigt werden, ist in den vorhergehenden Formeln der Buchstabe w durch W zu ersetzen. Dann gilt

$$\ddot{a}_x^W = \frac{M_x^W}{D_x}. \tag{5.8.2}$$

Bei Berücksichtigung von Aktivität und Invalidität wird man in Analogie zu Abschnitt 5.7 (b) die folgenden Größen definieren:

$$C_x^{aiW} = v^{x+\frac{1}{2}} l_x^a i_x \ddot{a}_{x+\frac{1}{2}}^{iW},$$

wobei $\ddot{a}_{x+\frac{1}{2}}^{iW}$ genau wie $\ddot{a}_x^w$ berechnet wird, wenn die Absterbeordnung der Invaliden berücksichtigt wird.

Vom Schlußalter s an ist $l_x^a = l_x$ und $i_x = 1$ zu setzen.

$$M_x^{aiW} = \sum_{t=0}^{\omega-x} C_{x+t}^{aiW},$$

$$\ddot{a}_x^{aiW} = \frac{M_x^{aiW}}{D_x^a} \qquad \text{(Invalidenwitwenrente)}.$$

Für die Aktivenwitwenrente erhalten wir

$$C_x^{aaW} = v^{x+\frac{1}{2}} l_x^a q_x^a \vartheta_{x+\frac{1}{2}}^a \ddot{a}_{y_{x+\frac{1}{2}}}^W,$$

$$M_x^{aaW} = \sum_{t=0}^{\omega-x} C_{x+t}^{aaW},$$

$$\ddot{a}_x^{aaW} = \frac{M_x^{aaW}}{D_x^a}$$

und damit

$$\ddot{a}_x^{aw} = \frac{M_x^{aaw} + M_x^{aiw}}{D_x^a}, \tag{5.8.3}$$

$$\ddot{a}_x^{aW} = \frac{M_x^{aaW} + M_x^{aiW}}{D_x^a}. \tag{5.8.4}$$

Die Berücksichtigung von steigenden Versicherungsleistungen erfolgt mit Hilfe der Größen

$$M_x^{aW} = D_x^a \ddot{a}_x^{aW} \quad \text{und} \quad R_x^{aW} = \sum_{t=0}^{\omega-x} M_{x+t}^{aW}.$$

5.9. Waisenrentenversicherung[1].

In der sozialen Hinterbliebenenversicherung ist die Ausrichtung von Waisenrenten beim Tod des Vaters üblich. In der Regel werden diese Waisenrenten bis zur Erreichung eines bestimmten Schlußalters s, z.B. 15, 18 oder 20 Jahre ausbezahlt. Sofern auch noch die Mutter im Laufe dieser Jahre stirbt oder der verstorbene Vater Witwer war, werden die für einfache Waisenrenten gültigen Ansätze häufig erhöht. Lebt die Mutter einer Waise noch, so sprechen wir von einer Vaterwaise, im andern Fall von einer Doppelwaise. Das Alter einer solchen Waise werde mit z bezeichnet, unabhängig davon, ob es ein Knabe oder ein Mädchen sei. Die statistischen Erfahrungen zeigen, daß die Mortalität in der Jugend sehr wenig vom Geschlecht abhängig ist, so daß mit der gleichen Absterbeordnung für Knaben und Mädchen gerechnet werden darf. Es sollen im folgenden die wichtigsten Barwerte für laufende und anwartschaftliche Waisenrenten berechnet werden.

a) Der Barwert einer laufenden Waisenrente vom Betrage 1, bezahlbar bis zum Schlußalter s an eine Waise vom Alter z werde mit $\ddot{a}_{\overline{s-z}|}$ bzw. $\ddot{a}_{\overline{s-z}|}^{(m)}$ bezeichnet. Nach (3.1.9) und (3.2.5) ergeben sich die folgenden Gleichungen für die Berechnung dieser Barwerte:

$$\ddot{a}_{\overline{s-z}|} = \frac{N_z - N_s}{D_z}, \qquad (5.9.1)$$

$$\ddot{a}_{\overline{s-z}|}^{(m)} \sim \ddot{a}_{\overline{s-z}|} - \frac{m-1}{2m}\left(1 - \frac{D_s}{D_z}\right). \qquad (5.9.2)$$

b) Der Barwert einer laufenden vorschüssigen Waisenrente vom Betrage 1, bezahlbar bis zum Schlußalter s, höchstens jedoch so lange die Mutter noch lebt, einer Waise vom Alter z werde mit $\ddot{a}_{y:\overline{s-z}|}$ bzw. $\ddot{a}_{y:\overline{s-z}|}^{(m)}$ bezeichnet. Da es sich um $(s-z)$-jährige Verbindungsrenten auf zwei Leben handelt, können ihre Barwerte gemäß Gl. (4.2.5) und (4.2.6) berechnet werden. Wir erhalten demnach

$$\ddot{a}_{y:\overline{s-z}|} = \frac{N_{zy} - N_{s:y+s-z}}{D_{zy}}. \qquad (5.9.3)$$

c) Die Anwartschaft einer Vaterwaise auf eine zusätzliche vorschüssige Rente vom Betrage 1 vom Ableben der Mutter an zahlbar bis zum Schlußalter s der Doppelwaise werde mit $\ddot{a}_{\overline{s-z}|}^{d}$ bzw. $\ddot{a}_{\overline{s-z}|}^{d\,(m)}$ bezeichnet. Auf Grund der in den vorhergehenden Abschnitten (a) und (b) eingeführten Größen erhalten wir die Gleichung

$$\ddot{a}_{\overline{s-z}|}^{d} = \ddot{a}_{\overline{s-z}|} - \ddot{a}_{y:\overline{s-z}|} \quad \text{bzw.} \quad \ddot{a}_{\overline{s-z}|}^{d\,(m)} = \ddot{a}_{\overline{s-z}|}^{(m)} - \ddot{a}_{y:\overline{s-z}|}^{(m)}. \qquad (5.9.4)$$

---
[1] Wir halten uns in diesem Abschnitt im wesentlichen an die Darstellung und Bezeichnung von P. NOLFI in den VZ 1950.

5.9. Waisenrentenversicherung.

Da die Mortalität von Waisen bis zum Alter 20 sehr gering ist, werden diese Barwerte häufig approximativ so gerechnet, daß man die Waisenrenten als Zeitrenten behandelt.

d) Anwartschaft eines x-jährigen Mannes auf vorschüssige Waisenrenten vom Betrage 1, bezahlbar bis zur Erreichung des Schlußalters s seiner Kinder, unabhängig von Aktivität und Invalidität.

Zur Berechnung dieser Anwartschaft $\ddot{a}^k_{x:s}$ bzw. $\ddot{a}^{k(m)}_{x:s}$ muß die durchschnittliche Kinderanzahl $k_{z(x)}$, jünger als s, und ihr Durchschnittsalter $z(x)$ im Zeitpunkte des Todes des Versicherten bekannt sein; vor allem die erste Zahl ist abhängig vom Zivilstand

x	VZ 1950 ($s = 20$)	
	$z(x)$ Jahre	$k_{z(x)}$
30	3,1	0,95
40	8,6	1,47
50	13,6	0,81
60	14,9	0,14

und der sozialen Stellung des Versicherten. Die obenstehende Tabelle orientiert über die Größenordnung dieser Zahlen.

Zur Berechnung des obigen Barwertes setzen wir

$$C^k_{x:s} = v^{x+\frac{1}{2}} l_x q_x k_{z(x)} \ddot{a}_{\overline{s-z}|} \quad \text{und} \quad M^k_{x:s} = \sum_{t=0}^{\omega-x} C^k_{x+t:s}.$$

Dann erhalten wir

$$\ddot{a}^k_{x:s} = \frac{M^k_{x:s}}{D_x}. \tag{5.9.5}$$

e) Anwartschaft eines x-jährigen Mannes auf vorschüssige Waisenrenten vom Betrage 1, zahlbar so lange die Mutter noch lebt, höchstens aber bis zum Schlußalter s der überlebenden Kinder. Diese Anwartschaft werde mit $\ddot{a}^k_{x|y:s}$ bzw. $\ddot{a}^{k(m)}_{x|y:s}$ bezeichnet. Zu ihrer Berechnung muß die Wahrscheinlichkeit $w_{y(x)}$ bekannt sein, daß die Ehefrau des Versicherten im Zeitpunkte seines Todes noch lebt. In ganz analoger Weise wie bei Abschnitt (d) erhalten wir

$$C^k_{x|y:s} = v^{x+\frac{1}{2}} l_x q_x k_{z(x)} w_{y(x)} \ddot{a}_{y:\overline{s-z}|},$$

$$M^k_{x|y:s} = \sum_{t=0}^{\omega-x} C_{x+t|y+t:s}$$

und

$$\ddot{a}^k_{x|y:s} = \frac{M^k_{x|y:s}}{D_x}. \tag{5.9.6}$$

f) Mit $\ddot{a}^d_{x:s}$ bzw. $\ddot{a}^{d(m)}_{x:s}$ bezeichnen wir die Anwartschaft eines x-jährigen Mannes auf vorschüssige Doppelwaisenrenten im Betrage 1, bezahlbar vom Zeitpunkte der Doppelverwaisung an bis zur Erreichung des Schlußalters s durch die Doppelwaise. Auf Grund der vorhergehenden Gleichung erhalten wir

$$\ddot{a}^d_{x:s} = \ddot{a}^k_{x:s} - \ddot{a}^k_{x|y:s}. \tag{5.9.7}$$

92   V. Pensionsversicherung.

Unter der Annahme, daß die Doppelwaisenrente doppelt so groß sei wie die Rente für die Vaterwaise, betragen die entsprechenden Zuschläge zu den Anwartschaften auf Waisenrenten zwecks Berücksichtigung dieser Verdoppelung im Falle von Doppelverwaisung rund 3—4% der Anwartschaft auf einfache Waisenrenten. Sie wird deshalb bei den Berechnungen der Anwartschaft auf Waisenrenten gelegentlich auch vernachlässigt. Die Anwartschaft der Versicherten auf Waisenrenten beträgt bei Pensionskassen in der Regel höchstens 10% der Anwartschaft auf Witwenrenten. Aus diesem Grunde erfolgt die Berechnung der Anwartschaften auf Waisenrenten häufig pauschal durch Gleichsetzung mit einem bestimmten Prozentsatz der Anwartschaft auf Witwenrenten.

Die Berücksichtigung von Aktivität und Invalidität bei der Berechnung der anwartschaftlichen Waisenrenten kann in derselben Weise geschehen wie bei den Witwenrenten. Angesichts der untergeordneten finanziellen Bedeutung der Waisenrenten lohnt es sich jedoch selten, diese Unterscheidung zu machen.

g) Mit $\ddot{a}^K_{x:s}$ bezeichnen wir die Anwartschaft eines x-jährigen Mannes auf vorschüssige Waisenrenten mit Verdoppelung der Rente für Doppelwaisen. Man erhält

$$\ddot{a}^K_{x:s} = \ddot{a}^k_{x:s} + \ddot{a}^d_{x:s}. \tag{5.9.8}$$

5.10. Invalidenkinderrenten.

Es kommt bei Pensionsversicherungen gelegentlich vor, daß gleichzeitig mit den Entschädigungen im Falle von Invalidität bei der Invaliderklärung des Versicherten an vorhandene minderjährige Kinder Renten bis zu einem bestimmten Schlußalter s (15, 18 oder 20 Jahre) zugesprochen werden. Wir zeigen im folgenden wie die Einmaleinlage für solche Kinderrenten berechnet werden kann.

Prinzipiell kann auch hier die Individual- oder Kollektivmethode angewendet werden. Wir beschränken uns auf die Darstellung der *Kollektivmethode*. Die auszubezahlende Rente betrage 1. Sämtliche verheirateten männlichen Versicherten bezahlen unabhängig von ihrer Kinderanzahl und dem Alter der Kinder die gleiche Prämie für die Invalidenkinderrenten. Zur Bestimmung ihres Barwertes muß die durchschnittliche Kinderanzahl $k^i_{z(x)}$, jünger als s, im Zeitpunkte der Invaliderklärung des Versicherten und dazu ihr Durchschnittsalter $z(x)$ bekannt sein. Wir definieren die folgenden Größen:

$$D^{ik}_{x:s} = v^{x+\frac{1}{2}} l^a_x i_x k_{z(x)} \ddot{a}_{s-z(x)} \tag{5.10.1}$$

und

$$N^{ik}_{x:s} = \sum_{t=0}^{n} D^{ik}_{x+t:s}, \tag{5.10.2}$$

wobei n die Dauer dieser Kinderrentenversicherung ist.

Dann erhalten wir für diese Anwartschaft $\ddot{a}^{ik}_{x:s}$

$$\ddot{a}^{ik}_{x:s} = \frac{N^{ik}_{x:s}}{D^a_x}. \qquad (5.10.3)$$

Unter der Annahme, daß sowohl bei Waisenrenten als auch bei Invalidenkinderrenten die gleichen $k_{z(x)}$ und $z(x)$ benutzt werden können, unterscheiden sich die C^k und D^{ik} dadurch, daß an Stelle von $l_x q_x$ der Wert $l^a_x i_x$ tritt. Wenn der eine Barwert bekannt ist, läßt sich der andere dank dieser Bemerkung häufig leicht schätzen.

5.11. Einlage, Netto- und Bruttoprämie bei Pensionsversicherungen, Prämienbefreiung im Invaliditätsfall.

In den vorangegangenen Abschnitten wurden die Barwerte für Altersrenten sowie Invaliditäts- und Hinterbliebenenleistungen bestimmt. Die Nettoprämie P für eine solche Versicherung, deren Leistungsbarwert im folgenden ganz allgemein mit A bezeichnet wird, werde für ein Rücktrittsalter s berechnet. Es sind zwei Fälle zu unterscheiden, je nachdem ob Prämienbefreiung beim Eintreten von Invalidität gewährt wird oder nicht. Prämienbefreiung dürfte auf alle Fälle dann gewährt werden, wenn daneben noch Invaliditätsleistungen versichert werden. Es kommt aber auch häufig vor, daß ohne diese Voraussetzung bei Eintritt von Invalidität wenigstens keine Prämien mehr für die übrigen Versicherungskomponenten bezahlt werden müssen. Bei Prämienbefreiung sei die Prämie mit P^a bezeichnet. Man erhält auf Grund des Äquivalenzprinzips die folgenden Gleichungen:

$$P \ddot{a}_{x:\overline{s-x}} = A, \qquad (5.11.1)$$

$$P^a \ddot{a}^a_{x:\overline{s-x}} = A. \qquad (5.11.2)$$

Der Unterschied zwischen den Prämien P^a und P ist die Zusatzprämie P^z, die während der Dauer der Aktivität wegen der Gewährung der Prämienbefreiung im Invaliditätsfall zu bezahlen ist. Sie kann entweder direkt als Differenz der obigen Prämie bestimmt werden, oder aber gemäß Gleichung

$$P^z \ddot{a}^a_{x:\overline{s-x}} = P \ddot{a}^{ai}_{x:\overline{s-x}}. \qquad (5.11.3)$$

Denn die letzte Gleichung sagt aus, daß Prämienbefreiung gleichwertig ist mit der Gewährung einer Invalidenrente von der Höhe P.

Die Berücksichtigung der Verwaltungskosten bei Pensionsversicherungen erfolgt nach verschiedenen Methoden, da tatsächlich je nach ihrer Form und Art ganz verschiedene Voraussetzungen vorliegen können.

Selbstverständlich müssen auch bei Pensionsversicherungen die entsprechenden Abschluß- und Verwaltungskosten bei der Tarifgestaltung sorgfältig berücksichtigt werden, wenn die Träger dieser Versicherungen keine Verwaltungskostenverluste erleiden sollen.

Wie in **3.6** bezeichnen wir die Bruttoeinlage mit ε und die Bruttoprämie mit π. Bei autonomen oder Werkpensionskassen kann es vorkommen, daß die die Pensionskasse gründende Firma sich verpflichtet, ihre sämtlichen Verwaltungskosten zu tragen. In diesem Fall brauchen in der Prämie keine Kosten hierfür einkalkuliert zu werden. In allen anderen Fällen hat die Pensionskasse die laufenden Verwaltungskosten, jedoch keine Aquisitionsausgaben zu berücksichtigen, da der Abschluß neuer Versicherungen ohne besondere Aquisition gesichert ist. Die Verwaltungskosten setzen sich in einem solchen Falle aus den laufenden Unkosten während der Anwartschaft auf Versicherungsleistungen und während der Rentnerzeit zusammen. Unter der Annahme, daß die Finanzierung der Versicherung durch Prämien erfolge (die Nettoprämie sei mit P bezeichnet) werden die laufenden Verwaltungskosten während der Prämienzahlungsdauer durch einen Zuschlag auf dieser Prämie und die Kosten während der Rentnerzeit durch Annahme einer höheren versicherten Leistung berücksichtigt. Man erhält somit

$$\pi = \frac{P(1+\gamma)}{1-\beta}. \qquad (5.11.4)$$

Im Falle von Gruppenversicherungen ist die Verrechnung eines festen Aquisitionszuschlages wie bei den Einzelversicherungen nicht üblich. Denn häufig erfolgt die Aquisition von Gruppenversicherungen direkt von der Zentrale der Versicherungsgesellschaft aus, ohne Bezahlung spezieller Abschlußprovisionen. Die einfachste Art der Berechnung der Bruttowerte im Falle von Pensionsversicherungen besteht dann darin, daß zu den Nettoprämien und Nettoeinlagen ein fester Prozentsatz addiert wird. Dieser Prozentsatz muß natürlich an Hand der geschäftlichen Erfahrungen vorsichtig bestimmt werden. Eine etwas feinere Methode besteht darin, daß man zwischen Kapitalversicherungen und Rentenversicherungen unterscheidet. Bei Kapitalversicherungen rechnet man für jedes Versicherungsjahr einen bestimmten prozentualen Verwaltungskostenzuschlag der Versicherungssumme, z.B. 2⁰/₀₀ ein und erhält damit die Bruttoeinlage ε, und gemäß der folgenden Gleichung die Bruttoprämie:

$$\ddot{a}_{x:\overline{n}|}\,\pi_{x:\overline{n}|} = \varepsilon_x \qquad (5.11.5)$$

bzw.

$$\ddot{a}^a_{x:\overline{n}|}\,\pi^a_{x:\overline{n}|} = \varepsilon_x,$$

wenn Prämienbefreiung im Falle von Invalidität vereinbart wurde. Bei Rentenversicherungen wird für jedes Versicherungsjahr einschließlich

Rentnerzeit ein gewisser Prozentsatz der Rente, z.B. 1—2% als Verwaltungskostensatz berücksichtigt. Bei komplizierteren Versicherungsformen, wie bei steigenden Leistungen usw. wird man im Interesse einer möglichst einfachen Verwaltung die Art der Unkostenzuschläge nach Möglichkeit so wählen, daß nicht zu komplizierte Berechnungen und Tarife entstehen.

VI. Prämienreserve (Deckungskapital).

In diesem Kapitel werden wir den fundamentalen Begriff der Prämienreserve oder des Deckungskapitals darstellen, der im Gegensatz zu den übrigen Versicherungsbranchen in der Lebensversicherungstechnik eine zentrale Rolle spielt. In den vorangegangenen Kapiteln haben wir gesehen, daß die Lebensversicherungen entweder Risiko- oder Sparversicherungen oder Kombinationen dieser beiden Versicherungsarten darstellen. Betrachten wir zunächst eine reine Risikoversicherung, z.B. eine Todesfall- oder eine Invaliditätsversicherung. Wir haben gesehen, daß das Todesfall- und das Invaliditätsrisiko vom Alter von etwa 15 bis 20 Jahren an zunimmt. Wenn demnach solche Risikoversicherungen von Jahr zu Jahr mit einer auf Grund des Äquivalenzprinzipes berechneten Risikoprämie finanziert würden, käme man zu steigenden Prämien. Diese Art der Finanzierung durch die sog. natürliche Prämie ist jedoch im allgemeinen nicht beliebt; der Versicherte zieht die Bezahlung einer konstanten Prämie vor. Bei dieser Art der Finanzierung wird demnach in den ersten Jahren der Versicherung lediglich ein Teil der Prämie zur Finanzierung der eingetretenen Schäden benutzt. Der überschießende Teil der Prämie muß als Reserve angelegt werden, um in späteren Jahren zusammen mit den dann noch einlaufenden Prämien die derzeitigen Schäden zu decken. Theoretisch könnte man sich auch den Fall vorstellen, daß am Anfang der Versicherung nur ganz kleine Prämien bezahlt würden, die nicht einmal die Schäden der ersten Jahre deckten. In diesem Falle müßten demnach der Versicherungsgesellschaft diese Mehrleistungen in späteren Jahren durch entsprechende höhere Prämien vergütet werden, wenn die Gesellschaft nicht Schaden erleiden soll. Diese Überlegungen zeigen, daß eine Versicherungsgesellschaft, die sich ausschließlich mit dem Abschluß von Risikoversicherungen befaßt, dann positive oder negative Reserven ausweisen muß, wenn die Prämien der Risikoversicherungen nicht von Jahr zu Jahr entsprechend der Höhe des Risikos festgelegt werden. Bei Sparverträgen ist es selbstverständlich, daß der Versicherte durch Bezahlung einer Sparprämie sein Sparkapital häufen muß und daß die Versicherungsgesellschaft dieses Sparkapital als Reserve auszuweisen hat.

Die obigen Ausführungen seien an Hand des nachstehenden Beispiels illustriert. Gemäß der schweizerischen Absterbeordnung Männer 1939/44, Zinsfuß 3%, beträgt nach dem dritten Beispiel des Abschnittes **3.5** die jährliche Nettoprämie für eine gemischte Versicherung von 1000 DM für einen 40jährigen Mann mit einer Versicherungsdauer von 30 Jahren 26,85 DM. Nach der erwähnten Sterbetafel leben im Alter 40 86063 Männer. Diese bezahlen somit eine totale Jahresprämie von $86063 \cdot 26{,}85 = 2310791{,}55$ DM. Am Ende des ersten Versicherungsjahres betragen die zu 3% aufgezinsten Prämien 2380115,25 DM. Im Laufe des ersten Versicherungsjahres sterben gemäß der angenommenen Absterbeordnung 372 Männer. Die Versicherungsgesellschaft hat demnach am Ende des ersten Versicherungsjahres 372000 DM auszubezahlen, so daß ihr ein Überschuß von 2008115,25 DM verbleibt. Dieser Überschuß stellt die Prämienreserve am Ende des ersten Jahres dar, von der wir in den obigen Ausführungen sprachen. Diese aufgezinste Prämienreserve beträgt am Ende des zweiten Jahres 2068358,40 DM. Bei Beginn des zweiten Versicherungsjahres bezahlen 85691 Männer eine Prämie; am Ende dieses Jahres besitzt demnach die Versicherungsgesellschaft 4438186,15 DM. Während des zweiten Versicherungsjahres sterben gemäß der Absterbeordnung 401 Männer, so daß die Versicherungsgesellschaft am Ende des zweiten Jahres 401000 DM auszubezahlen hat. Die ins dritte Jahr zu übertragende Reserve beläuft sich nunmehr auf 4037186,15 DM. Betrachten wir jetzt das letzte Versicherungsjahr. An seinem Anfang leben noch 50836 Männer. Diese bezahlen die letzte Jahresprämie im totalen Betrage von 1364946,60 DM. Anderseits hat die Versicherungsgesellschaft am Ende dieses Jahres 50836000 DM auszubezahlen. Die Differenz zwischen diesem Betrag und dem aufgezinsten Prämienbetrag des letzten Jahres muß eben mit der angesammelten Prämienreserve gedeckt werden.

6.1. Nettoprämienreserve, Spar- und Risikoprämie.

Im folgenden soll zunächst der Begriff *Nettoprämienreserve* dargestellt werden. Mit dem Wort „netto" soll angedeutet werden, daß in den nachstehenden Betrachtungen lediglich der Zins und die Ausscheidewahrscheinlichkeiten, nicht aber die Höhe der Verwaltungskosten berücksichtigt werden sollen. Später werden wir auch den Fall behandeln, daß bei der Berechnung der Prämienreserve die Höhe der in den Prämien einkalkulierten Verwaltungskosten mit eingeschlossen wird.

Um den Begriff der Nettoprämienreserve möglichst allgemein definieren zu können, betrachten wir die folgende allgemeine Versicherungsform. Es werde eine allgemeine Ausscheideordnung im Sinne von **2.4** betrachtet, bei der $l_x, l_{x+1}, l_{x+2}, \ldots, l_{x+n}$ die Folge der Versichertenzahl bedeute. Dabei kann eventuell $x+n=\omega$ sein. Die Ausscheidewahrscheinlichkeit, die nicht unbedingt eine Todeswahrscheinlichkeit bedeutet, betrage im ersten Jahre q_x, im zweiten Jahre q_{x+1} usw. Die Anzahl der ausscheidenden Versicherten beträgt demnach im ersten Jahre $d_x = l_x - l_{x+1} = l_x q_x$ usw. Bei Beginn des ersten Jahres werde die Prämie P_1 bezahlt, bei Beginn des zweiten Jahres P_2 usw. und bei Beginn des n. Jahres P_n. An die ausgeschiedenen Versicherten oder ihre Erben werde am Ende des ersten Versicherungsjahres die Versicherungssumme S_1, am Ende des zweiten Jahres S_2 und am Ende des n. Versicherungsjahres S_n ausbezahlt. Nach dem Äquivalenzprinzip, ange-

6.1. Nettoprämienreserve, Spar- und Risikoprämie.

wendet auf den Beginn der Versicherung, gilt demnach die Gleichung

$$P_1 + v\, p_x P_2 + v^2\, {}_2p_x P_3 + \cdots + v^{n-1}\, {}_{n-1}p_x P_n$$
$$= v\, q_x S_1 + v^2\, {}_1q_x S_2 + \cdots + v^n\, {}_{n-1}q_x S_n.$$

Durch Multiplikation mit $l_x v^x$ erhalten wir

$$P_1 D_x + P_2 D_{x+1} + \cdots + P_n D_{x+n-1} = S_1 C_x + S_2 C_{x+1} + \cdots + S_n C_{x+n-1}. \quad (6.1.1)$$

Betrachten wir nunmehr den Beginn des t. Versicherungsjahres, unter der Annahme, daß die in diesem Zeitpunkte vorhandene Prämienreserve ${}_{t-1}V$ betrage. Ganz analog werde die am Ende des t. Versicherungsjahres vorhandene Prämienreserve mit ${}_tV$ bezeichnet. Wir formulieren nun das Äquivalenzprinzip auf das Ende des t. Jahres. Bei Beginn des t. Jahres verfüge die Versicherungsgesellschaft über $l_{x+t-1}(P_t + {}_{t-1}V)$. Am Ende dieses Jahres hat sie $(l_{x+t-1} - l_{x+t}) S_t$ auszubezahlen. Es gilt demnach die Gleichung

$$(P_t + {}_{t-1}V) l_{x+t-1} (1+i) = l_{x+t}\, {}_tV + (l_{x+t-1} - l_{x+t}) S_t$$

oder

$$(P_t + {}_{t-1}V) D_{x+t-1} = {}_tV D_{x+t} + S_t C_{x+t-1}. \quad (6.1.2)$$

Die Formel (6.1.2) ist eine sog. *Rekursionsformel*, die zeigt, wie die Prämienreserve am Ende des t. Jahres ausgerechnet werden kann mit Hilfe der Prämienreserve am Ende des $(t-1)$. Jahres und der Prämie und Versicherungssumme, bezahlbar im t. Jahr (rekursive Berechnung der Prämienreserve). Bei der Aufstellung dieser Rekursionsformel wurde demnach angenommen, daß die Berechnung der Prämienreserve mit den gleichen Grundlagen erfolge wie die Berechnung der Prämien. Diese Rekursionsformel gestattet durch ihre Summation über die ersten t Jahre ${}_tV$ mit Hilfe der Prämien und Versicherungssummen der ersten t Jahre zu berechnen. Denn man erhält

$$\sum_{i=1}^{t} P_i D_{x+i-1} + \sum_{i=1}^{t} {}_{i-1}V D_{x+i-1} = \sum_{i=1}^{t} {}_iV D_{x+i} + \sum_{i=1}^{t} S_i C_{x+i-1}, \quad (6.1.3)$$

wobei ${}_0V = 0$ gesetzt werde. Nach Weglassung der auf beiden Seiten dieser Gleichung vorhandenen gleichen Summanden finden wir

$${}_tV = \sum_{i=1}^{t} P_i \frac{D_{x+i-1}}{D_{x+t}} - \sum_{i=1}^{t} S_i \frac{C_{x+i-1}}{D_{x+t}}. \quad (6.1.4)$$

Gemäß der obigen Herleitung bedeutet ${}_tV$ *jene Summe, die am Ende des t. Versicherungsjahres für jede noch laufende Versicherung durchschnittlich vorhanden sein muß, um die zukünftigen Verpflichtungen erfüllen zu können.* In der Gl. (6.1.4) kann diese Prämienreserve als die Differenz zwischen den auf das Ende des t. Versicherungsjahres aufgezinsten

Prämien der vorangegangenen Versicherungsjahre abzüglich die aufgezinsten ausbezahlten Versicherungssummen, dividiert durch die noch vorhandene Anzahl von Versicherten, betrachtet werden. Aus diesem Grunde bezeichnet man diese Art der Darstellung der Prämienreserve als die *retrospektive*, weil man bei ihrer Definition auf die abgelaufenen Jahre abstellt.

Wenn man Gl. (6.1.3) von (6.1.1) subtrahiert, erhält man in (6.1.5) die sog. *prospektive Darstellung* der Prämienreserve.

$$_tV = \frac{\sum_{i=t}^{n-1} S_{i+1} C_{x+i}}{D_{x+t}} - \frac{\sum_{i=t}^{n-1} P_{i+1} D_{x+i}}{D_{x+t}}. \qquad (6.1.5)$$

Nach dieser Gleichung kann die Prämienreserve als die Differenz zwischen dem Barwert der zukünftigen Ausgaben, abzüglich Barwert der zukünftigen Einnahmen, definiert werden. Diese Definition zeigt viel deutlicher als die retrospektive Methode die wahre Bedeutung der Prämienreserve. Da in der Regel die zukünftigen Ausgaben größer sind als die zukünftigen Einnahmen, muß eben eine Reserve vorhanden sein. Gl. (6.1.5) gibt demnach nicht nur die mathematische Darstellung der Prämienreserve, sondern die Art dieser Definition zeigt uns auch die eigentliche Funktion der Prämienreserve oder des Deckungskapitals. Die retrospektive Definition ist dank dem Äquivalenzprinzip mathematisch eine gleichwertige Definition für die Prämienreserve, ohne aber ihre praktische Bedeutung zu zeigen. Gelegentlich kommt es vor, daß die Prämienreserve nicht nach den gleichen Grundlagen berechnet wird, die zur Aufstellung des Tarifes der betreffenden Versicherung benutzt wurden. In einem solchen Falle sind die prospektive und retrospektive Definition der Prämienreserve nicht mehr unbedingt gleichwertig, weil wegen Anwendung anderer Grundlagen das Äquivalenzprinzip zwischen den Prämien und Leistungen im allgemeinen nicht mehr erfüllt sein wird.

Im folgenden soll auch noch die für gewisse Zwecke nützliche *Prämiendifferenzformel* für das Deckungskapital für eine Versicherung von der Dauer n mit gleichbleibender vorschüssiger Jahresprämie angegeben werden. Beträgt dieselbe P_x, so bezeichnen wir mit P_{x+t} diejenige Prämie, die dann bezahlt werden müßte, wenn sie im Alter $x+t$ für die Dauer von $n-t$ Jahren und der gleichen Versicherungsleistung abgeschlossen worden wäre. Dann muß offensichtlich auf Grund der vorangegangenen Ausführungen die Gleichung gelten:

$$_tV = (P_{x+t} - P_x)\, \ddot{a}_{x+t:\overline{n-t|}}.$$

Wenn die Prämien gerechnet vorliegen, zeigt diese Formel sofort, wann sich z.B. negative Deckungskapitalien ergeben (temporäre Todesfallversicherungen, Überlebenszeitrenten usw.).

6.1. Nettoprämienreserve, Spar- und Risikoprämie.

Mit Hilfe der Rekursionsformel (6.1.2) gewinnen wir eine Zerlegung der Prämien in zwei Komponenten, die wir als *Risiko- und Sparprämie* bezeichnen und mit Hilfe der Sparprämien eine weitere mögliche Definition der Prämienreserve. Die Rekursionsformel kann in der folgenden Weise geschrieben werden:

$$_tV D_{x+t} = P_t D_{x+t-1} + {}_{t-1}V D_{x+t-1} - S_t C_{x+t-1}.$$

Dazu benützen wir die folgende Beziehung

$$D_{x+t} = v D_{x+t-1} - C_{x+t-1}.$$

Wenn wir diese beiden Gleichungen miteinander kombinieren, erhalten wir
$$P_t = v\, {}_tV - {}_{t-1}V + (S_t - {}_tV)\, {}_{|1}A_{x+t-1}, \qquad (6.1.6)$$

wobei das Symbol A die analoge Bedeutung auch dann beibehält, wenn die Ausscheidung nicht durch Tod erfolgt.

Die Differenz $S_t - {}_tV$ ist jener Betrag, der von der Versicherungsgesellschaft am Ende des t. Versicherungsjahres zur vorhandenen Reserve ${}_tV$ noch aufgebracht werden muß, um die Versicherungssumme S_t ausbezahlen zu können. Diese Differenz wird deshalb als die *Risikosumme* des betreffenden Jahres bezeichnet. Diese Risikosumme muß durch einen Teil der in diesem Jahre bezahlten Prämie aufgebracht werden. Dieser Teil, die sog. *Risikoprämie* P_t^R, wird im Sinne von Gl. (6.1.6) mit Hilfe von Gl. (6.1.7) definiert:

$$P_t^R = (S_t - {}_tV)\, {}_{|1}A_{x+t-1}. \qquad (6.1.7)$$

Die Differenz zwischen der bezahlten Prämie und dieser Risikoprämie P_t^R kann von der Versicherungsgesellschaft zur Sammlung der Reserve benutzt werden und wird deshalb als *Sparprämie* P_t^S bezeichnet. Man erhält
$$P_t^S = v\, {}_tV - {}_{t-1}V. \qquad (6.1.8)$$

Man kann sofort feststellen, daß die Summe der auf das Ende des t. Versicherungsjahres aufgezinsten, in den einzelnen vorangegangenen Versicherungsjahren bezahlten Sparprämien die Prämienreserve auf diesen Zeitpunkt ergibt. Kurz formuliert: Mit den Sparprämien werden die Reserven angesammelt, mit den Risikoprämien und den für die verfallenen Versicherungen bereits angesammelten Reserven die verfallenen Versicherungssummen gedeckt. Daraus ist ersichtlich, daß die Risikoprämien dann negativ ausfallen, wenn die angesammelten Reserven größer sind als die verfallenen Versicherungssummen.

Bei gewissen Versicherungsformen ist es üblich, daß zwischen der letzten Prämienzahlung und der letzten Auszahlung einer Versicherungsleistung mehrere Jahre liegen. In diesem Fall kann am zweckmäßigsten

Formel (6.1.5) zur Berechnung der Reserve für die Zeit nach der letzten Prämienzahlung benutzt werden, wobei $P=0$ gesetzt werden muß. Die Zerlegung der Prämie in Spar- und Risikoteil hat in dieser Versicherungsperiode selbstverständlich keinen Sinn mehr, da ja keine Prämie mehr bezahlt wird. Die Rekursionsformel (6.1.2) läßt sich in diesem Fall am besten auf die folgende Form bringen:

$$_{t-1}V - v\,_tV = (S_t - {_tV})\,_{|1}A_{x+t-1}. \qquad (6.1.9)$$

$S_t - {_tV}$ ist in diesem Falle die Risikosumme, so daß man die rechte Seite der obigen Gleichung zweckmäßig mit *Risikobetrag* des betreffenden Jahres bezeichnen kann. Ist derselbe positiv, so nimmt die Reserve ab, ist er negativ, so nimmt sie zu.

Bei der in den vorangegangenen Ausführungen vorausgesetzten Versicherungsform wurde angenommen, daß ausscheidenden Versicherten oder ihren Hinterbliebenen gegen Bezahlung gleichwertiger Prämien bestimmte Versicherungsleistungen ausgerichtet würden. Die Reservenberechnung für *Rentenversicherungen* kann ebenfalls mit Hilfe der gleichen Versicherungsform behandelt werden, obwohl im allgemeinen bei solchen Versicherungen gerade dann Versicherungsleistungen auszubezahlen sind, wenn gewisse Termine erlebt werden und nicht, wenn der Versicherte ausscheidet. Zwecks Berechnung der Reserve kann jedoch angenommen werden, daß der Versicherte bei Erleben des Termines der ersten Rentenauszahlung ausscheidet und als Abfindung den Barwert der versicherten Rente erhalte. Diese Methode sei im folgenden an Hand von Beispielen aus der Pensionsversicherung illustriert. Es werde z.B. eine vorschüssige Invalidenrente vom Betrage 1 gegen die Bezahlung einer jährlichen Prämie P^i, bezahlbar während der Dauer der Aktivität, längstens jedoch bis zum Schlußalter s, versichert. Für eine solche Versicherung beträgt die Reserve nach t Jahren

$$_tV = \ddot{a}^{ai}_{x+t} - P^i\,\ddot{a}^{a}_{x+t:\overline{s-x-t}}.$$

Für dieses Deckungskapital gilt die folgende Rekursionsformel:

$$(_{t-1}V + P^i)\,l^a_{x+t-1}\,(1+i) = {_tV}\,l^a_{x+t} + l^a_{x+t-1}\,i_{x+t-1}\,\ddot{a}^i_{x+t}.$$

Die Sparprämie $P^{i\,S}_t$ kann auch in diesem Fall gemäß (6.1.8) berechnet werden:
$$P^{i\,S}_t = v\,_tV - {_{t-1}V}.$$

Die Berechnung der Risikoprämie $P^{i\,R}_t$ erfolgt am besten indirekt mit Hilfe der Gleichung
$$P^{i\,R}_t = P^i - P^{i\,S}.$$

Sie kann aber auch direkt wieder mit Hilfe der Überlegung gerechnet werden, daß mit der Risikoprämie die Differenz zwischen der entstehen-

den Belastung infolge Invaliderklärung eines Versicherten und der Entlastung wegen seines Todes gedeckt werden soll. Auf diese Weise findet man
$$P_t^{iR} = i_{x+t-1} v (\ddot{a}_{x+t}^i - {}_tV) - q_{x+t-1}^a v \, {}_tV.$$

Als weiteres Beispiel werde die Reserve für eine Witwenrente dargestellt, die ein x-jähriger Mann zugunsten seiner y-jährigen Frau abgeschlossen hat. Die jährliche Prämie für diese Witwenrente betrage P^w und werde während der Dauer der Aktivität, längstens jedoch bis zum Schlußalter s (erster Fall), bzw. als weitere zusätzliche Bedingung längstens bis zum Tode der Ehefrau (zweiter Fall) bezahlt. Für die Reserve nach t Jahren erhalten wir

$${}_tV = \ddot{a}_{x+t|y+t}^w - P^w \ddot{a}_{x+t:\overline{s-x-t}}^a \qquad \text{(erster Fall)},$$

$${}_tV = \ddot{a}_{x+t|y+t}^w - P^w \ddot{a}_{x+t,\,y+t:\overline{s-x-t}}^a \qquad \text{(zweiter Fall)}.$$

Für die Berechnung der Spar- und Risikoprämien gelten analoge Bemerkungen wie beim obigen Beispiel der Invaliditätsversicherung.

Bei Versicherungsgesellschaften sind die Prämien für die einzelnen Versicherungszweige individuell gerechnet, so daß die Deckungskapitalien für jedes Versicherungsrisiko einzeln bestimmt werden können. Autonome Pensionskassen rechnen häufig mit Durchschnittsprämien. Zwecks Berechnung der einzelnen Deckungskapitalien der verschiedenen Versicherungszweige sollte festgestellt werden, wie diese Prämie in ihre Komponenten je nach Versicherungsrisiko zerfällt.

6.2. Nettoprämienreserve für einige Versicherungsarten.

Im folgenden sollen für einige wichtige Versicherungsarten die Formeln für die Nettoprämienreserve zusammengestellt werden. Dabei sind die beiden Hauptfälle zu unterscheiden, ob noch Prämien für die laufende Versicherung bezahlt werden müssen oder nicht.

1. Annahme. Es müssen für die Versicherung keine Prämien mehr bezahlt werden. In diesem Fall ist die Nettoprämienreserve auf Grund der prospektiven Methode gleich dem Barwert der anwartschaftlichen Versicherungsleistungen, wie sie in den Abschnitten 3.1 bis 3.4 berechnet wurden.

2. Annahme. Es müssen noch Prämien für die laufende Versicherung bezahlt werden und zwar gleichbleibende vorschüssige Jahresprämien. In den folgenden Beispielen sei das Abschlußalter des Versicherten stets mit x bezeichnet, die Versicherungsleistung betrage 1 und das Deckungskapital werde nach t Jahren berechnet. Wenn keine spezielle Bemerkung gemacht wird, erfolgt die Berechnung des Deckungskapitales stets nach der prospektiven Methode.

a) **Erlebensfallversicherung.** Die Versicherungssumme 1 werde bei Erleben des Alters $x+n$ dem Versicherten ausbezahlt.

$$_tV = {_{n-t}E_{x+t}} - P(_nE_x)\,\ddot{a}_{x+t:\overline{n-t}|}$$

$$= \frac{D_{x+n}}{D_{x+t}} - \frac{D_{x+n}}{N_x - N_{x+n}} \cdot \frac{N_{x+t} - N_{x+n}}{D_{x+t}} = \frac{D_{x+n}}{D_{x+t}} \cdot \frac{N_x - N_{x+t}}{N_x - N_{x+n}}.$$

Durch leichte Umformung erhält man

$$_tV = \frac{P(_nE_x)}{P(_tE_x)}. \tag{6.2.1}$$

b) **Vorschüssige, um n Jahre aufgeschobene, lebenslängliche Leibrente.** Dieser Fall kann mit Hilfe des obigen Beispieles erledigt werden, indem an Stelle von $_nE_x$ der Wert $_n|\ddot{a}_x$ tritt. Man erhält

$$_tV = \frac{P(_n|\ddot{a}_x)}{P(_tE_x)} = \left(\frac{N_{x+n}}{N_x - N_{x+n}}\right)\left(\frac{N_x - N_{x+t}}{D_{x+t}}\right). \tag{6.2.2}$$

Wie der Fall behandelt wird, wenn alle Prämien bezahlt wurden und bereits Renten ausgerichtet werden, wurde oben bei der ersten Annahme ganz allgemein gezeigt.

c) **Temporäre, n Jahre dauernde, um m Jahre aufgeschobene, vorschüssige Rente.**

$$_tV = \frac{P(_{m|n}\ddot{a}_x)}{P(_tE_x)} = \left(\frac{N_{x+m} - N_{x+m+n}}{N_x - N_{x+m}}\right)\left(\frac{N_x - N_{x+t}}{D_{x+t}}\right). \tag{6.2.3}$$

In den Beispielen a bis c fällt die Risikoprämie negativ aus, weil in der Formel (6.1.7) $S_t = 0$ zu setzen ist. Diese Erscheinung ist natürlich auf den Umstand zurückzuführen, daß bei diesen Versicherungen bei frühzeitigem Tod eines Versicherten Mittel zugunsten der noch lebenden Versicherten frei werden.

d) **Versicherung auf bestimmte Verfallzeit** (n Jahre nach dem Abschluß). Bei dieser Versicherung sind zwei Fälle zu unterscheiden, je nachdem, ob der Versicherte noch lebt oder nicht. Im ersteren Fall erhalten wir

$$_tV = v^{n-t} - P(v^n)\,\ddot{a}_{x+t:\overline{n-t}|} = v^{n-t} - \frac{v^n}{\ddot{a}_{x:\overline{n}|}}\,\ddot{a}_{x+t:\overline{n-t}|}. \tag{6.2.4}$$

Ist der Versicherte gestorben, so beträgt die Reserve v^{n-t}.

e) **Kapitalversicherung auf den Todesfall bei lebenslänglicher Prämienzahlung.**

$$_tV = A_{x+t} - P_x\,\ddot{a}_{x+t} = 1 - \frac{\ddot{a}_{x+t}}{\ddot{a}_x}, \tag{6.2.5}$$

weil
$$A_{x+t} = 1 - d\,\ddot{a}_{x+t} \quad \text{und} \quad P_x = \frac{1}{\ddot{a}_x} - d.$$

f) Kapitalversicherung auf den Todesfall, Prämienzahlung längstens n Jahre. Hier sind wiederum zwei Fälle zu unterscheiden, je nachdem ob die Prämienzahlungsdauer schon abgelaufen sei oder nicht. Man erhält während der Prämienzahlungsdauer

$$_tV = A_{x+t} - {}_nP_x\,\ddot{a}_{x+t:\overline{n-t}|} = A_{x+t} - \frac{A_x\,\ddot{a}_{x+t:\overline{n-t}|}}{\ddot{a}_{x:\overline{n}|}}. \qquad (6.2.6)$$

Nach abgelaufener Prämienzahlungsdauer beträgt die Reserve A_{x+t}.

g) Temporäre Todesfallversicherung bis zum Schlußalter s (n-jährige Risikoversicherung, $s - x = n$). Man erhält

$$_tV = {}_{n-t}A_{x+t} - P({}_nA_x)\,\ddot{a}_{x+t:\overline{n-t}|}. \qquad (6.2.7)$$

h) Gemischte Versicherung mit n-jähriger Dauer. Wir finden

$$_tV = A_{x+t:\overline{n-t}|} - P_{x:\overline{n}|}\,\ddot{a}_{x+t:\overline{n-t}|}$$

und nach leichter Umformung

$$_tV = 1 - \frac{\ddot{a}_{x+t:\overline{n-t}|}}{\ddot{a}_{x:\overline{n}|}}. \qquad (6.2.8)$$

Unter Würdigung des Umstandes, daß hier eine besonders wichtige Form vorliegt, sei in den beiden folgenden Tabellen der Verlauf der Prämienreserve der Risiko- und Sparprämie für ein ganz bestimmtes Beispiel einer gemischten Versicherung dargestellt.

Beispiel. Gemischte Versicherung, $x = 30$, $n = 30$ Jahre. Grundlagen: Schweiz. Absterbeordnung 1939/44, Männer, Zinsfuß 3%. Jährliche Nettoprämie für die Versicherungssumme 1: 0,02343.

Prämienreserventabelle.

t	$\ddot{a}_{x+t:\overline{n-t}|}$	$_tV$ in $^0/_{00}$ der Versicherungssumme	t	$\ddot{a}_{x+t:\overline{n-t}|}$	$_tV$ in $^0/_{00}$ der Versicherungssumme
0	19,028	—	20	8,337	561,86
5	16,880	112,89	25	4,569	759,88
10	14,389	243,33	30	—	1000
15	11,568	392,05			

Diese Tabelle zeigt, daß beim obigen Beispiel $_tV$ im Laufe der Versicherung eine zunehmende Funktion darstellt. Die Hälfte der Versicherungssumme ist nach Ablauf der halben Versicherungszeit noch nicht angesammelt worden, weil sich die Zinsen in der zweiten Hälfte der Versicherungszeit trotz Zunahme der Todeswahrscheinlichkeit stärker bemerkbar machen.

Tabelle für die Risiko- und Sparprämie für die obige gemischte Versicherung.

t	$_tV$ in $^0/_{00}$	$_{t-1}V$ in $^0/_{00}$	P_t^S	P_t^R
1	21,23	0	0,02061	0,00282
5	112,89	88,92	0,02068	0,00275
10	243,33	215,73	0,02051	0,00292
15	392,05	360,78	0,01985	0,00358
20	561,86	525,91	0,01959	0,00384
25	759,88	717,52	0,02023	0,00320
30	1000	947,44	0,02343	—

Diese Tabelle zeigt vor allem, daß die Sparprämie bei gemischten Versicherungen ganz erheblich größer ist als die Risikoprämie.

i) **Prämienreserve für Prämienbefreiung im Invaliditätsfall.** Es sei eine Versicherung mit der Jahresprämie P, bezahlbar bis zum Schlußalter s, abgeschlossen worden mit der Bedingung, daß Prämienbefreiung im Falle vorzeitiger Invalidität eintrete. Wir haben im Abschnitt **5.11.3** gezeigt, daß in einem solchen Falle eine Zusatzprämie P^z einkalkuliert werden muß. Als Versicherungsleistung kann in einem solchen Falle eine jährliche Rente im Betrage von P bei vorzeitiger Invalidität, bezahlbar bis zum Schlußalter s, angenommen werden. Man erhält für die Prämienreserve

$$_tV = P\,\ddot a^{ai}_{x+t:\overline{s-x-t}|} - P^z\,\ddot a^{a}_{x+t:\overline{s-x-t}|}. \tag{6.2.9}$$

Die Prämienreserven für kompliziertere Versicherungsarten wie steigende Leistungen oder Pensionsversicherungen können nach den allgemeinen aufgestellten Prinzipien berechnet werden, wenn sich gelegentlich auch recht komplizierte Formeln ergeben. Manchmal werden in solchen Fällen die Formeln bei Anwendung der retrospektiven Methode einfacher. Wenn eine Versicherungsgesellschaft oder eine Pensionskasse stärkere Reserven stellt als sich gemäß exakter Berechnung ergäben, ist damit dem Prinzip genügender Sicherheit mehr als Rechnung getragen. Zwecks Vermeidung umständlicher numerischer Berechnungen werden häufig, und vor allem bei komplizierten Versicherungsarten Näherungsmethoden zur Berechnung der Prämienreserve angewendet, die so beschaffen sein müssen, daß sie eher größere Reserven als bei genauer Berechnung ergeben. Auf solche Näherungsmethoden werden wir später eintreten.

Die *unterjährige Prämienzahlung* oder die *Anwendung von Selektionstafeln* kann bei der Berechnung der Prämienreserve selbstverständlich ebenfalls berücksichtigt werden, indem man die entsprechenden Formeln sinngemäß an diese leicht geänderten Voraussetzungen anpaßt.

6.3. Bilanzreserve, Bilanzdeckungskapital, Prämien- und Rentenübertrag.

Im Abschnitt **6.1.** wurde die Prämienreserve oder das Deckungskapital nach Ablauf von t Versicherungsjahren unter der Voraussetzung berechnet, daß die Jahresprämie am Anfang eines Versicherungsjahres

6.3. Bilanzreserve, Bilanzdeckungskapital, Prämien- und Rentenübertrag.

bezahlt werde und die Auszahlung von Versicherungsleistungen am Ende des Versicherungsjahres erfolge. Nun müssen die Prämienreserven von den Versicherungsinstitutionen vor allem zu Bilanzierungszwecken berechnet werden. In den meisten Fällen wird *das Ende eines Versicherungsjahres einer laufenden Versicherung nicht auf den Bilanztag fallen.* Dann wird am Bilanztag nicht das ganze Versicherungsjahr, sondern nur ein Teil davon abgelaufen sein. Nehmen wir z. B. an, daß der Bilanztag auf das Ende des Kalenderjahres, d.h. auf den 31. Dezember, falle. Nur für diejenigen Versicherungen, die am 1. Januar abgeschlossen wurden, fällt das Ende des laufenden Versicherungsjahres mit dem Bilanztag zusammen. Wir stellen uns in diesem Abschnitt die Aufgabe, die Prämienreserve für irgendeinen Tag zu berechnen, unter der allgemeineren Voraussetzung, daß dieser Tag nicht mit dem Ende des laufenden Versicherungsjahres zusammenfalle. Diese Prämienreserve wird im folgenden als die zum betreffenden Stichtag gehörige *Bilanzreserve* bezeichnet.

Für eine exakte Berechnung dieser Bilanzreserve wäre eine Annahme über die zeitliche Streuung des Ausscheidens der Versicherten im Laufe des Jahres unerläßlich. In der Regel wird die Annahme getroffen, daß dieses Ausscheiden gleichmäßig über das ganze Jahr verteilt erfolge. Es wäre weiterhin eine Annahme über den Kapitalertrag der Reserve im Bruchteil eines Jahres nötig. Da diese Berechnungen unter allen Umständen nur mit Hilfe gewisser Hypothesen erfolgen können und zur Schätzung von Reserven dienen, hat es keinen praktischen Wert, sie möglichst exakt und dafür eventuell mit einem großen Arbeitsaufwand durchzuführen. Viel wichtiger ist das Moment der Sicherheit, indem man diese Reserve durch geeignete Wahl der Grundlagen vorsichtig schätzt.

Unter Beachtung dieser Grundsätze soll deshalb die Bilanzreserve im folgenden gemäß den nachstehenden Annahmen und Prinzipien gerechnet werden: Vom Bilanzierungstag bis zum Ende des laufenden $(t+1)$.Versicherungsjahres einer Versicherung, für welche die Bilanzreserve gerechnet wird, sollen noch α-Jahre verstreichen, wobei $0 \leq \alpha < 1$. Vom laufenden $(t+1)$.Versicherungsjahr sind demnach $(1-\alpha)$-Jahr verstrichen. Bei Ablauf des t.Versicherungsjahres betrug die Prämienreserve $_tV$. Am folgenden Tag kann sie entweder um P_{t+1} infolge Bezahlung einer Prämie steigen oder wegen Ausbezahlung einer Rente um r_{t+1} fallen oder gleich bleiben, wenn keine Ein- oder Auszahlung erfolgt. Wir nehmen nun an, daß diese am ersten Tag des Versicherungsjahres vorhandene Prämienreserve in der Höhe von $_tV + P_{t+1} - r_{t+1}$ im Laufe des Jahres linear zu $_{t+1}V$ zu- oder abnehme. Diese Annahme über den linearen Verlauf der Prämienreserve bedeutet eine einfache Hypothese über die zeitliche Streuung des Ausscheidens der Versicherten im Laufe des Jahres und die Verzinsung der vorhandenen Reserve,

Annahmen, wie sie in der Praxis sehr gut approximiert werden. Bezeichnen wir nun die Bilanzreserve mit $_tR_B$, so erhalten wir mit Hilfe linearer Interpolation

$$_tR_B = (1-\alpha)\,_{t+1}V + \alpha\,_tV + \alpha\,P_{t+1} - \alpha\,r_{t+1}. \qquad (6.3.1)$$

Der Ausdruck $(1-\alpha)\,_{t+1}V + \alpha\,_tV$ wird als das *Bilanzdeckungskapital*, $\alpha\,P_{t+1}$ als der *Prämienübertrag* und $\alpha\,r_{t+1}$ als der *Rentenübertrag* bezeichnet. Die Bezeichnung „Übertrag" will andeuten, daß von der bezahlten Jahresprämie erst ein Teil in das Bilanzdeckungskapital einkalkuliert wurde und der andere Teil übertragen werden muß. Ganz analog ist die Bezeichnung „Rentenübertrag" zu interpretieren. Wenn angenommen wird, daß sich die Abschlußdaten der Versicherungen gleichmäßig über das ganze Jahr verteilen und die durchschnittliche Höhe der Versicherungsleistungen in Abhängigkeit von der Zeit im Laufe eines Jahres ungefähr konstant bleibt, darf man $\alpha = \tfrac{1}{2}$ setzen. Man erhält in diesem Fall für die Berechnung der Bilanzreserve die folgenden zweckmäßigen Formeln:

Für Versicherungen, für welche im laufenden Jahre keine Ein- und Auszahlungen gemacht wurden

$$_tR_B = \frac{_tV + {_{t+1}}V}{2}, \qquad (6.3.2)$$

für Versicherungen, für welche im laufenden Jahre eine Jahresprämie P bezahlt wurde

$$_tR_B = \frac{_tV + {_{t+1}}V}{2} + \frac{P}{2}. \qquad (6.3.3)$$

Die Bilanzreserve ist demnach in diesem Falle gleich der Summe aus dem Bilanzdeckungskapital und dem Prämienübertrag. Diese Formel wurde unter der Bedingung hergeleitet, daß eine Jahresprämie bezahlt worden sei. Wenn unterjährige Prämienzahlung vereinbart wurde, muß demnach eine Versicherungsgesellschaft die noch nicht bezahlten Raten der Jahresprämie als vom Versicherten geschuldet oder gestundet (sie werden deshalb in der Versicherungspraxis als *gestundete Prämien* bezeichnet) betrachten, wenn sie keinen Schaden erleiden soll. Ist dies nicht der Fall, so besteht der Prämienübertrag lediglich aus der halben Teilprämie, beispielsweise aus der halben Halb- oder Vierteljahresprämie.

Für Versicherungen, für welche im Laufe des Jahres eine Rente r ausbezahlt wurde, erhalten wir

$$_tR_B = \frac{_tV + {_{t+1}}V}{2} - \frac{r}{2}. \qquad (6.3.4)$$

Wenn unterjährige Rentenzahlung erfolgt, ist beim Rentenübertrag nur die Hälfte der entsprechenden Rententeile, z.B. der Halbjahres- oder der Vierteljahresrente zu nehmen.

Um die Berechnung der Reserven für t und $t+1$ zwecks Anwendung der Formel (6.3.3) zu vermeiden, wird in der Praxis häufig eine etwas andere Methode für die Bestimmung der Bilanzreserve angewendet. Die abgelaufene Dauer t wird am Bilanztag so als ganze Zahl bestimmt, daß sich zwischen dem berechneten Wert und dem wirklichen Wert ein Fehler von weniger als 6 Monaten ergibt. Dieselbe Bemerkung gilt für das erreichte Alter $x+t$ am Bilanztag. Für die im ersten Halbjahr abgeschlossenen Versicherungen ergibt sich damit kein Prämienübertrag, für die im zweiten Halbjahr abgeschlossenen die volle Nettoprämie. Bei annähernd gleichmäßiger Verteilung der Beitritte über das ganze Jahr kann auch in diesem Falle die halbe Prämie als Prämienübertrag betrachtet werden.

Um die Berechnung der Bilanzreserve zu vereinfachen, wird bei Pensionsversicherungen häufig ihr Abschlußdatum auf bestimmte Tage des Jahres festgelegt, z. B. auf den 1. Januar oder den 1. Juli.

6.4. Berücksichtigung von Verwaltungskosten bei der Berechnung der Prämienreserve, Verwaltungskostenreserve und gezillmerte Reserve.

In Abschnitt 3.6 haben wir erklärt, was man unter den ausreichenden Einmaleinlagen, Brutto- und Nettoprämien versteht. Wir haben gesehen, daß die Nettoeinlage und Prämie nur mit Hilfe von zwei Rechnungsgrundlagen bestimmt wurde, indem ihre Berechnung mittels einer bestimmten Absterbeordnung und unter Annahme eines festen Zinsfußes erfolgte. Als dritte Rechnungsgrundlage für die Konstruktion irgendeines Tarifes eines Versicherungsunternehmens haben wir die Verwaltungskosten bezeichnet, mit denen jedes Versicherungsunternehmen in einem bestimmten Ausmaße zu rechnen hat und die deshalb ebenfalls in die Prämie einkalkuliert werden müssen. Die Verwaltungskosten wurden in drei Komponenten zerlegt, entsprechend ihrer zeitlichen Verteilung während der Dauer der Versicherung. Diese Komponenten wurden mit den Buchstaben α, β und γ bezeichnet und hatten die folgende Bedeutung:

α-Gruppe. Darunter verstehen wir sämtliche Kosten, die mit dem Abschluß einer Versicherung verbunden sind und deshalb praktisch sofort nach Abschluß der Versicherung bezahlt werden müssen und in der Regel ungefähr proportional der Versicherungssumme sind.

β-Gruppe. Das sind jene Kosten, die mit dem Prämieninkasso der Versicherung verbunden sind und deshalb während der Dauer der Prämienzahlung von der Versicherungsgesellschaft ausgegeben werden müssen.

γ-Gruppe. Das sind die inneren Verwaltungskosten einer Versicherungsgesellschaft, die aus diesem Grunde während der ganzen Dauer der

Versicherung bezahlt werden müssen. Auch wenn keine Prämien zu bezahlen sind, hat die Versicherungsgesellschaft mit einer noch nicht erloschenen Versicherung doch eine gewisse Verwaltungsarbeit. Zum Beispiel muß ihre Existenz bei den Bilanzierungsarbeiten berücksichtigt werden, das Deckungskapital auf dieser Versicherung angelegt und verwaltet werden usw.

Die Berücksichtigung der Verwaltungskosten bei der Konstruktion eines Tarifes erfolgt dadurch, daß zur Nettoprämie gewisse Zuschläge gemacht werden. Daraus folgt, daß die Bezahlung der Verwaltungskosten durch den Versicherten entweder mittels einer Einmaleinlage unmittelbar nach Abschluß der Versicherung oder aber durch den Zuschlag auf der Prämie während der Prämienzahlungsdauer erfolgt. Wegen dieser Art der Finanzierung fallen demnach die Zeiten, in denen die Versicherungsgesellschaft die Verwaltungskosten auszugeben hat, nicht mit jenen zusammen, in denen ihr diese von den Versicherten zurückerstattet werden. Diese Bemerkung bezieht sich sowohl auf die α- als auf die γ-Gruppe. Lediglich bei der β-Gruppe werden die Kosten des Prämieninkassos unmittelbar nach ihrem Verfall vom Versicherten bezahlt. Bei der γ-Gruppe ist das nur dann der Fall, wenn die Prämienzahlungsdauer mit der Versicherungsdauer übereinstimmt. Bei der α-Gruppe hat die Versicherungsgesellschaft die Kosten für den Abschluß der Versicherung unmittelbar nachher zu begleichen, während bei Finanzierung der Versicherung mit Hilfe von Jahresprämien diese durch den Versicherten erst allmählich eingehen.

In den vorangegangenen Abschnitten dieses Kapitels haben wir den Begriff der Nettoprämienreserve oder des Nettodeckungskapitals oder der Nettodeckungsrücklage definiert. Diese Nettorücklage für die verschiedenen Versicherungsformen wurde nur mit Hilfe der beiden ersten Rechnungsgrundlagen, der Mortalität oder allgemeiner Ausscheidewahrscheinlichkeiten und des Zinses berechnet. Verwaltungskosten wurden bei diesen Nettoreserven nicht berücksichtigt. Wir haben festgestellt, daß die Ansammlung einer Prämienreserve durch die Versicherungsgesellschaft im allgemeinen deshalb nötig wird, weil der Versicherte in den ersten Jahren des Bestehens der Versicherung mehr an Prämien bezahlt als eigentlich dem Versicherungsrisiko entspricht. Die Stellung einer Prämienreserve wird demnach wegen dieser Inkongruenz zwischen der Art der Bezahlung der Versicherung durch den Versicherten und die Auszahlung der Versicherungsleistungen durch die Versicherungsgesellschaft nötig.

Oben haben wir gezeigt, daß auch eine solche Inkongruenz zwischen der Art der Bezahlung der Verwaltungskosten durch den Versicherten und ihre Verausgabung durch die Versicherungsgesellschaft besteht. Aus diesem Grunde muß dieses Moment bei der Berechnung der Prämienreserve ebenfalls berücksichtigt werden, wenn die Versicherungsgesellschaft wegen Vernachlässigung dieser Inkongruenz auf seiten der Verwaltungskosten nicht eventuell finanzielle Schwierigkeiten riskieren will.

Im Falle der γ-Gruppe werden der Versicherungsgesellschaft die entsprechenden Verwaltungskosten während der Prämienzahlungsdauer entrichtet, während sie diese Kosten während der ganzen Versicherungsdauer zu bezahlen hat. Ist die Prämienzahlungsdauer kürzer als die Versicherungsdauer und macht die Versicherungsgesellschaft keine Verwaltungskostenrücklage für jene Zeit, in welcher die Versicherung noch läuft und keine Prämie mehr eingeht, so hat die Gesellschaft für diesen Zeitabschnitt keine Mittel mehr zur Deckung der dann noch entstehenden Verwaltungskosten.

Bei der α-Gruppe zeigt sich die vorhin erwähnte Inkongruenz gerade in umgekehrter Richtung: die Versicherungsgesellschaft bezahlt zuerst und die Entschädigung durch den Versicherten erfolgt im allgemeinen erst während der Prämienzahlungsdauer. Wenn dieses Moment von einer Versicherungsgesellschaft bei der Berechnung der Prämienreserve nicht beachtet werden darf, so kann sie deshalb eventuell in finanzielle Schwierigkeiten geraten. Denken wir beispielsweise an eine junge Versicherungsgesellschaft mit einer großen jährlichen Produktion von neuen Versicherungen. Bei Vernachlässigung der Abschlußkosten in der Berechnung der Prämienreserve am Ende des Geschäftsjahres besteht für sie die Situation, daß sie im Laufe des Jahres bedeutende Ausgaben für die Aquisition hatte, die ihr von den Versicherten zwar im Laufe der nächsten Jahre zurückerstattet werden, daß sie aber diese Art ausstehender Guthaben nicht in ihrer Bilanz berücksichtigen kann. Die Versicherungsgesellschaft muß deshalb in einem solchen Falle über größere freie Reserven verfügen, welche die Abschreibung dieser Aquisitionskosten gestatten, wenn sie nicht in Schwierigkeiten geraten soll. Eine ältere Gesellschaft mit einer großen Neuproduktion müßte diese Abschreibung eventuell auf Kosten der bereits laufenden Versicherungen durch Schmälerung der Gewinnanteile vornehmen. Diese beiden Beispiele mögen als Beweis genügen, daß eine angemessene Berücksichtigung der Abschlußkosten bei der Berechnung der Prämienreserve durchaus angezeigt ist und daß man es heute nicht mehr versteht, daß wegen dieses Faktors vor einigen Jahrzehnten in den Kreisen der Versicherungsgesellschaften darüber lebhafte Diskussionen ausgefochten wurden.

Wir definieren im folgenden die *ausreichende Prämienreserve*; mit dem Wort „ausreichend" soll ausgedrückt werden, daß in dieser Art von Reserve sämtliche zukünftige Verpflichtungen des Versicherungsunternehmens einschließlich Verwaltungskosten miteingerechnet sind. Zur Darstellung dieses Begriffes benützen wir die folgende allgemeine Versicherungsform: Abschlußalter x, Dauer der Versicherung n (eventuell

110 VI. Prämienreserve (Deckungskapital).

kann $x + n = \omega$ sein), Prämienzahlungsdauer m ($m \leq n$), abgelaufene Zeit t, Barwert der Versicherungsleistung nach t Jahren $B_{x+t:\overline{n-t}|}$, Nettoprämie $P_{x:\overline{m}|}$. Mit dem Buchstaben B wollen wir andeuten, daß es sich um eine allgemeine Versicherungsform handelt. Die Nettoprämie beträgt

$$P_{x:\overline{m}|} = \frac{B_{x:\overline{n}|}}{\ddot{a}_{x:\overline{m}|}}.$$

Die Nettoprämienreserve $_tV$ nach t Jahren beträgt

$$_tV = B_{x+t:\overline{n-t}|} - P_{x:\overline{m}|}\,\ddot{a}_{x+t:\overline{m-t}|}.$$

Unter der ausreichenden Prämie $\pi^a_{x:\overline{m}|}$ einer solchen Versicherung haben wir definiert:

$$\pi^a_{x:\overline{m}|}\,\ddot{a}_{x:\overline{m}|} = B_{x:\overline{n}|} + \alpha + \beta\,\pi^a_{x:\overline{m}|}\,\ddot{a}_{x:\overline{m}|} + \gamma\,\ddot{a}_{x:\overline{n}|}$$

oder

$$\pi^a_{x:\overline{m}|}\,(1-\beta) = P_{x:\overline{m}|} + \frac{\alpha}{\ddot{a}_{x:\overline{m}|}} + \gamma\,\frac{\ddot{a}_{x:\overline{n}|}}{\ddot{a}_{x:\overline{m}|}}.$$

Ausreichende Prämienreserve. Wir können diese Art von Prämienreserve wie die Nettoprämienreserve prospektiv oder retrospektiv erklären. Nach der prospektiven Fassung verstehen wir unter der ausreichenden Reserve in irgendeinem Zeitpunkt den Barwert sämtlicher zukünftiger Ausgaben, abzüglich den Barwert zukünftiger sämtlicher Einnahmen. In retrospektiver Fassung ist diese Reserve in irgendeinem Zeitpunkte gleich dem Endwert der in den vorangegangenen Jahren gemachten Einnahmen, abzüglich Endwert der in der gleichen Zeit gemachten Ausgaben, wobei wiederum sämtliche Einnahmen und Ausgaben berücksichtigt werden sollen. Wir bezeichnen die ausreichende Reserve mit $_tV'$ und erhalten auf Grund der prospektiven Definition:

$$_tV' = B_{x+t:\overline{n-t}|} + \beta\,\pi^a_{x:\overline{m}|}\,\ddot{a}_{x+t:\overline{m-t}|} + \gamma\,\ddot{a}_{x+t:\overline{n-t}|} - \pi^a_{x:\overline{m}|}\,\ddot{a}_{x+t:\overline{m-t}|}. \quad (6.4.1)$$

Wir zerlegen $_tV$ in drei Komponenten gemäß der Gleichung

$$_tV' = {}_tV + {}_tU - \alpha\,\frac{\ddot{a}_{x+t:\overline{m-t}|}}{\ddot{a}_{x:\overline{m}|}} \quad (6.4.2)$$

und erhalten für den mittleren Summanden

$$_tU = \gamma\left[\ddot{a}_{x+t:\overline{n-t}|} - \ddot{a}_{x+t:\overline{m-t}|}\,\frac{\ddot{a}_{x:\overline{n}|}}{\ddot{a}_{x:\overline{m}|}}\right] \quad \text{für} \quad 0 < t < m \quad (6.4.3)$$

und

$$_tU = \gamma\,\ddot{a}_{x+t:\overline{n-t}|} \quad \text{für} \quad m \leq t < n.$$

Diese Größe $_tU$ wird als die *Verwaltungskostenreserve* bezeichnet. Ihre Bedeutung geht aus der Gl. (6.4.3) hervor. Denn nach dieser Gleichung

6.4. Berücksichtigung von Verwaltungskosten.

setzt sich die ausreichende Reserve aus der Nettoreserve zuzüglich Verwaltungskostenreserve abzüglich Abschlußkostenreserve zusammen. Die Verwaltungskostenreserve trägt dem Umstande Rechnung, daß die Versicherungsgesellschaft aus den γ-Kostenanteilen mehr eingenommen hat, als sie bis zum Zeitpunkte t ausgeben mußte. Wenn die Prämienzahlungsdauer gleich Versicherungsdauer $(m = n)$, ist diese Verwaltungskostenreserve gleich Null. Die *Abschlußkostenreserve* stellt das Guthaben der Versicherungsgesellschaft an die Versicherten dar und wird deshalb bei der Berechnung der ausreichenden Reserve negativ eingestellt. Selbstverständlich muß die Verwaltungskostenreserve positiv sein, wie man durch Umformung des Ausdruckes (6.4.3) mit Hilfe der Kommutationswerte sieht. Man erhält

$$_tU = \frac{\gamma(N_{x+m} - N_{x+n})(N_x - N_{x+t})}{D_{x+t}(N_x - N_{x+m})} \quad 0 < t < m. \tag{6.4.4}$$

Aus dieser Darstellung ist zunächst ersichtlich, daß $_tU$ tatsächlich positiv ist, sofern $m < n$ und daß die Verwaltungskostenreserve mit zunehmendem t wächst bis $t = m$ und nachher abnimmt.

Bei Verwendung der retrospektiven Definition haben wir zunächst den Prämienanteil P^γ zu berechnen, der zur Deckung der Verwaltungskosten der γ-Gruppe dient. Es gilt die Gleichung

$$\gamma \ddot{a}_{x:\overline{n}|} = P^\gamma \ddot{a}_{x:\overline{m}|}.$$

Nun erhalten wir auf Grund der retrospektiven Definition

$$\begin{aligned}_tU &= \gamma \frac{\ddot{a}_{x:\overline{n}|}}{\ddot{a}_{x:\overline{m}|}} \ddot{a}_{x:\overline{t}|} \frac{D_x}{D_{x+t}} - \gamma \frac{D_x}{D_{x+t}} \ddot{a}_{x:\overline{t}|} \\ &= \gamma \frac{N_x - N_{x+t}}{D_{x+t}} \left(\frac{\ddot{a}_{x:\overline{n}|}}{\ddot{a}_{x:\overline{m}|}} - 1 \right) = \gamma \frac{(N_x - N_{x+t})(N_{x+m} - N_{x+n})}{D_{x+t}(N_x - N_{y+m})}.\end{aligned} \tag{6.4.5}$$

Damit ist auch in diesem Fall wiederum die Gleichwertigkeit der prospektiven und retrospektiven Definition der ausreichenden Reserve festgestellt. Diese Gleichwertigkeit gilt wiederum nur dann, wenn für die Berechnung der Reserve die gleichen Rechnungsgrundlagen wie für die Berechnung der ausreichenden Prämie benutzt werden.

In romanischen Ländern wird häufig an Stelle der ausreichenden Reserve das sog. *Inventardeckungskapital* verwendet. Darunter versteht man das Nettodeckungskapital zuzüglich Verwaltungskostenreserve. Unter der Inventarprämie versteht man entsprechend die gewöhnliche Prämie zuzüglich P^γ. Gelegentlich wird der Begriff Inventardeckungskapital leicht anders definiert wie z.B. von den schweizerischen Lebensversicherungsgesellschaften in ihren technischen Grundlagen und Bruttotarifen für Gruppenversicherungen 1953.

Um umständliche Rechnungen zu vermeiden, erfolgt die Berücksichtigung der Verwaltungskosten bei der Bilanzreserve am einfachsten dadurch, daß man beim Prämienübertrag statt der Nettoprämie die Bruttoprämie oder eventuell die Inventarprämie benutzt.

Gezillmerte Reserve. Wir werden zeigen, daß durch Einführung der sog. gezillmerten Reserve die Versicherungsgesellschaften bei der Bilanzierung durch Berücksichtigung der Kosten der α-Gruppe bei der Reserveberechnung entlastet werden. Der Name ist auf den deutschen Mathematiker AUGUST ZILLMER zurückzuführen, der im Jahre 1863[1] einen entsprechenden Vorschlag machte. Wenn dieser im Laufe der Jahre auch eine gewisse Entwicklung durchmachte, so geht doch der maßgebende Gedanke auf ZILLMER zurück.

Zwecks Definition der gezillmerten Reserve $_t V^Z$ benützen wir die gleiche Versicherungsform wie bei der Definition der ausreichenden Prämienreserve. Unter der gezillmerten Prämie $P^Z_{x:\overline{m}|}$ verstehen wir die folgende Größe

$$P^Z_{x:\overline{m}|} = P_{x:\overline{m}|} + \frac{\alpha}{\ddot{a}_{x:\overline{m}|}}. \qquad (6.4.6)$$

In der gezillmerten Prämie ist neben der Nettoprämie auch der Kostenzuschlag der α-Gruppe enthalten. Diese ZILLMER-Prämie wird gelegentlich auch als *Reserveprämie* bezeichnet. Man erhält die gezillmerte Reserve, indem man bei der Reservenberechnung an Stelle der Nettoprämie die ZILLMER-Prämie berücksichtigt.

$$_t V^Z = {}_t V - \alpha \cdot \frac{\ddot{a}_{x+t:\overline{m-t}|}}{\ddot{a}_{x:\overline{m}|}}. \qquad (6.4.7)$$

Das Korrekturglied wird als der ZILLMER-Abzug bezeichnet und α als der ZILLMER-*Satz* oder die ZILLMER-*Quote*. Es ist aus der Gl. (6.4.7) ersichtlich, daß dieser ZILLMER-Abzug mit zunehmendem t kleiner wird und für $m=t$ Null beträgt. Für $t=0$ erhalten wir insbesondere $_t V^Z = -\alpha$. Dieser Spezialfall beweist, daß die gezillmerte Reserve in den ersten Jahren der Versicherung negativ ausfallen kann. Bereits ZILLMER hat darauf hingewiesen, daß dieser Umstand einer Versicherungsgesellschaft eventuell gefährlich werden könnte. Nehmen wir an, daß die gezillmerte Reserve auch noch im zweiten Versicherungsjahr negativ sei und eine große Anzahl von Rückkäufen oder Verzichten im Laufe des ersten Versicherungsjahres erfolgen. Dann hätte die Versicherungsgesellschaft keine Möglichkeit mehr, die noch nicht voll getilgten Abschlußkosten herein zu bringen. Zwecks Vermeidung einer solchen Situation wurde die Bedingung aufgestellt, daß die gezillmerte Prämienreserve nach Ablauf des ersten Jahres unter keinen Umständen negativ sein dürfe. Unter Berücksichtigung dieser Bedingung erhält

---

[1] Beiträge zur Theorie der Prämienreserve. Stettin.

6.4. Berücksichtigung von Verwaltungskosten.

man eine obere Grenze für den ZILLMER-Satz α, die im folgenden berechnet werden soll und mit $\alpha^{(M)}$ bezeichnet sei. Man erhält

$$_1V^Z = B_{x+1:\overline{n-1}} - P_{x:\overline{m}}\ddot{a}_{x+1:\overline{m-1}} - \frac{\alpha}{\ddot{a}_{x:\overline{m}}}\ddot{a}_{x+1:\overline{m-1}},$$

wobei

$$B_{x+1:\overline{n-1}} = P_{x+1:\overline{m-1}}\ddot{a}_{x+1:\overline{m-1}}$$

und damit

$$_1V^Z = \ddot{a}_{x+1:\overline{m-1}}\left(P_{x+1:\overline{m-1}} - P_{x:\overline{m}} - \frac{\alpha}{\ddot{a}_{x:\overline{m}}}\right).$$

Gemäß der vorhin erwähnten Bedingung erhält man

$$\frac{\alpha^{(M)}}{\ddot{a}_{x:\overline{m}}} = P_{x+1:\overline{m-1}} - P_{x:\overline{m}} \tag{6.4.8}$$

und

$$\left.\begin{array}{l}_tV^Z = {}_tV - \ddot{a}_{x+t:\overline{m-t}}(P_{x+1:\overline{m-1}} - P_{x:\overline{m}}) \\ = B_{x+t:\overline{n-t}} - \ddot{a}_{x+t:\overline{m-t}}P_{x+1:\overline{m-1}}.\end{array}\right\} \tag{6.4.9}$$

Gemäß dieser Definition für die gezillmerten Reserven erhält man sie dadurch, daß man in der gewöhnlichen Definition der Prämienreserve die Prämie $P_{x:\overline{m}}$ durch $P_{x+1:\overline{m-1}}$ ersetzt. Deshalb wird diese Methode gelegentlich auch als die $(x+1)$-*Methode* bezeichnet. Heute schreiben die staatlichen Aufsichtsämter das Maximum des ZILLMER-Satzes vor[1].

Im Falle einer gemischten Versicherung, bei der die Versicherungsdauer mit der Zahlungsdauer zusammenfallen soll $(m=n)$, erhält man eine besonders einfache Formel für die gezillmerte Reserve:

$$_tV^Z = 1 - \frac{\ddot{a}_{x+t:\overline{n-t}}}{\ddot{a}_{x:\overline{n}}} - \alpha\frac{\ddot{a}_{x+t:\overline{n-t}}}{\ddot{a}_{x:\overline{n}}}$$

und damit

$$= (1+\alpha)\left(1 - \frac{\ddot{a}_{x+t:\overline{n-t}}}{\ddot{a}_{x:\overline{n}}}\right) - \alpha$$

$$_tV^Z = {}_tV(1+\alpha) - \alpha. \tag{6.4.10}$$

Es ist demnach in diesem Falle die Berechnung der gezillmerten Reserve direkt aus der Nettoreserve möglich, ohne vorherige Berechnung der ZILLMER-Prämie. Im übrigen erhält man für die ZILLMER-Prämie in diesem Fall den folgenden Ausdruck:

$$P^Z_{x:\overline{n}} = P_{x:\overline{n}} + \frac{\alpha}{\ddot{a}_{x:\overline{n}}}$$

und damit nach Gl. (3.5.8)

$$P^Z_{x:\overline{n}} = \frac{1}{\ddot{a}_{x:\overline{n}}} - d + \frac{\alpha}{\ddot{a}_{x:\overline{n}}} = (1+\alpha)P_{x:\overline{n}} + d\alpha.$$

Bei Benutzung der gezillmerten Reserve wird in der Regel der Prämienübertrag mit Hilfe der gezillmerten Prämie berechnet.

---

[1] Beispielsweise betrug das Maximum dieses ZILLMER-Satzes im Jahre 1954 in Deutschland 35⁰/₀₀ der Versicherungssumme.

6.5. Gruppenweise Berechnung der Prämienreserve [1].

Wir haben in den vorangegangenen Abschnitten festgestellt, daß eine Versicherungsgesellschaft die Prämienreserve zum mindesten für jede Bilanz, d.h. in jedem Rechnungsjahr wenigstens einmal, berechnen muß. Diese Berechnung kann durch Einzelbestimmung der Prämienreserve jeder laufenden Versicherung und nachheriger Summation aller dieser Posten erfolgen. Wenn man bedenkt, daß eine größere Versicherungsgesellschaft tausende von laufenden Versicherungen zu verwalten hat, begreift man, daß diese Art der Berechnung eine sehr umfangreiche Arbeit erfordert. Sie wird erschwert durch die Tatsache, daß der Versicherungsbestand einer älteren Gesellschaft eine ganze Reihe von Versicherungsformen, zu verschiedenen Tarifen abgeschlossen und mit ungleichen Grundlagen berechnet, enthält. Zwecks Herabsetzung der bei der Berechnung der Prämienreserve aufzuwendenden Arbeit und der damit verbundenen Kosten wurden mehrere Gruppen- und Näherungsmethoden geschaffen. Auch die Gruppenmethoden liefern teils exakte und teils Näherungswerte für die Prämienreserve. Bevor wir einzelne dieser Methoden darstellen, seien einige allgemeine Bemerkungen über ihre Bedeutung, ihren Wert und ihre Tragweite vorausgeschickt.

Es sei festgestellt, daß es unter diesen verschiedenen Methoden keine optimale gibt. Ehe man sich für eine bestimmte Methode entscheidet, hat man den Versicherungsbestand genau zu untersuchen, für welchen sie angewendet werden soll. Überdies ist die Wahl von den technischen Hilfsmitteln abhängig, über welche die Versicherungsgesellschaft verfügt, beispielsweise davon, ob sie mit einer zeitgemäßen Lochkartenanlage arbeitet usw. Die Berechnung der Prämienreserve für gewöhnliche Einzelversicherungen wie gemischte, Todesfall-, Terminversicherungen usw. ist wiederum recht verschieden von derjenigen für Pensionsversicherungen. Tatsächlich beziehen sich die im folgenden dargestellten Rechnungsmethoden zur Hauptsache nur auf die Bestimmung der Prämienreserve für Einzelversicherungen. Bei der Wahl der Methode ist auch zu berücksichtigen, ob gleichzeitig mit der Berechnung der Prämienreserve die Sterblichkeitsabrechnung erfolgen soll. Wir werden in einem späteren Abschnitt zeigen, daß eine solche bei der Analyse des Geschäftsergebnisses einer Versicherungsgesellschaft unerläßlich und z.B. den deutschen Lebensversicherungsgesellschaften vorgeschrieben ist. Gelegentlich kommt es auch vor, daß man die Prämienreserve nach verschiedenen Grundlagen rechnen will. Je nach der angewendeten Methode ist die Variation der Grundlagen leichter oder schwieriger.

---

[1] Siehe BOEHM, C.: Vergleich der verschiedenen Methoden zur Berechnung der Prämienreserve eines Versicherungsbestandes. Blätter der deutschen Gesellschaft für Versicherungsmathematik, Bd. 1, H. 4, S. 3—18, 1953.

Schließlich bestehen in einzelnen Ländern genaue gesetzliche Vorschriften über die Art der Berechnung der Reserven, welche die Anwendung bestimmter Näherungsmethoden ausschließen.

Neben der eventuellen Arbeitseinsparung haben diese Gruppen- und Näherungsmethoden noch den Vorteil, daß die Berechnung der Prämienreserve zum Teil im Laufe eines Rechnungsjahres und nicht unmittelbar nach dessen Ablauf vorgenommen werden kann. Zum mindesten ermöglichen diese Methoden eine gute Vorbereitung dieser Berechnung, indem auf der für jede Versicherung zu erstellenden technischen Karte (Registerkarte) die für die Berechnung der Prämienreserve notwendigen Hilfszahlen zum vorneherein notiert werden.

Zwecks Vermeidung von Rechnungsfehlern, verursacht durch Anwendung einer falschen Methode, sind Kontrollen unerläßlich. Es gibt Methoden, die sowohl bei der prospektiven als auch retrospektiven Berechnungsart der Prämienreserve benutzt werden können. In einem solchen Falle wird man beide Wege beschreiten und muß zum gleichen Resultat gelangen. Wenn diese Möglichkeit nicht besteht, kann die sog. *Nullprobe* angestellt werden. Die Reserve muß im Zeitpunkte des Beginnes der Versicherung gleich null oder eventuell gleich der negativen ZILLMER-Quote sein.

Bei Anwendung einer Gruppenmethode werden die Versicherungen durch *Sortierung* nach einem bestimmten Merkmal zu Gruppen zusammengefaßt und dann die Prämienreserve für diese Gruppe berechnet. Dies sei an Hand eines großen Versicherungsbestandes gemischter Versicherungen erläutert. Die Reserve für eine gemischte Versicherung mit der Versicherungssumme 1 ist durch die drei Zahlen x (Abschlußalter), n (Versicherungsdauer = Prämienzahlungsdauer) und t (im Zeitpunkt der Reservenberechnung abgelaufene Versicherungsdauer) gekennzeichnet. Bei Anwendung der prospektiven Methode sind aber tatsächlich nur die Werte $x+t$ und $n-t$ (neben der von Anfang an bekannten, festen Nettoprämie) und bei Anwendung der retrospektiven Methode die Werte $x+t$ und t maßgebend. Damit wird die Anzahl der Rechnungsparameter bereits auf 2 herabgesetzt. Es ist zu erwarten, daß es durch geschickte Gruppierung gelingen werde, diese Anzahl für eine Gruppe auf 1 zu reduzieren und damit die Berechnungsarbeit zu vereinfachen. Es seien im folgenden drei solche Methoden dargestellt und zwar die KARUP-ALTENBURGERsche Methode für eine exakte und die LIDSTONEsche Z-Methode sowie die t-Methode als Näherungsberechnungen.

Gruppenmethode von KARUP-ALTENBURGER.

Zwecks Erklärung der Art der Gruppierung gemäß dieser Methode müssen zunächst die Formeln für $\ddot{a}_{x+t:\overline{n-t}|}$ und $A_{x+t:\overline{n-t}|}$ leicht umgeformt werden. Auf Grund der Bedeutung dieser Symbole erhält man

VI. Prämienreserve (Deckungskapital).

die folgenden Zerlegungsformeln

$$\ddot{a}_{x+t:\overline{n-t}|} = \ddot{a}_{x+t} - \frac{D_{x+n}}{D_{x+t}} \ddot{a}_{x+n} = \ddot{a}_{x+t} - \frac{N_{x+n}}{D_{x+t}},$$

$$A_{x+t:\overline{n-t}|} = A_{x+t} + \frac{D_{x+n}}{D_{x+t}} - \frac{D_{x+n}}{D_{x+t}} A_{x+n}$$

$$= A_{x+t} + d \frac{N_{x+n}}{D_{x+t}}.$$

Gemäß der prospektiven Definition erhält man für eine gemischte Versicherung mit der Versicherungssumme S die Prämienreserve $S\,_tV_x$ nach t Jahren aus der folgenden Gleichung

$$_tV_x = A_{x+t:\overline{n-t}|} - P_{x:\overline{n}|} \ddot{a}_{x+t:\overline{n-t}|}$$

$$= A_{x+t} - P_{x:\overline{n}|} \ddot{a}_{x+t} + d \frac{N_{x+n}}{D_{x+t}} + \frac{N_{x+n}}{D_{n+t}} P_{x:\overline{n}|}$$

und dann

$$S\,_tV_x = S A_{x+t} - S P_{x:\overline{n}|} \ddot{a}_{x+t} + \frac{S}{D_{x+t}} [N_{x+n}(d + P_{x:\overline{n}|})]. \quad (6.5.1)$$

Diese Gleichung zeigt, daß die variablen Größen auf der rechten Seite nur vom erreichten Alter $x+t=z$ abhängig sind und der Ausdruck $N_{x+n}(d+P_{x:\overline{n}|})$ eine von der Zeit t unabhängige Größe bedeutet, die zum vornherein auf der technischen Karte als Hilfszahl H_1 notiert werden kann. Die Gruppierung bei der Anwendung der KARUPschen Methode erfolgt nun dadurch, daß sämtliche Versicherungen mit dem gleichen erreichten Alter z in der gleichen Gruppe vereinigt werden. Für diese Gruppe beträgt demnach die Reserve

$$\sum S\,_tV_x = A_z \sum S - \ddot{a}_z \sum S P_{x:\overline{n}|} + \frac{\sum S H_1}{D_z}. \quad (6.5.2)$$

In den obigen Summensymbolen sind sämtliche Versicherungssummen der Gruppe zu addieren. Bei Anwendung der *retrospektiven* Methode erhalten wir für $S\,_tV_x$ die folgende Darstellung:

$$\frac{N_x - N_{x+t}}{D_{x+t}} = \frac{N_a - N_{x+t}}{D_{x+t}} - \frac{1}{D_{x+t}}(N_a - N_x), \quad \text{wobei} \quad a < x,$$

$$\frac{M_x - M_{x+t}}{D_{x+t}} = \frac{M_a - M_{x+t}}{D_{x+t}} - \frac{1}{D_{x+t}}(M_a - M_x),$$

$$_tV_x = P_{x:\overline{n}|} \left(\frac{N_x - N_{x+n}}{D_{x+t}} \right) - \left(\frac{M_x - M_{x+t}}{D_{x+t}} \right).$$

$$\left. \begin{aligned} S\,_tV_x &= S P_{x:\overline{n}|} \left(\frac{N_a - N_{x+t}}{D_{x+t}} \right) - S \frac{M_a - M_{x+t}}{D_{x+t}} - \\ &\quad - S P_{x:\overline{n}|} \left(\frac{N_a - N_x}{D_{x+t}} \right) + S \frac{M_a - M_x}{D_{x+t}}. \end{aligned} \right\} \quad (6.5.3)$$

6.5. Gruppenweise Berechnung der Prämienreserve.

Wiederum ist ersichtlich, daß die variablen Größen auf der rechten Seite von (6.5.3) nur von $x+t=z$ abhängig sind. Durch Bildung der gleichen Gruppe wie im prospektiven Falle erhalten wir demnach

$$\sum S\,_tV_x = A_z^* \sum SP_{x:\overline{n}|} - B_z^* \sum S + \frac{\sum SH_1'}{D_z}, \qquad (6.5.4)$$

wobei die Zahl H_1' fest ist und zum vornherein auf der technischen Karte vermerkt werden kann.

Neben den gewöhnlichen gemischten Versicherungen können auch die Reserven für Todesfallversicherung mit lebenslänglicher Prämienzahlung, Termin- und auch gemischte Versicherungen, deren Prämienzahlungsdauer kürzer ist als ihre Versicherungsdauer, mit der gleichen Gruppenmethode berechnet werden. Die entsprechenden Formeln seien im folgenden dargestellt.

Todesfallversicherung mit lebenslänglicher Prämienzahlung.

$$S\,_tV_x = S A_{x+t} - P_x S\ddot{a}_{x+t}$$

d. h.

$$\sum S\,_tV_x = A_z \sum S - \ddot{a}_z \sum P_x S.$$

In diesem Fall ist überhaupt keine Hilfszahl nötig.

Terminversicherung.

$$S\,_tV_x = S v^{n-t} - PS\frac{N_z - N_{x+n}}{D_z}$$
$$= S v^{x+n} v^{-z} - PS\ddot{a}_z + \frac{N_{x+n}}{D_z}PS,$$
$$\sum S\,_tV_x = v^{-z}\sum S v^{x+n} - \ddot{a}_z \sum PS + \frac{1}{D_z}\sum H,$$

wobei $H = PSN_{x+n}$.

Gemischte Versicherung mit abgekürzter Prämienzahlungsdauer m.

Die Hilfszahl hat in diesem Falle den Wert

$$H = d N_{x+n} + P N_{x+m}, \qquad \text{wobei} \quad m \leq n.$$

LIDSTONEsche Z-Methode.

Im Gegensatz zur vorhergehenden exakten Berechnung der Prämienreserve gibt die LIDSTONEsche Z-Methode eine *näherungsweise Berechnung der Prämienreserve für gemischte Versicherungen*. Sie faßt sämtliche Versicherungen mit der gleichen ausstehenden Versicherungsdauer in eine Gruppe zusammen und bestimmt zwecks abgekürzter Berechnung der Prämienreserve dieser Gruppe näherungsweise ein Durchschnittsendalter. Mit $m = n - t$ werde die Größe der noch ausstehenden Versicherungsdauer bezeichnet, die für sämtliche Versicherungen der Gruppe als gleich vorausgesetzt wird. Die Versicherungssummen der Gruppe seien $S_1, S_2, \ldots, S_i, \ldots$. Wir erhalten gemäß (6.2.8)

$$S_{i\,t_i}V_i = S_i\left(1 - \frac{\ddot{a}_{x_i+t_i:\overline{m}|}}{\ddot{a}_{x_i:\overline{n_i}|}}\right)$$

und damit

$$\sum_i S_{i\,t_i}V_i = \sum_i S_i - \sum_i S_i \frac{\ddot{a}_{z_i:\overline{m}|}}{\ddot{a}_{x_i:\overline{n_i}|}},$$

wobei $z_i = x_i + t_i$ (erreichtes Alter). Das Durchschnittsendalter ϱ wird aus der folgenden Gleichung bestimmt:

$$\ddot{a}_{\varrho:\overline{m}|} \sum_i \frac{S_i}{\ddot{a}_{x_i:\overline{n_i}|}} = \sum_i S_i \frac{\ddot{a}_{x_i+t_i:\overline{m}|}}{\ddot{a}_{x_i:\overline{n_i}|}}. \tag{6.5.5}$$

Die Art der Behandlung dieser Gleichung wird nachher dargestellt. Unter der Voraussetzung, daß diese Zahl ϱ bekannt sei, erhalten wir für die Prämienreserve der Gruppe folgenden Wert:

$$\sum_i S_{i\,t_i}V_i = \sum_i S_i - \ddot{a}_{\varrho:\overline{m}|} \sum_i \frac{S_i}{\ddot{a}_{x_i:\overline{n_i}|}}. \tag{6.5.6}$$

Der Ausdruck $\dfrac{S_i}{\ddot{a}_{x_i:\overline{n_i}|}}$ spielt wiederum die Rolle einer festen Hilfszahl, die zum vornehrein auf der technischen Karte vermerkt werden kann. Wenn es tatsächlich gelingt, dieses Durchschnittsalter ϱ exakt oder in guter Annäherung zu bestimmen, so erhält man damit eine einfache Methode für die Bestimmung der Reserve einer ganzen Gruppe.

Zwecks Bestimmung der Zahl ϱ werde vorausgesetzt, daß eine MAKEHAMsche Absterbeordnung benutzt worden sei. Gemäß Gl. (2.2.3) gilt

$$l_x = k\,s^x\,g^{(c^x)},$$

$$\ddot{a}_{x:\overline{n}|} = \sum_{\tau=0}^{n-1} v^\tau \frac{l_{x+\tau}}{l_x}.$$

Wir erhalten

$$\frac{l_{x+\tau}}{l_x} = s^\tau\,g^{c^x(c^\tau-1)} = s^\tau\,e^{\log g\,[c^x(c^\tau-1)]}.$$

$\log g = \gamma$ ist eine negative Zahl mit ganz kleinem absolutem Betrag von der Größenordnung 1/1000. Es ist deshalb zweckmäßig, den Exponentialausdruck als TAYLOR-Reihe darzustellen, mit dem Restglied nach dem zweiten Summanden. Man erhält nach der LAGRANGEschen

6.5. Gruppenweise Berechnung der Prämienreserve.

Restgliedformel[1]

$$v^\tau s^\tau g^{c^x(c^\tau-1)} = v^\tau s^\tau \left[1 + \gamma c^x(c^\tau - 1) + R_2\right],$$

wobei

$$R_2 = \frac{\gamma^2 c^{2x}(c^\tau - 1)^2}{2} e^{\vartheta \gamma c^x(c^\tau - 1)} \qquad 0 < \vartheta < 1.$$

Wegen der Größenordnung der in R_2 vorkommenden Zahlen ist ersichtlich, daß R_2 eine ganz kleine Zahl darstellt, die deshalb im folgenden vernachlässigt wird. Wir erhalten aus diesem Grunde

$$\ddot{a}_{x:\overline{n}|} \sim \sum_{\tau=0}^{n-1} v^\tau s^\tau \left[1 + \gamma c^x(c^\tau - 1)\right].$$

Wir setzen $vs = a$, $vsc = b$ und erhalten

$$\ddot{a}_{x:\overline{n}|} \sim \sum_{\tau=0}^{n-1} a^\tau + \gamma c^x(b^\tau - a^\tau) = A(n) + \gamma c^x B(n).$$

Diesen Ausdruck setzen wir in Gl. (6.5.5) ein und gewinnen für die Unbekannte ϱ die folgende Gleichung

$$\left(A(m) + \gamma c^\varrho B(m)\right) \sum_i \frac{S_i}{\ddot{a}_{x_i:\overline{n_i}|}} = \sum_i \frac{S_i}{\ddot{a}_{x_i:\overline{n_i}|}} \left[A(m) + \gamma c^{z_i} B(m)\right],$$

$$c^\varrho \sum_i \frac{S_i}{\ddot{a}_{x_i:\overline{n_i}|}} = \sum_i \frac{S_i}{\ddot{a}_{x_i:\overline{n_i}|}} c^{z_i}$$

oder

$$c^{\varrho+m} \sum_i \frac{S_i}{\ddot{a}_{x_i:\overline{n_i}|}} = \sum_i \frac{S_i}{\ddot{a}_{x_i:\overline{n_i}|}} c^{x_i+n_i}. \qquad (6.5.7)$$

Der Ausdruck auf der rechten Seite dieser Gleichung ist während der ganzen Dauer der Versicherung fest und könnte deshalb als Hilfszahl benutzt werden. Mit Rücksicht darauf, daß in der Gl. (6.5.5) vor allem m wichtig ist gegenüber der Zahl ϱ, werden zwecks vereinfachter Rechnung in der obigen Bestimmungsgleichung die Gewichte $\frac{S_i}{\ddot{a}_{x_i:\overline{n_i}|}}$ durch S_i ersetzt. Nach Vereinfachung der Gl. (6.5.7) in diesem Sinne und Multiplikation mit einer Potenz von c, z.B. mit c^{-40}, damit beim Rechnen nicht allzu große Zahlen entstehen, erhalten wir

$$c^{\varrho+m-40} \sum_i S_i = \sum_i S_i c^{x_i+n_i-40}$$

oder

$$(\varrho + m - 40) \log c = \log\left(\sum_i S_i c^{x_i+n_i-40}\right) - \log \sum_i S_i. \qquad (6.5.8)$$

Die Gleichung

$$c^\varrho \sum_i S_i = \sum_i S_i c^{z_i}$$

---

[1] Diese Formel kann in irgendeinem Lehrbuch über Differential- und Integralrechnung gelesen werden.

besitzt eine einfache Interpretation, wenn man die Sterblichkeitsintensität gemäß **8.1** benutzt. Diese Gleichung läßt sich nämlich in der folgenden Weise schreiben:

$$- [\log s + \log g \log c \, c^\varrho] \sum_i S_i = - \sum_i (\log s + \log g \log c \, c^{z_i}) S_i.$$

Damit gewinnen wir

$$\mu_\varrho \sum_i S_i = \sum_i \mu_{z_i} S_i. \tag{6.5.9}$$

Gemäß dieser Interpretation wurde demnach ϱ so bestimmt, daß die Sterblichkeitsintensität dieses mittleren Alters gleich ist dem Mittelwert der Sterblichkeitsintensitäten, wenn als Gewichte die Versicherungssummen benutzt werden.

Nach Kontrollrechnungen können bei Anwendung der LIDSTONEschen Methode dann ins Gewicht fallende Ungenauigkeiten in der Berechnung der Reserve entstehen, wenn als Absterbeordnung keine MAKEHAMsche benutzt wurde.

t-Methode[1].

Bei dieser in erster Linie von H. JECKLIN vorgeschlagenen und untersuchten Methode handelt es sich um eine retrospektive Näherungsmethode im Sinne von LIDSTONE. Die Einzelversicherungen werden in Gruppen *gleicher verflossener Versicherungsdauer* zusammengefaßt. Wenn wir die totale Reserve einer solchen Gruppe mit $_tV$ bezeichnen, erhalten wir gemäß der retrospektiven Definition der Prämienreserve

$$_tV = \sum_i S_i P_{x_i} \frac{N_{x_i} - N_{x_i+t}}{D_{x_i+t}} - \sum_i S_i \frac{M_{x_i} - M_{x_i+t}}{D_{x_i+t}}.$$

In dieser Gleichung ersetzen wir die erreichten Alter $x_i + t$ wiederum durch ein gleichwertiges Durchschnittsalter ϱ und erhalten damit

$$_tV = \frac{N_{\varrho-t} - N_\varrho}{D_\varrho} \sum_i P_i S_i - \frac{M_{\varrho-t} - M_\varrho}{D_\varrho} \sum_i S_i. \tag{6.5.10}$$

Die Berechnung der Prämienreserve ist demnach wiederum auf die Bestimmung des Durchschnittsalters ϱ zurückgeführt. Seine Berechnung erfolgt gemäß der Gleichung

$$\frac{N_{\varrho-t} - N_\varrho}{D_\varrho} \sum_i P_i S_i = \sum_i S_i P_i \frac{N_{x_i} - N_{x_i+t}}{D_{x_i+t}}, \tag{6.5.11}$$

woraus ersichtlich ist, daß der zweite, im allgemeinen weniger ins Gewicht fallende Summand von (6.5.10) bei der Berechnung des Durchschnittsalters vernachlässigt wurde. Da wegen dieses abgekürzten Ver-

---

[1] JECKLIN, H.: Zur Praxis der Reservemethode nach der t-Methode. Mitteilungen der Vereinigung schweiz. Versicherungsmathematiker, 42. Bd., H. 1, S. 67—75, 1942.

fahrens die t-Methode bei gewissen Kombinationen nicht genügend genaue Resultate liefert, wurde schon vorgeschlagen, für beide Summanden in (6.5.10) je ein verschiedenes Durchschnittsalter zu berechnen. Wir werden im folgenden lediglich ein solches Durchschnittsalter benutzen und dasselbe ganz analog wie bei der LIDSTONESchen Z-Methode unter der Voraussetzung rechnen, daß eine MAKEHAMsche Absterbeordnung benutzt wurde. Unter dieser Annahme erhalten wir

$$\frac{N_x - N_{x+t}}{D_{x+t}} = \sum_{\tau=1}^{t} \frac{D_{z-\tau}}{D_z} = \sum_{\tau=1}^{t} (v\,s)^{-\tau} e^{\gamma c^z (c^{-\tau}-1)}.$$

Bei Entwicklung der Exponentialfunktion in eine TAYLOR-Reihe und Berücksichtigung der zwei ersten Glieder erhalten wir demnach näherungsweise

$$\frac{N_x - N_{x+t}}{D_{x+t}} \sim \sum_{\tau=1}^{t} (v\,s)^{-\tau} \left[1 + \gamma\, c^z (c^{-\tau} - 1)\right] = C(t) + \gamma\, c^z D(t).$$

Wenn wir diesen Ausdruck in Gl. (6.5.11) einsetzen, erhalten wir

$$[C(t) + \gamma\, c^\varrho D(t)] \sum_i P_i S_i = \sum_i S_i P_i [C(t) + \gamma\, c^{z_i} D(t)]$$

oder

$$c^\varrho \sum_i P_i S_i = \sum_i c^{z_i} S_i P_i.$$

Hier ersetzen wir die Gewichte $P_i S_i$ durch die Gewichte S_i und erhalten demnach für die Bestimmung des Durchschnittsalters ϱ wiederum die Gl. (6.5.8). Wenn keine MAKEHAMsche Absterbeordnung benutzt wurde, hat JECKLIN gezeigt, daß dann im allgemeinen der nachstehende, auf Grund von Gl. (6.5.9) leicht verständliche Ansatz zur Bestimmung des Durchschnittsalters benutzt werden kann

$$q_\varrho = \frac{\sum_i q_{x_i} S_i}{\sum_i S_i}.$$

Entgegen der bei einer MAKEHAMschen Absterbeordnung benutzten Sterbensintensität wird hier die einjährige Todeswahrscheinlichkeit verwendet.

Es ist noch nicht abgeklärt, welche anderen Versicherungsformen als die gemischten Versicherungen für die Anwendung der t-Methode in Betracht fallen. Es wurden auch Vorschläge gemacht, bei der Berechnung des Durchschnittsalters ϱ an Stelle der Größen q_x andere Werte zu benutzen[1].

---
[1] Vgl. RUCH, H.: Eine Variation der t-Methode. Mitteilungen der Vereinigung schweiz. Versicherungsmathematiker, S. 220—231, 1948 und S. 165—170, 1949. — LEEPIN, P.: Über die Anwendung von Mittelwerten zur Reserveberechnung. Mitteilungen schweiz. Versicherungsmathematiker, 49. Bd., S. 194—208, 1949.

6.6. Berechnung der Prämienreserve mittels Interpolation.

Die Nettoprämienreserven sind Funktionen des Zinsfußes und der benutzten Ausscheidewahrscheinlichkeiten. Bei ihrer Definition haben wir vorerst angenommen, daß sie auf Ende eines Versicherungsjahres berechnet werden müssen. Nach dieser Auffassung wäre demnach die Prämienreserve vorläufig lediglich je am Ende eines Versicherungsjahres definiert. Wir haben dann gezeigt, wie man auf einfache Weise die Prämienreserve auch für irgendeinen dazwischen liegenden Zeitpunkt berechnen kann durch Definition des Bilanzdeckungskapitales. Bei der sog. stetigen oder kontinuierlichen Auffassung wäre es durch Berechnung von stetigen Absterbeordnungen und einer stetigen Verzinsung möglich, die Prämienreserve als eine solche Funktion zu definieren, die mit dem gleichen mathematischen Ausdruck ihren ganzen Verlauf darstellt. Wir werden im folgenden an der ersten Auffassung festhalten, obwohl für die Darstellung von Interpolationsmethoden die kontinuierliche Auffassung zweckmäßiger wäre. Die Methode der Interpolation kann allgemein so beschrieben werden, daß aus der Kenntnis einer gewissen Anzahl von Funktionswerten einer Funktion auf die Werte für andere Stellen der Funktion geschlossen wird. Liegen diese Stellen zwischen den bekannten Fixpunkten, so spricht man von Interpolation, liegen sie außerhalb, von Extrapolation.

Interpolation und Extrapolation beruhen stets darauf, daß man die Fixpunkte durch Kurven mit möglichst einfachen mathematischen Eigenschaften verbindet, die sich den für die Berechnung vorliegenden Funktionen möglichst gut anschmiegen. Man kann sich z.B. vorstellen, daß man die Prämienreserve für eine bestimmte Versicherung in einer gewissen Anzahl von Zeitpunkten kennt. Am Anfang beträgt sie null, im Endpunkte ist sie eins und zwischendrin sind vielleicht noch weitere Werte bekannt. Wir hätten dann von der sog. Reservekurve Anfangs- und Endpunkt und einige dazwischen liegende Punkte. Mit Rücksicht darauf, daß die Reservefunktion im allgemeinen eine Funktion mit einfachem Verlauf darstellt, ist demnach zu erwarten, daß einfache Kurvenbogen, welche diese Fixpunkte miteinander verbinden, die Reservekurve gut approximieren werden. Wenn diese Verbindungskurve wesentlich einfachere mathematische Eigenschaften besitzt als die Reservekurve, so können wir für irgendeinen Wert der Variabeln (im Falle der Reserve die Zeit) den zugehörigen Funktionswert leicht rechnen und den gemäß dieser Methode interpolierten Wert als Approximation des gesuchten Funktionswertes betrachten. Mit Rücksicht darauf, daß wir von der Verbindungskurve der Fixpunkte lediglich gute Approximation der zu berechnenden Funktion und

6.6. Berechnung der Prämienreserve mittels Interpolation.

möglichst einfache mathematische Eigenschaften verlangen, ist gut verständlich, daß verschiedene Interpolationsmethoden für die Berechnung der Reserve ausgearbeitet wurden und daß allen stets eine gewisse Willkür anhaftet. Interpolationsmethoden sind nur dann wirklich zweckmäßig und zuverlässig, wenn sie eine einfache Berechnung gesuchter Funktionswerte ermöglichen und wenn die maximalen Fehler abgeschätzt werden können, die man bei der Interpolation macht. Interpolationsmethoden haben gegenüber den Gruppenmethoden eventuell den Vorteil, daß sie keinerlei Sortierarbeit verlangen.

Wir werden im folgenden als Beispiel einer solchen Interpolationsmethode die vor wenigen Jahren von H. JECKLIN[1] geschaffene *F-Methode* darstellen. Wenn wir als Beispiel diese F-Methode wählten, so geschah dies hauptsächlich deshalb, weil sie sich auf sehr viele Versicherungsformen, Tarife und Grundlagen ohne weiteres anwenden läßt. In dieser Tatsache, daß die angewendeten Grundlagen bei dieser Art von Reserveberechnung überhaupt nicht in Erscheinung treten, ist wohl ihr Hauptvorteil. Genauere Untersuchungen von JECKLIN, ZIMMERMANN und BOEHM haben gezeigt, daß sie im allgemeinen genügend genaue Resultate liefert. Neben dieser F-Methode sei aber auch auf die *Skalarmethode* von PÖTTKER[2] und verwandte Methoden hingewiesen.

F-Methode.

Diese Methode beruht auf der sog. *hyperbolischen Interpolation*, deren wichtigste Eigenschaften im folgenden zusammengestellt werden.

Es sei eine allgemeine lineare Funktion

$$y = \frac{ax+b}{cx+d} = \frac{a}{c} + \frac{1}{c} \cdot \frac{bc-ad}{cx+d}$$

gegeben. Wir setzen voraus, daß $c \neq 0$ und $bc - ad \neq 0$. In einem solchen Falle ist das Bild dieser Funktion eine gleichseitige Hyperbel, deren Asymptoten parallel den Koordinatenachsen sind. Wir können ohne Einschränkung der Allgemeinheit voraussetzen, daß $c = 1$. Dann läßt sich diese Funktion in der folgenden Weise schreiben:

$$y = A + \frac{B}{C+x}, \quad \text{wobei} \quad B \neq 0.$$

A, B, C sind konstante Größen; die beiden ersten Ableitungen dieser Funktion besitzen die folgenden Werte:

$$y' = \frac{-B}{(C+x)^2}, \quad y'' = \frac{2B}{(C+x)^3}.$$

---

[1] Siehe JECKLIN, H.: Mitteilungen der Vereinigung schweiz. Versicherungsmathematiker, 1948, 1950 und 1951.

[2] PÖTTKER, W.: Methoden zur summarischen Berechnung der Prämienreserve ohne Gruppierung des Versicherungsbestandes. Blätter der Deutschen Gesellschaft für Versicherungsmathematik, Bd. 1, H. 1, S. 51, 1950.

VI. Prämienreserve (Deckungskapital).

y' besitzt demnach das gleiche Vorzeichen für sämtliche x-Werte. Die beiden Hyperbeläste müssen demnach entweder steigen oder fallen, wenn x zunimmt. Die zweite Ableitung hat für die beiden Hyperbeläste verschiedene Vorzeichen, denn bei $x = -C$ tritt Vorzeichenwechsel für y'' ein. Daraus folgt, daß der eine Hyperbelast konvexe und der andere konkave Lage gegenüber der x-Achse besitzt. Es sind demnach vier verschiedene Arten von Hyperbelästen zu unterscheiden:

steigend und konvex,
steigend und konkav,
fallend und konvex,
fallend und konkav.

Wir betrachten nunmehr zwei feste Punkte $P_1(x_1, y_1)$ und $P_2(x_2, y_2)$ sowie einen laufenden dritten Punkt $P(x, y)$. Auf Grund der Definition der Funktion y kann man ohne weiteres nachrechnen, daß die folgende Gleichung erfüllt sein muß:

$$\frac{\frac{y-y_2}{x-x_2}}{\frac{y-y_1}{x-x_1}} = \frac{C+x_1}{C+x_2} = F. \qquad (6.6.1)$$

Die linke Seite dieser Gleichung besitzt demnach unabhängig von der Lage des Punktes P auf der Hyperbel stets den gleichen Wert, der mit F bezeichnet werde. Auf dieser Eigenschaft beruht die hyperbolische Interpolation. Aus der obigen Gleichung kann sofort gefolgert werden, daß das sog. Doppelverhältnis zwischen vier beliebigen x-Werten und den entsprechenden y-Werten der Hyperbel einander gleich sein muß, d.h. daß die Gleichung gilt

$$\frac{(y_4-y_1)(y_3-y_2)}{(y_4-y_3)(y_2-y_1)} = \frac{(x_4-x_1)(x_3-x_2)}{(x_4-x_3)(x_2-x_1)}.$$

Von dieser Gleichung machen wir im Spezialfall Gebrauch, daß x_1, x_2, x_3, x_4 äquidistante Werte seien. Es soll demnach gelten:

$$x_2 - x_1 = x_3 - x_2 = x_4 - x_3 = d.$$

Dann finden wir

$$\frac{(x_4-x_1)(x_3-x_2)}{(x_4-x_3)(x_2-x_1)} = 3.$$

Wenn die zugehörigen y-Werte die Ordinaten einer obigen Hyperbel darstellen, muß demnach die Gleichung gültig sein

$$\frac{(y_4-y_1)(y_3-y_2)}{(y_4-y_3)(y_2-y_1)} = 3. \qquad (6.6.2)$$

6.6. Berechnung der Prämienreserve mittels Interpolation.

Diese Gleichung liefert uns ein Kriterium, einen Test, um festzustellen, ob 4 Punkte mit den äquidistanten x-Werten auf einer solchen Hyperbel liegen oder nicht. Wenn dies der Fall ist, müssen die zugehörigen y-Werte die Gl. (6.6.2) erfüllen. Ist diese Gleichung nur näherungsweise erfüllt, in dem Sinne, daß sich der Ausdruck links dieser Gleichung wenig von 3 unterscheidet, so heißt dies, daß die 4 Punkte fast auf einer gleichseitigen Hyperbel liegen.

Eine umfangreiche Kontrolle hat ergeben, daß 4 Punkte mit äquidistanten Werten der unabhängigen Variabeln der gebräuchlichsten versicherungstechnischen Funktionen stets beinahe auf einer gleichseitigen Hyperbel liegen, sofern diese Punkte nicht zu weit auseinander liegen.

Beispiel. Der temporäre Leibrentenbarwert $\ddot{a}_{x:\overline{n}|}$ werde als Funktion von n für die Zinsfüße 3%, $3^{1}/_{2}$% und 4% gemäß der schweizerischen Absterbeordnung, Männer, 1921—1930 für die Werte $n = 10$, 15, 20 und 25 berechnet und das Doppelverhältnis im Sinne von Gl. (6.6.2) kontrolliert. Man erhält für dieses Doppelverhältnis die folgenden Werte:

i	Doppelverhältnis
3%	3,061
$3^{1}/_{2}$%	3,069
4%	3,079

Die Zahlen besitzen geringe Differenzen gegenüber 3. In ähnlichem Sinne verhalten sich auch wesentlich kompliziertere versicherungstechnische Funktionen und insbesondere die Reservenkurve.

Sind in Gl. (6.6.1) die Werte x_1, y_1, x_2, y_2 und F bekannt, so kann gemäß dieser Gleichung zu irgendeinem Wert x der zugehörige Wert y ausgerechnet werden. Wenn statt einer gleichseitigen Hyperbel eine allgemeinere Kurve durch die Punkte P_1 und P_2 gegeben ist, so beruht nunmehr das Prinzip der hyperbolischen Interpolation darauf, daß mit Hilfe von Gl. (6.6.1) der zu einem bestimmten x-Wert gehörige Funktionswert interpoliert wird. Dies ist ohne große Fehler dann gestattet, wenn der vorhin genannte Test mit großer Genauigkeit erfüllt ist. Diese Methode wird nunmehr zur Berechnung der Reserve angewendet. Wir setzen voraus, daß die Reserven für irgendeine Versicherungsform nach beliebigen Grundlagen für die beiden t-Werte t_1 und t_2 bekannt seien und mit $_{t_1}V$ und $_{t_2}V$ bezeichnet werden. Es sei $t_1 < t < t_2$. Unter der Annahme, daß die Reservekurve eine gleichseitige Hyperbel sei, erhalten wir gemäß Gl. (6.6.1)

$$\frac{_tV - _{t_2}V}{t - t_2} = \frac{_tV - _{t_1}V}{t - t_1} F.$$

Wenn wir diese Gleichung nach $_tV$ auflösen, so finden wir

$$_tV = \frac{t(_{t_2}V - F\,_{t_1}V) - t_1\,_{t_2}V + F\,_{t_1}V\,t_2}{t(1 - F) + F t_2 - t_1}. \tag{6.6.3}$$

Damit wir aus dieser Gleichung für irgendeinen t-Wert die Reserve rechnen können, muß der Wert von F bekannt sein.

Wir finden diesen Wert, indem wir annehmen, daß die Prämienreserve noch an einer dritten Stelle, die am besten in der Mitte von t_1 und t_2 gewählt wird, bekannt sei. Der betreffende t-Wert werde mit t_3 bezeichnet und sei z. B. in der folgenden Weise mit t_1 und t_2 verknüpft:

$$t_3 = \frac{t_1 + t_2}{2},$$

sofern $t_1 + t_2$ eine gerade Zahl und

$$t_3 = \frac{t_1 + t_2}{2} \pm \frac{1}{2},$$

sofern $t_1 + t_2$ eine ungerade Zahl. Dann ist gemäß (6.6.1)

$$F = \frac{\dfrac{{}_{t_3}V - {}_{t_2}V}{t_3 - t_2}}{\dfrac{{}_{t_3}V - {}_{t_1}V}{t_3 - t_1}}. \tag{6.6.4}$$

Es seien zunächst einige Spezialfälle für die Formel (6.6.3) betrachtet.

1. $t_1 = 0$, ${}_{t_1}V = 0$
   $t_2 = n$, ${}_{t_2}V = 1$.

Die beiden Fixpunkte werden in diesem Falle bei Beginn und Beendigung der Versicherung gewählt. Man erhält

$$_tV = \frac{t}{t(1 - F) + nF} = \frac{1}{1 + F\left(\dfrac{n}{t} - 1\right)}.$$

2. $t_1 = 0$, ${}_{t_1}V = E$
   $t_2 = n$, ${}_{t_2}V = 1$.

Die beiden Fixpunkte wurden wiederum an den Anfang und das Ende der Versicherungsdauer gelegt unter der Annahme, daß die Versicherung mit einer Einmaleinlage E finanziert werde. Man erhält gemäß (6.6.3)

$$_tV - E = \frac{1 - E}{1 + F\left(\dfrac{n}{t} - 1\right)}.$$

Bei längeren Versicherungsdauern werden die Interpolationsintervalle im allgemeinen zu groß, wenn sie gleich der Versicherungsdauer gewählt werden und die Fixpunkte auf die beiden Enden der Versicherungsdauer gelegt werden, d. h. die Interpolationsresultate werden zu ungenau. Man kann die Genauigkeit dadurch verbessern, daß man nicht nur ein Interpolationsintervall, sondern deren zwei oder drei je nach Versicherungsdauer und Versicherungskombination wählt. Dies hat dann zur Konsequenz, daß die Reserve für die betreffenden Fixpunkte während der

6.6. Berechnung der Prämienreserve mittels Interpolation.

Versicherungsdauer direkt gerechnet werden müssen. Es seien für gemischte Versicherungen im folgenden Beispiele genannt, wie diese Unterteilung zweckmäßig gewählt werden kann:

Endalter	Eintrittsalter	Unterteilung
65	35	45
75	40	55
80	40	60 und 75
85	30	45, 65, 79

Beim dritten Beispiel müßte demnach die Reserve im Alter 60 und im Alter 75 bekannt sein, dann wäre das erste Interpolationsintervall von 40—60, das zweite von 60—75 und das dritte von 75—80. Selbstverständlich müssen für alle drei Intervalle die Werte F einzeln gerechnet werden.

Berechnung der Reserve für das erste Intervall t_1, t_2:

$$t_1 = 0, \quad {}_{t_1}V = 0$$
$$t_2 = z_1, \quad {}_{t_2}V = V_{z_1},$$

zugehörige F-Konstante sei F_1. Nach (6.6.3) erhalten wir

$$_tV = \frac{V_{z_1}}{1 - F_1\left(1 - \frac{z_1}{t}\right)} = \frac{\dfrac{tV_{z_1}}{F_1 z_1}}{1 - t\dfrac{(F_1 - 1)}{F_1 z_1}}. \tag{6.6.5}$$

Berechnung der Reserve im zweiten Intervall t_2, t_3:

$$t_2 = z_1, \quad {}_{t_2}V = V_{z_1}$$
$$t_3 = z_2, \quad {}_{t_3}V = V_{z_2}.$$

Gemäß (6.6.3) erhalten wir

$$_tV = V_{z_1} + \frac{V_{z_2} - V_{z_1}}{1 + F_2\left(\dfrac{z_2 - z_1}{t - z_1} - 1\right)}, \quad \text{wobei } z_1 \leq t \leq z_2. \tag{6.6.6}$$

Für allfällige weitere Interpolationsintervalle gelten analoge Formeln.

Nachdem wir nun gezeigt haben, wie die Reserve einzelner Versicherungen mit Hilfe hyperbolischer Interpolation berechnet werden kann, soll die *Gesamtreserve* $_tV$ für einen ganzen Versicherungsbestand bestimmt werden[1]. Die Versicherungen werden dazu nach der abgelaufenen Versicherungsdauer t geordnet. Wir betrachten zunächst diejenigen, deren Reserve mit Hilfe des ersten Interpolationsintervalls gerechnet werden kann. Gemäß Gl. (6.6.5) erhalten wir

$$_tV = \sum_i S_i \, _tV_i = \sum_i \frac{\dfrac{t V_{z_1, i} S_i}{F_{1,i} z_{1,i}}}{1 - t \dfrac{F_{1,i} - 1}{F_{1,i} z_{1,i}}} = \sum_i \frac{a_i t}{1 - b_i t}.$$

---

[1] Vgl. FRANCKX, E.: La méthode de JECKLIN pour le calcul de réserves. Bulletin de l'Association Royale des Actuaires Belges, 1952, S. 61.

Zwecks einfacher Summation der obigen Summe, deren Summanden lauter lineare Funktionen darstellen, versuchen wir die Approximation

$$\sum_i \frac{a_i t}{1 - b_i t} \sim \frac{A t}{1 - B t}.$$

Geometrisch kommt dieser Ansatz darauf hinaus, daß wir die Summe wiederum durch eine solche Funktion approximieren, deren Bild einen Hyperbelbogen darstellt. Wie man sich ohne weiteres überlegt, ist die Methode dann exakt, wenn die b_i einander gleich sind. Wenn die Approximation gut sein soll, sollten demnach die b_i eine nicht allzu große Streuung aufweisen. Dies ist dann der Fall, wenn die Werte F in unserer Summe diese Eigenschaft besitzen; die Zahlen $z_{1,i}$ sind in dieser Hinsicht von untergeordneter Bedeutung. Man wird deshalb vor allem verlangen müssen, daß alle diese summierten Einzelreserven geometrisch durch den gleichen Hyperbelast-Typus dargestellt werden können. Genauere Untersuchungen von JECKLIN und BOEHM haben gezeigt, daß unter dieser Voraussetzung die F-Methode genügend genaue Resultate liefert. Zur Bestimmung der Werte A und B entwickeln wir die einzelnen Ausdrücke in der obigen Gleichung in geometrische Reihen, was für kleine t-Werte gestattet ist. Wir erhalten

$$\frac{a_i t}{1 - b_i t} = a_i t (1 + b_i t + \cdots),$$

$$\frac{A t}{1 - B t} = A t (1 + B t + \cdots).$$

Für A und B ergeben sich demnach die folgenden Werte

$$\left.\begin{array}{l} A = \sum_i a_i, \\ AB = \sum_i a_i b_i. \end{array}\right\} \quad (6.6.7)$$

Die Werte a_i und b_i können zum vornherein auf der technischen Karte vermerkt werden.

Für das zweite Interpolationsintervall benutzen wir die folgende Bezeichnung:

$$t - t_2 = \Delta t,$$

$$_t V - _{t_2} V = \Delta V.$$

Dann erhält man in ganz analoger Weise wie vorhin die Gl. (6.6.8)

$$\sum_i \Delta V_i \sim \frac{A \Delta t}{1 - B \Delta t}. \quad (6.6.8)$$

Gemäß den Kontrollberechnungen können Abweichungen vom Test [Formel (6.6.2)] höchstens bis zu 10% toleriert werden.

Die obige Herleitung hat gezeigt, daß diese Methode vollkommen unabhängig ist von den Grundlagen und Tarifen, soweit nur die zugehörigen Reservefunktionen dem gleichen Hyperbelast-Typus angehören.

6.7. Kollektive Reserveberechnung.

Gemäß den vorangegangenen Ausführungen ist die Reserve von den angewendeten Rechnungsgrundlagen abhängig. Bei langfristigen Versicherungsverträgen kommt es sehr häufig vor, daß sich die Grundlagen, mit denen seinerzeit der Tarif der betrachteten Versicherung berechnet wurde, im Laufe der Zeit geändert haben. Dies trifft insbesondere für den Zins zu, der in den letzten Jahren in vielen Ländern abnehmende Tendenz hatte. Außerdem nimmt die Mortalität fast überall fortlaufend ab. Diese beiden Momente der Abnahme des Zinses und der Mortalität könnten zur Folge haben, daß beispielsweise die auf Grund der Abschlußrechnungsgrundlagen berechneten Reserven zur Finanzierung der zukünftigen Rentenauszahlungen nicht mehr ausreichen. Aus diesem Grunde ist es in den letzten Jahren mehrfach vorgekommen, daß die staatlichen Aufsichtsämter von den Versicherungsgesellschaften eine sog. Verstärkung der Reserven verlangten, indem dieselben nach anderen, vorsichtigeren Grundlagen berechnet wurden als sie seinerzeit bei der Aufstellung des Tarifes der betreffenden Versicherungen in Anwendung gelangt waren. Deshalb ist es häufig wichtig, daß die Berechnung der Reserve nicht nur nach einer, sondern nach verschiedenen Grundlagen vorgenommen wird. Man will die Grundlagen variieren, um ihren Einfluß auf die Prämienreserve besser überblicken zu können. Zwecks möglichst rationellen Vorgehens bei der Variation der Rechnungsgrundlagen wurden sog. kollektive Reserveberechnungen ausprobiert, beispielsweise in Norwegen, die gegenüber der Summation der individuellen Reserven bedeutende Vorteile besitzen[1]. Diese Methoden sind einfach, exakt und vollautomatisch bei Anwendung von Lochkartenmaschinen. Sowohl der Zinsfuß als auch die Ausscheidewahrscheinlichkeiten können leicht variiert werden. Die Methode kann sowohl auf Einzel- als auch auf Pensionsversicherungen angewendet werden. Schließlich kann man den Barwert der zukünftigen Einnahmen und Ausgaben getrennt berechnen, was in einzelnen Ländern aus gesetzlichen Gründen wertvoll ist.

---

[1] Siehe RENBERG, A.: Une méthode pour calculer des réserves mathématiques à l'inventaire. Skandinavisk Aktuarietidskrift, 1947, H. 1/2, S. 1—7. — WILHELMSEN, L.: On the Valuation of Life Polices. Skandinavisk Aktuarietidskrift, 1947, H. 1/2, S. 8—17. — AMMETER, H.: Kollektive Reservenberechnung. Mitteilungen schweiz. Versicherungsmathematiker, 48. Bd., H. 2, S. 232—239, 1948.

130   VI. Prämienreserve (Deckungskapital).

Der wesentliche Gedanke dieser kollektiven Reserveberechnung besteht darin, daß die Bilanzreserve in einem bestimmten Zeitpunkt für einen ganzen Versicherungsbestand prospektiv als Differenz des Barwertes der Ausgaben, abzüglich Barwert der Einnahmen dieses Versicherungsbestandes berechnet wird.

Sowohl für die Berechnung des Barwertes der Einnahmen als auch der Ausgaben müssen die Versicherungen nach dem gleichen Bilanzalter x bzw. y gruppiert werden.

Berechnung des Barwertes der zukünftigen Einnahmen.

Die Versicherungen der gleichen x-Gruppe werden in Untergruppen entsprechend der künftigen Laufzeit der Prämienzahlung $h = n - t$ gruppiert. Dann wird zunächst berechnet, wie groß das Prämientotal $P_{x,h}$ für $h = 1, 2, \ldots$ in den nächsten Jahren wäre, wenn keinerlei Abgänge durch Tod, Invalidität usw. stattfänden. Es gilt offenbar die Gleichung

$$P_{x,h} = \sum_{h_i \geq h} P_{x:\overline{h_i}|} \quad h = 1, 2, \ldots, \tag{6.7.1}$$

wobei $P_{x:\overline{h_i}|}$ die Prämie einer einzelnen Versicherung bedeutet. Diese Prämientotale werden auf Summenkarten notiert und bilden eine Art Ausscheideordnung, bei welcher der Ablauf der Prämienzahlung als Ausscheideursache auftritt. Nun müssen die Abgangswahrscheinlichkeiten berücksichtigt werden, um die vermutliche Prämieneinlage $E(P_{x,h})$ (Erwartungswert) zu erhalten. Man findet

$$E(P_{x,h}) = w^{(E)}_{x,h} P_{x,h}. \tag{6.7.2}$$

Die Größen $w^{(E)}_{x,h}$ werden auf Faktorenkarten notiert und bedeuten die Wahrscheinlichkeit, daß der x-Jährige nach h Jahren sich noch bei der zahlenden Gesamtheit befindet.

Beispiele.

1. Todesfallversicherung. In diesem Falle ist

$$w^{(E)}_{x,h} = \frac{l_{x+h}}{l_x}.$$

2. Invaliditätsversicherung.

$$w^{(E)}_{x,h} = \frac{l^a_{x+h}}{l^a_x}.$$

Um den Barwert der Prämien zu erhalten, müssen die Einnahmen schließlich noch auf den Bilanztag diskontiert werden. Unter der Annahme, daß die Prämien in der Mitte des Jahres bezahlt werden, erhalten wir für den Barwert der Einnahmen E

$$\text{Barwert der Einnahmen } E = \sum_{h=1}^{\omega-x} v^{h-\frac{1}{2}} E(P_{x,h}). \tag{6.7.3}$$

Berechnung des Barwertes der zukünftigen Ausgaben.

Ganz analog wie bei den Einnahmen wird zunächst an Hand der technischen Karten festgestellt, welche Ausgaben in einem Jahr durch Erleben, Tod, Tod des Ehegatten, Invalidität usw. entstehen können. Im Falle einer später fällig werdenden Rente kann man entweder mit den zukünftigen jährlichen Rentenbeträgen rechnen, oder aber annehmen, daß im Zeitpunkte des Fälligwerdens der ersten Rente die ganze in jenem Zeitpunkte für die Rente erforderliche Einmaleinlage bezahlt werde. In den folgenden Beispielen haben wir den letzteren Standpunkt berücksichtigt. Wenn wir diese Ausgabe je Jahr mit $A_{x,h}$ bezeichnen, wobei h die zukünftige Laufdauer der Versicherung bedeutet, $h = 0, 1, 2, \ldots$, so gilt z.B. für die Todesfallversicherungen

$$A_{x,h} = \sum_{h_i \geq h} A_{x:\overline{h_i}|} \quad h = 0, 1, 2, \ldots. \tag{6.7.4}$$

Das sind wiederum die Ausgabentotale, die in den folgenden Jahren ohne Berücksichtigung des früheren Abganges entständen. Mit Hilfe der Verfallwahrscheinlichkeiten $w^{(A)}_{x,h}$ erhalten wir den Erwartungswert $E(A_{x,h})$ dieser Auszahlungen.

$$E(A_{x,h}) = w^{(A)}(x, h) A_{x,h}. \tag{6.7.5}$$

Beispiele.

1. Erlebensfallversicherung.

$$w^{(A)}(x, h) = \frac{l_{x+h}}{l_x}.$$

2. Todesfallversicherung.

$$w^{(A)}(x, h) = \frac{d_{x+h}}{l_x}.$$

3. Invaliditätsversicherung. Fälligwerden einer Invalidenrente im Alter $x + h + \frac{1}{2}$ mit der Ausgabe $\ddot{a}^i_{x+h+\frac{1}{2}}$

$$w^{(A)}(x, h) = \frac{l^a_{x+h}}{l^a_x} i_{x+h}.$$

Dies ist die Wahrscheinlichkeit, daß der Versicherte das Alter $x+h$ als Aktiver erlebt und im daran anschließenden Jahr invalid wird.

4. Witwenrentenversicherung. Das Alter des Mannes beträgt x, das der Frau y.

$$w^{(A)}(x, h) = \frac{l_{x+h}}{l_x} \frac{l_{y+h}}{l_y} q_{x+h} (1 - q_{y+h}).$$

Das ist in diesem Falle die Wahrscheinlichkeit, daß Mann und Frau nach h Jahren noch leben, der Mann im daran anschließenden Jahr stirbt und die Frau am Ende dieses Jahres noch lebt.

Für den Barwert der Ausgaben finden wir

$$\text{Barwert der Ausgaben } A = \sum_{h=0}^{\omega-x} v^{h+\frac{1}{2}} E(A_{x,h}). \qquad (6.7.6)$$

Aus dieser Zusammenstellung ist ersichtlich, daß wir beim Übergang von einer Ausscheidetafel zu einer anderen lediglich die Faktorenkarte ändern müssen. Es ist bei der Anwendung der kollektiven Reserveberechnung sogar möglich, Generationensterbetafeln anzuwenden, wobei allerdings die Anzahl der Faktorenkarten vermehrt werden muß. Daß der Zinsfuß bei Anwendung von Rechnungsmaschinen leicht variiert werden kann, geht aus den Formeln (6.7.3) und (6.7.6) hervor.

Für die Bilanzreserve erhält man

$$\text{Bilanzreserve } R = A - E. \qquad (6.7.7)$$

6.8. Umwandlungs- und Rückkaufswerte.

Es kommt gelegentlich vor, daß ein Versicherter während der Versicherungsdauer nicht mehr in der Lage ist, die im Versicherungsvertrag übernommenen finanziellen Verpflichtungen zu erfüllen. In einem solchen Falle müssen Maßnahmen getroffen werden, die diesem Umstand Rechnung tragen und sowohl den Versicherten als auch die Versicherungsinstitution möglichst wenig schädigen. Wenn beim Versicherten lediglich eine vorübergehende Geldknappheit vorliegt, kann er im Einverständnis mit der Versicherungsgesellschaft für eine gewisse Zeit lediglich die Risikoprämie bezahlen, damit er nach wie vor unter dem Versicherungsschutze bleibt. Nach Besserung seiner finanziellen Verhältnisse kann er auch die Bezahlung der Sparprämie wieder übernehmen. Außerdem besteht für die Versicherungsgesellschaft nach einer gewissen Versicherungsdauer die Möglichkeit, dem Versicherten aus der angesammelten Reserve ein sog. *Policendarlehen* zu gewähren.

Bei dauernder Unmöglichkeit der Erfüllung der übernommenen finanziellen Verpflichtungen muß die Prämie herabgesetzt oder sogar ganz gestrichen werden. Es fragt sich, welche Maßnahme die Versicherungsgesellschaft in einem solchen Falle zu treffen hat.

Zunächst muß man unterscheiden, ob es sich um eine solche Versicherung handelt, bei der unter allen Umständen eine Versicherungsleistung fällig wird (Beispiel: gemischte Versicherung) oder ob dies nicht der Fall ist (Beispiel: Erlebensfallversicherung). Im letzteren Falle kann die Versicherungsgesellschaft nicht zur Bezahlung einer Abfindungssumme bei Kündigung des Versicherungsvertrages seitens des Versicherten verpflichtet werden. Denn sonst hätte beispielsweise ein kranker Versicherter die Möglichkeit, vor Ablauf der Versicherungsdauer eine Erlebensfallversicherung zu kündigen und die entsprechende Abfindungssumme

6.8. Umwandlungs- und Rückkaufswerte.

zu beziehen. Sofern es sich jedoch um eine Versicherung handelt, die unter allen Umständen eine Versicherungsleistung vorsieht, sind die Versicherungsgesellschaften fast in allen Staaten nach Ablauf einer gewissen Versicherungszeit zur Bezahlung eines bestimmten sog. *Rückkaufswertes* bei Aufgabe der Versicherung bzw. zur *Umwandlung* in eine *prämienfreie Versicherung* verpflichtet.

Diese Wartezeit, in welcher keinerlei Entschädigung bei Aufgabe der Versicherung gewährt wird, beträgt häufig $1/10$ der vereinbarten Versicherungsdauer, höchstens jedoch drei Jahre. Es fragt sich, wie groß der von der Versicherungsgesellschaft zu entrichtende Rückkaufswert sein kann. Prinzipiell darf er nur in einer solchen Höhe angesetzt werden, daß wegen vorzeitigen Austrittes eines Versicherten die Versicherungsinstitution, und damit die übrigen Versicherten, nicht geschädigt werden. Als verfügbare Reserve einer Versicherung muß in jedem Zeitpunkte das in diesem Kapitel definierte Deckungskapital vorhanden sein. Soll bei diesem Rückkauf das gesamte Deckungskapital oder eventuell nur ein Teil davon ausbezahlt werden? Da die Amortisation der Abschlußkosten bei wiederkehrenden Prämien auf die ganze Prämienzahlungsdauer verlegt wurde, sind die Abschlußkosten bei vorzeitiger Aufgabe der Versicherung nicht vollständig getilgt. Es kommt deshalb als Rückkaufswert nur die *gezillmerte Reserve* oder ein bestimmter *Prozentsatz der Nettoreserve* in Betracht. Gelegentlich wird auch die Ansicht vertreten, daß vor allem nur gesunde Versicherte beispielsweise eine Todesfallversicherung aufgeben und deshalb durch solche Rückkäufe, solche Storni, eine Antiselektion unter den Versicherten bewirkt werde. Angesichts aller dieser Erwägungen ist es üblich, als Rückkaufswert die gezillmerte Reserve mit einem Abzug von 1—15%, je nach Versicherungsdauer, oder aber die ungezillmerte Reserve mit einem größeren Abzug, abgestuft nach der Versicherungsdauer, zu gewähren.

Bei *Umwandlung* einer ursprünglich prämienpflichtigen in eine prämienfreie Versicherung wird die neue Versicherungssumme prinzipiell so bestimmt, daß ein wohl definierter Abfindungswert als Einmaleinlage für die neue Versicherung betrachtet wird. Als diese Einmaleinlage wird häufig der Rückkaufswert der Versicherung, höchstens jedoch das angesammelte gezillmerte Deckungskapital, gewählt. Bezeichnet man den Barwert der neuen Versicherung mit der Versicherungssumme 1 mit $B_{x+t:\overline{n-t}|}$ und die angerechnete Einmaleinlage mit $_tV'$, so beträgt die neue Versicherungssumme S

$$S = \frac{_tV'}{B_{x+t:\overline{n-t}|}}.$$

Gelegentlich kommt es auch vor, daß man bei der Berechnung von S die zukünftigen Verwaltungskosten der γ-Gruppe berücksichtigt und deshalb die Gleichung gilt

$$S = \frac{{}_tV'}{B_{x+t:\overline{n-t}|} + \gamma \ddot{a}_{x+t:\overline{n-t}|}}.$$

Wird lediglich die Prämie herabgesetzt, so wird die neue Versicherungssumme S nach dem Äquivalenzprinzip so berechnet, daß der Barwert der neuen Versicherungsleistung der vorhandenen angerechneten Reserve ${}_tV'$ zuzüglich Barwert der neuen Nettoprämie P gleich sein muß. Wenn der Barwert der Versicherung mit der Versicherungssumme 1 wiederum mit $B_{x+t:\overline{n-t}|}$ bezeichnet wird, erhalten wir demnach

$$S = \frac{{}_tV' + P\ddot{a}_{x+t:\overline{n-t}|}}{B_{x+t:\overline{n-t}|}}.$$

Benutzen wir statt der Nettoprämie P die ausreichende Prämie π_x^a, so erhalten wir im Falle einer gemischten Versicherung unter Berücksichtigung der Verwaltungskosten gemäß den früheren Ausführungen

$$S = \frac{\pi_x^a(1-\beta)\ddot{a}_{x+t:\overline{n-t}|} + {}_tV'}{A_{x+t:\overline{n-t}|} + \gamma \ddot{a}_{x+t:\overline{n-t}|}}.$$

Policendarlehen können höchstens im Betrage der angesammelten Reserve bei Versicherungen mit unbedingten Versicherungsleistungen gewährt werden. In der Regel werden sie höchstens gleich dem Rückkaufswerte bewilligt.

VII. Über allgemeine Variationsprobleme in der Versicherungsmathematik.

Die Lebensversicherungen treten in den folgenden Formen auf: Einzelversicherungen, Gruppen- oder Kollektivversicherungen (Pensionskassen usw.) und Sozialversicherungen (staatliche Alters- und Hinterbliebenenversicherungen für ganze Bevölkerungsklassen usw.). In der einschlägigen Versicherungstechnik spielen die nachstehenden Größen eine fundamentale Rolle: Prämien, Versicherungsleistungen, Reserve oder Rücklage, Rechnungsgrundlagen. In den vorangegangenen Abschnitten haben wir vor allem den Zusammenhang von je zwei oder drei dieser Größen und Elementen dargestellt. Wir haben bereits vorgängig auf die zentrale Bedeutung der Frage hingewiesen, wie sich diese Größen ändern, wie sie variieren, wenn einzelne Größen geändert werden. Es sollen deshalb Aussagen über den Einfluß der Änderung oder Variation solcher Größen auf die Variation anderer von ihr abhängiger Größen gemacht werden. Beispielsweise ist die Abhängigkeit der Prämien und Reserven von den Rechnungsgrundlagen von fundamentaler Bedeutung.

Man spricht in der versicherungsmathematischen Literatur seit Jahrzehnten vom sog. *Zinsfußproblem*, worunter man ganz allgemein die Frage der Art der Abhängigkeit von Versicherungswerten vom Zinsfuß versteht. Zu diesem Problemkreis gehört auch die praktische Frage, wie stark die Versicherungsleistungen herabgesetzt werden müssen bei Rückgang des Zinses oder bei Abnahme der Mortalität und der damit verbundenen Verteuerung einer Altersrentenversicherung, wenn die Kosten für die Versicherung gleich bleiben sollen. Es ist eine umfangreiche Literatur entstanden, die sich mit einzelnen Fragen, mit einzelnen Variationsproblemen befaßt. Es ist unmöglich und auch nicht nötig, alle diese Einzelbeiträge darzustellen, sondern vor allem ist es wichtig, eine allgemeine Methode aufzuzeigen, um solche Probleme behandeln und darstellen zu können.

Die Frage der Variation der Reserve wurde vor allem von BERGER mit Hilfe der kontinuierlichen Darstellung durch Diskussion von sog. Funktionalgleichungen, Differential- und Integralgleichungen der Prämienreserve untersucht. Auch wenn diese Methode auf die diskontinuierliche Darstellung übertragen werden könnte, verzichten wir darauf, da es sich lediglich um die Variation der Reserve handelt und die Problemstellung allgemeiner gefaßt werden kann. Der italienische Mathematiker CANTELLI hat in seiner Theorie der Kapitalansammlung vor allem die Beziehungen zwischen der Variation von Versicherungsleistungen und Ausscheidewahrscheinlichkeiten studiert und JACOB hat bemerkt, daß sich diese Theorie auch zum Studium allgemeiner Variationsprobleme eignet.

In den Jahren 1941 und 1943 hat H. SCHÄRF[1] eine sehr zweckmäßige allgemeine und einfache Methode dargestellt zur Behandlung allgemeiner Variationsprobleme in der Versicherungsmathematik. Sie gestattet eine elementare Darstellung und gibt insbesondere auch die wichtigsten Resultate von BERGER und CANTELLI. Außerdem sind als Spezialfälle dieser Theorie andere, früher schon bekannte, Einzelresultate und insbesondere die sog. Vorzeichensätze enthalten. Wir werden deshalb im folgenden diese Methode darstellen.

7.1. Allgemeine Variationsformeln.

In der Einleitung zu diesem Kapitel haben wir auf den Zusammenhang zwischen den Prämien, Versicherungsleistungen, Reserven und Rechnungsgrundlagen hingewiesen. Wenn man die mathematische

---

[1] SCHÄRF, H.: Über einige Variationsprobleme der Versicherungsmathematik. Mitteilungen der Vereinigung schweiz. Versicherungsmathematiker, 41. Bd., S. 163—196, 1941 und Über links- und rechtsseitige STIELTJES-Integrale und deren Anwendungen. Mitteilungen der Vereinigung schweiz. Versicherungsmathematiker, 43. Bd., S. 127—178, 1943.

136   VII. Über allgemeine Variationsprobleme in der Versicherungsmathematik.

Struktur dieser Beziehungen studiert, so stellt man fest, daß sie im allgemeinen einfacher Natur ist. Es handelt sich in der Regel um Formeln mit additivem und multiplikativem Charakter. Es ist nützlich, festzustellen, daß z. B. der Zins, mathematisch gesprochen, in den einfachsten Versicherungswerten in der gleichen Form auftritt wie die Mortalität.

Beispiel.
$$\ddot{a}_x = 1 + p_x v + {_2p_x} v^2 + {_3p_x} v^3 + \cdots.$$

Die Abzinsungsfaktoren und Erlebenswahrscheinlichkeiten treten hier in den einzelnen Summanden als Faktoren auf und können miteinander vertauscht werden, ohne daß sich der Wert von $\ddot{a}_x$ ändert. Dank dieser Bemerkung wurden verschiedene Sätze bewiesen, welche die Variation von Ausscheidewahrscheinlichkeiten mit derjenigen des Zinses verknüpfen. Um eine möglichst allgemeine Theorie zu erhalten, werden wir zunächst gewisse Zusammenhänge von Größen darstellen, deren Zusammenhangsstruktur so gewählt ist, wie sie vor allem in der Versicherungsmathematik vorkommt. Im Abschnitt **7.2** geben wir rein mathematische Konsequenzen aus den Beziehungen **7.1**, um sowohl diese Resultate als auch die Beziehungen von **7.1** in den Abschnitten **7.3**, **7.4** und **7.5** auf versicherungsmathematische Probleme anzuwenden.

Gegeben seien zwei beliebige endliche Folgen reeller Zahlen

$$R_0, R_1, R_2, \ldots, R_n$$
$$E_0, E_1, E_2, \ldots, E_n, \quad \text{wobei} \quad E_s \neq 0 \quad \text{für} \quad s = 0, 1, \ldots, n.$$

Die Zahl n soll im folgenden endlich vorausgesetzt werden, die Zahlen R_s und E_s können positiv oder negativ sein. Bei den versicherungsmathematischen Anwendungen wird es sich in der Regel um positive Zahlen handeln. Mit Hilfe dieser Zahlen R_s und E_s bilden wir eine neue Zahlenfolge T_s gemäß der folgenden Gleichung

$$T_s = \frac{E_{s+1}}{E_s} R_{s+1} - R_s. \tag{7.1.1}$$

Nun gilt die folgende Summendarstellung[1]

$$E_t R_t = E_0 R_0 + \sum_{s=0}^{t-1} E_s T_s \quad t = 1, \ldots, n. \tag{7.1.2}$$

Der Beweis für diese Gleichung ergibt sich dadurch, daß man in (7.1.1) $T_s E_s$ berechnet und die betreffenden Ausdrücke summiert.

---
[1] Es handelt sich hier um einen Spezialfall einer sog. ABELschen oder partiellen Summation.

7.1. Allgemeine Variationsformeln.

Nunmehr sollen die Zahlen E_s durch die Zahlen E'_s ersetzt werden, d.h. die Zahlen E_s werden variiert. In diesem Falle werden sich auch die Zahlen T_s ändern; sie sollen in die Zahl Θ_s übergehen gemäß der Gleichung

$$\Theta_s = \frac{E'_{s+1}}{E'_s} R_{s+1} - R_s.$$

Indem wir aus (7.1.1) R_s entnehmen, erhalten wir

$$\Theta_s = T_s + R_{s+1}\left[\frac{E'_{s+1}}{E'_s} - \frac{E_{s+1}}{E_s}\right].$$

Wir setzen

$$\frac{E'_{s+1}}{E'_s} = e'_s, \quad \frac{E_{s+1}}{E_s} = e_s.$$

Der Ausdruck $e'_s - e_s$ stellt die Änderung (Variation) der Zahl e_s dar, wenn man von der Zahlenfolge E_s zur Zahlenfolge E'_s übergeht. Da diese Variation im folgenden eine zentrale Rolle spielt, führen wir für sie ein spezielles Symbol $\Delta e_s = e'_s - e_s$ ein (Δ bedeutet: Differenz). Gemäß dieser abkürzenden Schreibweise gilt demnach die Gleichung

$$\Theta_s = T_s + R_{s+1} \Delta e_s. \tag{7.1.3}$$

Nach (7.1.2) gilt die Beziehung

$$E'_t R_t = E'_0 R_0 + \sum_{s=0}^{t-1} E'_s \Theta_s = E'_0 R_0 + \sum_{s=0}^{t-1} E'_s (T_s + R_{s+1} \Delta e_s). \tag{7.1.4}$$

Wenn $0 < k < t$, ergeben sich gemäß (7.1.2) die folgenden Gleichungen

$$E_t R_t = E_0 R_0 + \sum_{s=0}^{t-1} E_s T_s$$

$$E_k R_k = E_0 R_0 + \sum_{s=0}^{k-1} E_s T_s$$

und durch Subtraktion

$$E_t R_t - E_k R_k = \sum_{s=0}^{t-1} E_s T_s - \sum_{s=0}^{k-1} E_s T_s = \sum_{k}^{t-1} E_s T_s.$$

Solche Ausdrücke kommen in der Versicherungsmathematik sehr häufig vor und sollen deshalb in Analogie zum temporären Leibrentenbarwert durch das folgende Symbol dargestellt werden:

$$O_{k:\overline{t-k}}(f_s) = \sum_{s=0}^{t-1} E_s f_s - \sum_{s=0}^{k-1} E_s f_s \quad (O \text{ erinnert an Operator}), \tag{7.1.5}$$

wobei $t = 1, 2, \ldots, n$. Wir erweitern die Definition auf $t = 0$, indem wir in diesem Fall für den ersten Summanden rechts 0 einsetzen. Dieses

Symbol hat additiven Charakter, d. h. es gilt

$$O_{k:\overline{t-k}}(c_1 f_s + c_2 g_s) = c_1 O_{k:\overline{t-k}}(f_s) + c_2 O_{k:\overline{t-k}}(g_s).$$

In dieser Definition darf $k > t$ sein. Mit Hilfe dieses Symbols läßt sich demnach die obige Gleichung in der folgenden Form schreiben:

$$E_t R_t = E_k R_k + O_{k:\overline{t-k}}(T_s), \qquad (7.1.6)$$

gültig für $t = 0, 1, \ldots, n$. Aus dieser Gleichung ist ersichtlich, daß die Zahlenfolge R_s durch eine ihrer Zahlen R_k sowie die Zahlenfolgen E_s und T_s bestimmt ist.

Mit Hilfe der aufgestellten Beziehungen läßt sich bereits der für das Folgende wichtigste Zusammenhang zwischen den Variationen ΔT_s, Δe_s und ΔR_s darstellen, unter der Annahme, daß die Zahlenfolge R_s durch eine neue Zahlenfolge R'_s ersetzt werde. Wenn wir mit $O'_{k:\overline{t-k}}(f_s)$ die Summe definieren

$$O'_{k:\overline{t-k}}(f_s) = \sum_{s=k}^{t-1} E'_s f_s,$$

so erhalten wir gemäß (7.1.6)

$$E'_t R'_t = E'_k R'_k + O'_{k:\overline{t-k}}(T'_s)$$
$$E'_t R_t = E'_k R_k + O'_{k:\overline{t-k}}(\Theta_s).$$

Durch Subtraktion der letzteren beiden Gleichungen finden wir

$$E'_t \Delta R_t = E'_k \Delta R_k + O'_{k:\overline{t-k}}(T'_s - \Theta_s) = E'_k \Delta R_k + O'_{k:\overline{t-k}}(g_s), \quad (7.1.7)$$

wobei gemäß (7.1.3)

$$g_s = T'_s - \Theta_s = T'_s - (T_s + R_{s+1} \Delta e_s) = \Delta T_s - R_{s+1} \Delta e_s. \qquad (7.1.8)$$

Die Werte g_s werden als die sog. *Änderungszahlen* bezeichnet und Gl. (7.1.7) und (7.1.8) zeigen demnach den allgemeinen Zusammenhang zwischen den Variationen Δe_s, ΔT_s und ΔR_s. In den Gln. (7.1.7) und (7.1.8) können die Werte mit und ohne Strich miteinander vertauscht werden und dann erhalten wir eine zweite mögliche Beziehung

$$E_t \Delta R_t = E_k \Delta R_k + O_{k:\overline{t-k}}(g^*_s) \qquad (7.1.9)$$

und

$$g^*_s = \Delta T_s - R'_{s+1} \Delta e_s. \qquad (7.1.10)$$

Wenn wir beispielsweise die Zahlen R_s, E_s, R'_s und E'_s als bekannt voraussetzen, so sind damit die Zahlen T_s, T'_s, Θ_s, g_s und g^*_s bestimmt.

In den Anwendungen werden die in diesen Gleichungen allgemein eingeführten Werte eine ganz bestimmte versicherungsmathematische

Bedeutung besitzen und die obigen Gleichungen damit die gewünschten Zusammenhänge zwischen den entsprechenden versicherungsmathematischen Werten liefern. Bevor wir zu dieser versicherungsmathematischen Deutung übergehen, werden wir im folgenden den von SCHÄRF formulierten und bewiesenen Invarianzsatz darstellen, von dem man in der Versicherungsmathematik ebenfalls schöne Anwendungen machen kann.

7.2. Das Invarianzproblem.

In der Versicherungsmathematik stellt sich die Frage, wann zwei Versicherungen in gewissen Zeitpunkten oder während der ganzen Versicherungsdauer die gleiche Rücklage erfordern. Man kann beispielsweise auch die Frage aufstellen, wie die Rechnungsgrundlagen einer Versicherung geändert werden dürfen, ohne damit den Wert der Reserven zu beeinflussen. Wir werden nachher in den oben aufgestellten Gleichungen die Zahlen R_s und R'_s durch die Deckungskapitalien von zwei verschiedenen Versicherungen ersetzen, wobei unter zwei verschiedenen Versicherungen auch solche zu verstehen sind, die sich lediglich in den angewendeten Rechnungsgrundlagen unterscheiden.

In diesem Abschnitt sollen nunmehr notwendige und hinreichende Bedingungen dafür aufgestellt werden, daß die Glieder zweier Zahlenfolgen R_s, R'_s für $s = t_1, t_1 + 1, \ldots, t_2$ übereinstimmen, oder daß also die Variation ΔR_s an diesen Stellen null beträgt. Solche Stellen können zweckmäßig als *Nullpunkte* der Variation ΔR_s bezeichnet werden.

Wir bezeichnen mit g_s die Änderungszahlen im Sinne von **7.1** und setzen noch voraus, daß $E'_s \neq 0$ für $s < t_2$ und $\Delta R_{t_2} = 0$, sofern $E'_{t_2} = 0$ sein sollte. ΔR_{t_2} ist im praktischen Falle dann sicher gleich null, wenn t_2 mit dem Ablauf von zwei Versicherungen mit der gleichen Versicherungssumme zusammenfällt, R_{t_2} bzw. R'_{t_2} das Deckungskapital dieser zwei Versicherungen darstellt, und in diesem Falle die Deckungskapitalien übereinstimmen. Jetzt gilt der folgende

allgemeine Invarianzsatz:

Damit $R_s = R'_s$ für $s = t_1, \ldots, t_2$ ist, ist es notwendig und hinreichend, daß die Variation ΔR_s mindestens einen Nullpunkt hat und für jeden Nullpunkt k

$$O_{k:\overline{t_2-k}}(g_s) = 0 \qquad (7.2.1)$$

und dazu

$$g(s) = 0 \qquad (7.2.2)$$

für $s = t_1, t_1 + 1, \ldots, t_2 - 1$, wobei $t_2 = t_1 + n$.

Beweis. Wir zeigen zunächst, daß die obigen Bedingungen notwendig sind. Gemäß Voraussetzung existieren für die Variation ΔR_s

140　VII. Über allgemeine Variationsprobleme in der Versicherungsmathematik.

Nullpunkte, deren Indizes zwischen t_1 und t_2 liegen. Wählen wir einen solchen in der Gl. (7.1.7) als k und setzen $t=t_2$, so ist wegen $\Delta R_k=0$ und $\Delta R_{t_2}=0$ die Gl. (7.2.1) erfüllt. Setzen wir $k=t_1$, so folgt in ganz analoger Weise wegen $\Delta R_t=0$ für $t=t_1, t_1+1, \ldots, t_2-1$, daß

Daher gilt
$$O'_{t_1:\overline{t+1-t_1}}(g_s) - O'_{t_1:\overline{t-t_1}}(g_s) = \sum_{s=t_1}^{t} E'_s g_s - \sum_{s=t_1}^{t-1} E'_s g_s.$$

$$E'_t g_t = 0.$$

Weil $E'_t \neq 0$, muß demnach die Gl. (7.2.2) erfüllt sein.

Um zu zeigen, daß die im Invarianzsatz formulierten Bedingungen hinreichend sind, wählen wir den nach Voraussetzung existierenden Nullpunkt der Variation von ΔR_s und bezeichnen dessen Index mit k. Nach der Gl. (7.1.7) erhalten wir in diesem Fall

$$E'_t \Delta R_t = O'_{k:\overline{t-k}}(g_s).$$

Dank den Beziehungen (7.2.1) und (7.2.2) folgt daraus, daß $E'_t \Delta R_t = 0$ und bei $E'_t \neq 0$, daß $\Delta R_t = 0$ für $t=t_1, t_1+1, \ldots, t_2$. Wäre $E'_{t_2}=0$, so muß nach Voraussetzung $\Delta R_{t_2} = 0$ sein. Damit ist dieser Invarianzsatz in allen Teilen bewiesen.

Der Invarianzsatz gibt notwendige und hinreichende Bedingungen, ausgedrückt durch die Änderungszahlen g_s und die Zahlen E_s, daß die beiden Zahlenfolgen R_s bzw. R'_s identisch sind. Diese Bedingungen sind erwartungsgemäß recht scharf und dürften gerade bei versicherungsmathematischen Anwendungen der allgemeinen Variationsformeln selten erfüllt sein. Wir geben deshalb im folgenden einige sog. Vorzeichensätze, welche Aussagen über das Vorzeichen von ΔR_t unter recht allgemeinen Voraussetzungen liefern. Auch solche Sätze sind in versicherungsmathematischen Anwendungen sehr nützlich, indem sie beispielsweise zeigen, wann bei Änderung der Voraussetzungen, wie Grundlagen, die Reserve zu- oder abnimmt. Um solche Vorzeichensätze zu erhalten, treffen wir die bei den Anwendungen immer erfüllten Voraussetzungen, daß $E_t > 0$ und $E'_t > 0$ für $t < n$ sowie $E_n \geq 0$ und $E'_n \geq 0$. Dazu soll $\Delta R_n = 0$ sein, falls $E'_n = 0$ ist.

Für das Folgende sei angenommen, daß einer der Indizes t_1, $t_2 > t_1$ Nullpunkt der Variation ΔR_t sei. Bedeutet beispielsweise t_1 den Beginn einer Versicherung und t_2 deren Ablauf, so ist in der Regel das Anfangsdeckungskapital gleich Null und das Enddeckungskapital gleich der Versicherungssumme. Wenn man dann zwei Versicherungen mit gleichen Daten für Beginn und Ablauf und gleicher Versicherungssumme betrachtet, so sind für diese beiden Versicherungen t_1 und t_2 tatsächlich Nullpunkte ihrer Reservevariation.

7.2. Das Invarianzproblem.

Ist t_1 ein Nullpunkt der Variation von ΔR_t, so folgt aus (7.1.7)

$$E'_t \Delta R_t = \sum_{s=t_1}^{t-1} E'_s g_s. \qquad (7.2.3)$$

Ist andererseits t_2 ein solcher Nullpunkt, so folgt aus (7.1.7) für $t = t_1 + 1, \ldots, t_2 - 1$

$$E'_t \Delta R_t = -\sum_{s=t}^{t_2-1} E'_s g_s. \qquad (7.2.4)$$

Diese beiden Gleichungen zeigen, daß ΔR_t im Intervall t_1, t_2 dann das Vorzeichen wechselt, wenn beide Endpunkte 0-Punkte der Variation von ΔR_t sind und die Änderungszahlen g_s in diesem Intervall konstantes Vorzeichen besitzen. Weil wir die Zahlen E'_s als positiv voraussetzten, haben in der Tat die beiden rechten Seiten der obigen Gleichung und damit auch ΔR_t konstantes Vorzeichen.

Mit Hilfe dieser Bemerkung erhalten wir einen allgemeinen Zeichenwechselsatz sowie einen allgemeinen Zeichenbewahrungssatz.

Zur Formulierung des allgemeinen Zeichenwechselsatzes betrachten wir zwei Intervalle

$$t_1 \leq t \leq \Theta \quad \text{und} \quad T \leq t \leq t_2,$$

wobei $\Theta \leq T$, die wir mit J_1 und J_2 bezeichnen. Nun gilt der folgende allgemeine

Zeichenwechselsatz:

Gibt es in jedem der beiden Intervalle J_1 und J_2 mindestens eine nicht verschwindende Änderungszahl g_s und haben diese Änderungszahlen für beide Intervalle das gleiche konstante Vorzeichen, sind weiter t_1, t_2 Nullpunkte der Variation ΔR_t, so sind die Vorzeichen der Variationen ΔR_t in beiden Intervallen verschieden.

Der Beweis für diese Behauptung ergibt sich sofort aus den Gln. (7.2.3) und (7.2.4). Gemäß (7.2.3) besitzt ΔR_t das Vorzeichen von g_s im ersten Intervall und gemäß (7.2.4) das entgegengesetzte Vorzeichen von g_s im zweiten Intervall. Da nach Voraussetzung g_s in beiden Intervallen das gleiche Vorzeichen besitzt, ist damit der Beweis für unsere Behauptung bereits geleistet. In ganz analoger Weise erhalten wir einen allgemeinen

Zeichenbewahrungssatz:

Wechseln die Änderungszahlen der Variation ΔR_t mit den Nullpunkten t_1, t_2 für $t_1 < s < t_2$ höchstens einmal das Vorzeichen, so hat ΔR_t für $t_1 < t < t_2$ das Vorzeichen der Änderungszahlen vor dem Zeichenwechsel, sofern ΔR_t ungleich 0. Dies trifft dann und nur dann zu, wenn Indizes

142   VII. Über allgemeine Variationsprobleme in der Versicherungsmathematik.

s_1, s_2 *mit* $t_1 \leq s_1 < t \leq s_2 < t_2$ mit $g_{s_1} \neq 0$ *und* $g_{s_2} \neq 0$ *existieren*. Der Beweis für diesen allgemeinen Zeichenbewahrungssatz ergibt sich in ganz analoger Weise wie der Beweis für den Zeichenwechselsatz.

7.3. Die Reservenvariation.

In diesem Abschnitt werden wir zeigen, wie die allgemeinen Variationsformeln des Abschnittes **7.1** beim Studium der Reservenänderungen benutzt werden können. Wird eine Versicherung durch Bezahlung einer Einmaleinlage bei Abschluß der Versicherung finanziert, so ist diese Einmaleinlage gleich dem Deckungskapital bei Beginn der Versicherung. Die obige Methode der Reservenvariation liefert demnach auch noch ein taugliches Mittel, um die Änderung von Einmaleinlagen bei Änderung der Voraussetzungen studieren zu können. Die Methode kann angewendet werden ganz unabhängig davon, ob es sich um eine Einzelversicherung, eine Gruppen- oder sogar um eine Sozialversicherung handle. Wir erklären deshalb zunächst den Zusammenhang zwischen den allgemeinen Variationsformeln und einer möglichst allgemeinen Versicherung und werden als Spezialfall stets auch die entsprechenden Gleichungen für eine einfache Versicherung formulieren.

Allgemeine Versicherung. Eine Gesamtheit von l_0 Personen zerfalle infolge m verschiedener Ursachen in Nebengesamtheiten im Sinne von **2.4**. Bei einer Pensionsversicherung können beispielsweise die drei Ursachen: Invalidität, Tod und Austritt bestehen. Die i. Ausscheidewahrscheinlichkeit betrage nach t Jahren $\alpha_t^{(i)}$. Wenn $l_0, l_1, l_2, \ldots$ den Abbau der Gesamtheit im Laufe der Jahre darstellt, so werde die Anzahl der in den ersten t Jahren wegen des i. Ausscheidungsgrundes Ausgeschiedenen mit $f_t^{(i)}$ bezeichnet. Im $(t+1)$. Jahre scheiden demnach wegen des i. Grundes $f_{t+1}^{(i)} - f_t^{(i)}$ Personen aus. Auf Grund dieser Bezeichnungen gilt demnach

$$\alpha_t^{(i)} = \frac{f_{t+1}^{(i)} - f_t^{(i)}}{l_t}. \qquad (7.3.1)$$

Einnahmen der allgemeinen Versicherung. Bei Beginn der Versicherung im Zeitpunkte $t = 0$ werde von jedem Versicherten eine Anfangszahlung A geleistet; Gesamtzahlung $l_0 A$. Im $(s+1)$. Jahre werde von jedem Versicherten eine Nettoprämie π_s, totale Jahresprämie $l_s \pi_s$, geleistet. Die Prämienzahlung erfolge bei Beginn des Jahres.

Ausgaben der allgemeinen Versicherung. Bei Beginn des $(s+1)$. Versicherungsjahres werde an sämtliche noch aktive Versicherte eine Rente von ϱ_s bezahlt, totale Rentenzahlung bei Beginn des $(s+1)$. Jahres $l_s \varrho_s$. An die wegen des i. Grundes im $(s+1)$. Jahre Ausgeschiedenen werde am Ende dieses Jahres an jede austretende Person die Summe $U_{s+1}^{(i)}$ ausbezahlt. Die totale Entschädigung beträgt

7.3. Die Reservenvariation.

demnach im $(s+1)$. Jahre wegen des i. Grundes $(f_{s+1}^{(i)} - f_s^{(i)}) U_{s+1}^{(i)}$. Schließlich werde bei Ablauf der Versicherung nach n Jahren an jeden noch aktiven Versicherten eine Endzahlung in der Höhe von E gemacht; totale Endzahlung $l_n E$.

Einzelversicherung. Im Falle einer Einzelversicherung sind die beiden wichtigsten Ausscheidungsgründe der Tod und der Storno. Die vorliegende Methode gestattet deshalb auch den Einfluß des vorzeitigen Rücktrittes der Versicherten auf die Reserven zu prüfen. Für die folgenden Berechnungen werde angenommen, daß sich die Kapitalien der Versicherung verzinsen. Es wäre an sich möglich, mit einem variablen Zinsfuß für die einzelnen Versicherungsjahre zu arbeiten. Zwecks einfacherer Darstellung rechnen wir mit einem konstanten Zinsfuß, zu dem wie üblich der Diskontierungsfaktor v gehöre.

Die Gesamtrücklage der allgemeinen Versicherung für sämtliche Versicherte zusammen betrage im Zeitpunkte $t: {}_t\widetilde{V}^{(p)}$ bzw. ${}_t\widetilde{V}^{(r)}$, je nachdem ob sie prospektiv oder retrospektiv berechnet wurde. Sofern infolge Gültigkeit des Äquivalenzprinzipes beide Werte gleich sind, werden wir keine oberen Indizes p oder r anbringen. Die Durchschnittsrücklage für jeden einzelnen Versicherten oder für eine Einzelversicherung betrage ${}_tV^{(p)}$ bzw. ${}_tV^{(r)}$ und berechne sich gemäß den Gleichungen

$$l_t \, {}_tV^{(p)} = {}_t\widetilde{V}^{(p)} \quad \text{bzw.} \quad l_t \, {}_tV^{(r)} = {}_t\widetilde{V}^{(r)}.$$

Auf Grund der Definition der Reserve und der vorhin erwähnten Versicherungsbedingungen erhält man für die Reserve die folgenden Werte:

$${}_t\widetilde{V}^{(p)} = l_t \, {}_tV^{(p)} = v^{n-t} l_n E - \sum_{s=t}^{n-1} l_s v^{s-t} \left(\pi_s - \varrho_s - v \sum_{i=1}^m \alpha_s^{(i)} U_{s+1}^{(i)} \right), \quad (7.3.2)$$

$${}_t\widetilde{V}^{(r)} = l_t \, {}_tV^{(r)} = \frac{l_0 A}{v^t} + \sum_{s=0}^{t-1} \frac{l_s}{v^{t-s}} \left(\pi_s - \varrho_s - v \sum_{i=1}^m \alpha_s^{(i)} U_{s+1}^{(i)} \right). \quad (7.3.3)$$

Spezialfall. Es handle sich um eine gemischte Versicherung von der Dauer n, Versicherungssumme S, Abschlußalter x. Es werde nur ein Ausscheidungsgrund, nämlich der Tod, berücksichtigt mit der Ausscheidewahrscheinlichkeit q_x. Es sollen weiter die folgenden Voraussetzungen gültig sein:

$$A = \varrho_s = 0$$
$$U_{s+1}^{(i)} = E = S$$
$$\pi_s = P.$$

In diesem Falle erhält man für die Reserve dieses Spezialfalles gemäß Gl. (7.3.2)

$${}_tV^{(p)} = S \left({}_{n-t}E_{x+t} + {}_{|n-t}A_{x+t} \right) - P \, \ddot{a}_{x+t:\overline{n-t}|}.$$

144 VII. Über allgemeine Variationsprobleme in der Versicherungsmathematik.

Diese Reserve entspricht demnach der früheren Definition der Rücklage für eine gemischte Versicherung nach t Jahren.

Für das Folgende setzen wir voraus, daß die prospektive und retrospektive Definition der Reserven gleichwertig seien. Zwecks Anwendung der allgemeinen Variationsformeln des Abschnittes 7.1 auf die Versicherungsmathematik machen wir in Formel (7.1.1) die folgenden Substitutionen:

$$R_t = {}_tV, \quad E_t = \frac{v^t l_t}{l_0}, \quad e_s = \frac{E_{s+1}}{E_s} = \frac{v\, l_{s+1}}{l_s} = v\left(1 - \sum_{i=1}^m \alpha_s^{(i)}\right).$$

Gemäß (7.1.1) finden wir deshalb für T_s

$$T_s = \frac{v\, l_{s+1}}{l_s}\, {}_{s+1}V - {}_sV = \frac{v\, {}_{s+1}\tilde{V} - {}_s\tilde{l}}{l_s}.$$

Auf Grund der Gl. (7.3.2) und (7.3.3) erhalten wir demnach

$$T_s = \pi_s - \varrho_s - v \sum_{i=1}^m \alpha_s^{(i)} U_{s+1}^{(i)}. \tag{7.3.4}$$

Wenn nur eine einzige Ausscheideursache mit einer festen Prämie P und $\varrho_s = 0$ besteht, so gilt demnach in diesem Spezialfall $T_s = P - v\, q_s S$. Für T_s gilt auch noch die Darstellung $T_s = \pi_s - \pi_s^{(N)}$. Unter $\pi_s^{(N)}$ verstehen wir die natürliche Prämie der betreffenden Versicherung. Denn $\pi_s^{(N)}$ hätte in diesem Falle den Wert

$$\pi_s^{(N)} = \varrho_s + v \sum_{i=1}^m \alpha_s^{(i)} U_{s+1}^{(i)}$$

und stellt offenbar die Auszahlung dar, die im $(s+1)$.Versicherungsjahr je Versicherter geleistet werden muß.

Jetzt betrachten wir *zwei Versicherungen von der gleichen Form*, aber mit verschiedenen Prämien und Versicherungsleistungen und eventuell auch mit verschiedenen Grundlagen berechnet. Die entsprechenden Werte für die zweite Versicherung sind mit einem Strich bezeichnet. Die Gln. (7.1.7) und (7.1.9) mit den entsprechenden Änderungszahlen, nunmehr angewendet im Sinne von Gl. (7.3.4) auf Werte T_s, ergeben einen ganz allgemeinen Zusammenhang zwischen den verschiedenen Variationen ΔR_t, $\Delta U_s^{(i)}$, $\Delta \varrho_s$, $\Delta \pi_s$, Δv, $\Delta \alpha_s^{(i)}$. Auf Grund der Definition der Änderungszahlen und einiger leichter algebraischer Umformungen erhalten wir die folgenden versicherungsmathematischen Änderungszahlen

$$\left.\begin{aligned}g_s = \Delta \pi_s - \Delta \varrho_s - v' \sum_{i=1}^m \big[(U_{s+1}^{\prime(i)} - {}_{s+1}V)\, \Delta \alpha_s^{(i)} + \alpha_s^{(i)} \Delta U_{s+1}^{(i)}\big] - \\ - \Delta v \big[{}_{s+1}V + \sum_{i=1}^m \alpha_s^{(i)} (U_{s+1}^{(i)} - {}_{s+1}V)\big]\end{aligned}\right\} \tag{7.3.5}$$

7.3. Die Reservenvariation.

und

$$g_s^* = \Delta \pi_s - \Delta \varrho_s - v' \sum_{i=1}^{m} [(U'^{(i)}_{s+1} - {}_{s+1}V') \Delta \alpha_s^{(i)} + \alpha_s^{(i)} \Delta U_{s+1}^{(i)}] - \\ - \Delta v \left[{}_{s+1}V' + \sum_{i=1}^{m} \alpha_s^{(i)} (U_{s+1}^{(i)} - {}_{s+1}V')\right]. \quad\quad (7.3.6)$$

Diese Gleichungen sind deshalb relativ kompliziert, weil alle möglichen Variationen berücksichtigt wurden. Durch nachherige Spezialisierung auf die wichtigsten Variationen werden sie sich wesentlich vereinfachen. Der Vorzug dieser Methode und Gleichung liegt aber gerade darin, daß man Einzelresultate einfach durch Spezialisierung erhält. Die Gleichung wird auch dann einfacher, wenn die Versicherungen weniger allgemeinen Charakter als gemäß unseren Voraussetzungen besitzen. Betrachten wir beispielsweise den Spezialfall von zwei gemischten Versicherungen mit der gleichen Versicherungsdauer, den Versicherungssummen S, S', den Prämien P, P' und den Grundlagen v, q_x und v', q'_x und $\varrho_s = \varrho'_s = 0$. In diesem Falle erhalten die Änderungszahlen die folgende Darstellung:

$$g_s = \Delta P - v' [(S' - {}_{s+1}V) \Delta q_s + q_s \Delta S] - \Delta v [{}_{s+1}V + q_s (S - {}_{s+1}V)],$$

$$g_s^* = \Delta P - v' [(S' - {}_{s+1}V') \Delta q_s + q_s \Delta S] - \Delta v [{}_{s+1}V' + q_s (S - {}_{s+1}V')].$$

Zwecks Anwendung der obigen Formeln auf die Variationen von Einmaleinlagen sollen die Änderungszahlen noch anders dargestellt werden. Es gilt offensichtlich die folgende Gleichung

$$v \left[{}_{s+1}V + \sum_{i=1}^{m} \alpha_s^{(i)} (U_{s+1}^{(i)} - {}_{s+1}V)\right] = {}_sV + \pi_s - \varrho_s$$

und analog für die zweite Versicherung, wenn in dieser Gleichung alle Werte durch Buchstaben mit einem Strich (z. B. v') ersetzt werden. Der Ausdruck auf der linken Seite stellt in der Tat das Deckungskapital am Ende des $(s+1)$. Jahres zuzüglich die entsprechenden Versicherungsausgaben im gleichen Zeitpunkte dar, multipliziert mit dem Diskontierungsfaktor v. Auf der rechten Seite steht das für die betreffende Versicherung bei Beginn des $(s+1)$. Jahres vorhandene Kapital und diese beiden Werte müssen offensichtlich einander gleich sein. Durch Berücksichtigung dieser Gleichung in den Gln. (7.3.5) und (7.3.6) erhalten wir die folgende neue Darstellung für die Änderungszahlen g_s bzw. g_s^*

$$g_s = \Delta \pi_s - \Delta \varrho_s - v' \sum_{i=1}^{m} [(U'^{(i)}_{s+1} - {}_{s+1}V) \Delta \alpha_s^{(i)} + \alpha_s^{(i)} \Delta U_{s+1}^{(i)}] - \\ - \frac{\Delta v}{v} [{}_sV + \pi_s - \varrho_s] \quad\quad (7.3.7)$$

und

$$g_s^* = \Delta\pi_s - \Delta\varrho_s - v' \sum_{i=1}^m [(U'^{(i)}_{s+1} - {}_{s+1}V')\Delta\alpha_s^{(i)} + \alpha_s^{(i)}\Delta U^{(i)}_{s+1}] - \\ - \frac{\Delta v}{v'}[{}_sV' + \pi'_s - \varrho'_s].$$ (7.3.8)

Als Anwendung des Invarianzsatzes und der obigen versicherungsmathematischen Deutung der Variationsformeln werde der *Fundamentalsatz von* CANTELLI betreffs Kapitalansammlung bewiesen. Dieser Satz lautet: Das retrospektive Deckungskapital $_tV$ einer Einzelversicherung mit der Einmaleinlage $A = 0$, Rente $\varrho_s = 0$, einer festen Prämie P und der Entschädigung $U^{(i)}_{s+1} = A^{(i)}_{s+1}{}_{s+1}V^{(r)}$, wobei $0 < A^{(i)}_{s+1} < 1$, $i = 1, 2, \ldots, m$ und einer Endauszahlung E bleibt ungeändert, wenn $U'^{(i)}_{s+1} = 0$ und $\alpha'^{(i)}_s = (1 - A^{(i)}_{s+1})\alpha_s^{(i)}$. Man spricht in diesem Falle von einer CANTELLIschen Variation. Der Satz von CANTELLI behauptet, daß die gleichzeitige Variation der Auszahlungen und der Ausscheidewahrscheinlichkeiten bei einem bestimmten gegenseitigen Ausmaße auf die Reserve keinen Einfluß besitzt unter der Voraussetzung, daß in beiden Fällen die Endauszahlung E gewährt wird. Es handelt sich hier um eine einfache Anwendung des Invarianzsatzes von **7.2**. Denn wegen unserer Voraussetzungen, daß der Beginn der Versicherung ein Nullpunkt für die Reservevariation sei, gelten die folgenden Gleichungen:

$$\Delta\pi_s = \Delta\varrho_s = \Delta v = 0,$$

$$\Delta U^{(i)}_{s+1} = -A_{s+1}{}_{s+1}V^{(r)},$$

$$\Delta\alpha_s^{(i)} = -A_{s+1}\alpha_s^{(i)},$$

und damit

$$\alpha_s^{(i)}\Delta U^{(i)}_{s+1} = \Delta\alpha_s^{(i)}{}_{s+1}V^{(r)}.$$

Gemäß (7.3.7) erhalten wir demnach

$$g_s = 0.$$

Daraus schließen wir

$$O'_{o:\bar{n}|}(g_s) = 0,$$

und damit sind sämtliche Voraussetzungen für die Anwendung des Invarianzsatzes erfüllt.

7.4. Das Zinsfußproblem für einfache Versicherungen.

Es wurde in den vorangegangenen Kapiteln gezeigt, daß die Einmaleinlagen und Prämien irgend einer Versicherung vom angenommenen Rechnungszinsfuß abhängig sind. Die gleiche Bemerkung gilt damit auch für die Reserven. Wegen der starken Schwankungen, denen die

7.4. Das Zinsfußproblem für einfache Versicherungen.

Rendite eines Kapitales im Laufe der Jahre ausgesetzt ist, wird gelegentlich die Änderung des Zinsfußes bei der Berechnung von Rücklagen nötig und beispielsweise von den staatlichen Aufsichtsämtern den Versicherungsgesellschaften als Pflicht auferlegt. Die Frage, welche Änderung die Reserven infolge Änderung des technischen Zinsfußes erleiden, ist deshalb von besonderer Bedeutung. Dieses Zinsfußproblem stellt in der SCHÄRFschen Theorie nichts anderes als eine Zinsfußvariation dar und gibt das mathematische Gesetz der Abhängigkeit der Variation anderer Größen von dieser Zinsfußvariation. Der Einfluß einer Zinsvariation soll für die Größen $\ddot{a}_{x:\overline{n}|}$ und $A_{x:\overline{n}|}$ untersucht werden. Wir können diese Größen als Einmaleinlagen oder Anfangsdeckungskapitalien $_0V$ im Zeitpunkte Null für ganz bestimmte Versicherungen betrachten. Um die vorhergehenden Formeln anwenden zu können, treffen wir die folgenden Voraussetzungen: Die Endzahlung E sei fest, deshalb gilt $\Delta_n V = 0$, die Prämie $\pi_s = 0$, die Rente ϱ_s sei fest.

Wie im vorangegangenen Abschnitt soll gesetzt werden:

$$R_t = {}_tV, \quad E_t = \frac{v^t l_t}{l_0}, \quad E'_t = \frac{v'^t l_t}{l_0}, \quad E_0 = E'_0 = 1.$$

Nach den Gln. (7.1.7) und (7.1.9), wobei $k = n$ gesetzt werde, erhalten wir

$$\Delta_0 V = O'_{n:-\overline{n}|}(g_s) = O'_{o:\overline{n}|}(-g_s) \qquad (7.4.1)$$

und

$$\Delta_0 V = O_{n:-\overline{n}|}(g_s^*) = O_{o:\overline{n}|}(-g_s^*). \qquad (7.4.2)$$

Gemäß Voraussetzung sind in unserem Fall

$$\Delta \varrho_s = \Delta \pi_s = \Delta U_s^{(i)} = \Delta \alpha_s^{(i)} = 0.$$

Dank den Gln. (7.3.7) und (7.3.8) erhalten wir für die Änderungszahlen die folgenden einfachen Darstellungen:

$$g_s = -\frac{\Delta v}{v}({}_sV - \varrho_s),$$

$$g_s^* = -\frac{\Delta v}{v'}({}_sV' - \varrho_s).$$

Damit finden wir für die Variationen der Einmaleinlagen $_0V$ die folgenden Darstellungen:

$$\Delta_0 V = \frac{\Delta v}{v} \sum_{s=0}^{n-1} E'_s({}_sV - \varrho_s), \qquad (7.4.3)$$

$$\Delta_0 V = \frac{\Delta v}{v'} \sum_{s=0}^{n-1} E_s({}_sV' - \varrho_s). \qquad (7.4.4)$$

Diese Formeln enthalten bereits ein bemerkenswertes Ergebnis, denn die Größen E_s, E'_s sind nach Voraussetzung positiv. $_sV$ und $_sV'$ sind in der Versicherungspraxis stets größer als ϱ_s. Daraus ist ersichtlich, daß die Variation des Anfangsdeckungskapitals das gleiche Vorzeichen besitzt wie die Variation von v. Wählt man einen größeren Zinsfuß, so ist damit Δv negativ und umgekehrt. Es gilt damit der *Satz*:

Die Einmalprämie einer Versicherung, deren Versicherungssummen unabhängig vom Rechnungszinsfuß sind, ist eine nicht wachsende Funktion des Rechnungszinsfußes. Dieser Satz läßt sich ohne weiteres dadurch erklären, daß bei größerer Rendite ein kleineres Anfangskapital vorhanden sein muß, um seinerzeit die Versicherungsverpflichtungen erfüllen zu können.

Jetzt wollen wir die obigen Formeln auf die Spezialfälle $\ddot{a}_{x:\overline{n}|}$ und $A_{x:\overline{n}|}$ anwenden. Es gilt in diesem Falle

$$E_s = \frac{v^s l_{x+s}}{l_x} = E_{x:\overline{s}|},$$

und damit

$$\Delta\,_0V = \frac{\Delta v}{v} \sum_{s=0}^{n-1} E'_{x:\overline{s}|} (_sV - \varrho_s) = \frac{\Delta v}{v'} \sum_{s=0}^{n-1} E_{x:\overline{s}|} (_sV' - \varrho_s). \quad (7.4.5)$$

Im Falle von $A_{x:\overline{n}|}$ sind $\varrho_s = 0$ und $_sV = A_{x+s:\overline{n-s}|}$, im Falle von $\ddot{a}_{x:\overline{n}|}$ sind $\varrho_s = 1$ und $_sV = \ddot{a}_{x+s:\overline{n-s}|}$. Wir erhalten deshalb

$$\Delta A_{x:\overline{n}|} = \frac{\Delta v}{v} \sum_{s=0}^{n-1} E'_{x:\overline{s}|} A_{x+s:\overline{n-s}|} = \frac{\Delta v}{v'} \sum_{s=0}^{n-1} E_{x:\overline{s}|} A'_{x+s:\overline{n-s}|}, \quad (7.4.6)$$

$$\Delta \ddot{a}_{x:\overline{n}|} = \frac{\Delta v}{v} \sum_{s=0}^{n-1} E'_{x:\overline{s}|} (\ddot{a}_{x+s:\overline{n-s}|} - 1) = \frac{\Delta v}{v'} \sum_{s=0}^{n-1} E_{x:\overline{s}|} (\ddot{a}'_{x+s:\overline{n-s}|} - 1). \quad (7.4.7)$$

Diese Gleichungen wurden schon mit anderen Methoden von VAJDA[1] und im kontinuierlichen Falle von BERGER[2] hergeleitet. Durch Spezialisierung auf eine lebenslängliche Leibrente erhalten wir aus Formel (7.4.7)

$$\Delta \ddot{a}_x = \frac{\Delta v}{v} \sum_{t=0}^{\omega} \left(\frac{v'}{v}\right)^t \frac{N_{x+t+1}}{D_x} = \frac{\Delta v}{v'} \sum_{t=0}^{\omega} \left(\frac{v}{v'}\right)^t \frac{N'_{x+t+1}}{D'_x}. \quad (7.4.8)$$

Unter der Annahme, daß der Zinsfuß nicht stark variieren werde, unterscheiden sich die Größen v' und v nicht stark voneinander und man erhält durch Approximation v' durch v die folgende zweckmäßige

---

[1] VAJDA, ST.: Berechnung von Versicherungswerten bei Änderung des Rechnungszinses. Assekuranz-Jahrbuch, Bd. 53, S. 101—114, 1934.

[2] BERGER, H.: Studie zur Versicherungsmathematik, Assekuranz-Jahrbuch. Bd. 53, S. 99—103, 1934.

7.4. Das Zinsfußproblem für einfache Versicherungen.

Näherungsformel:

$$\Delta \ddot{a}_x \sim \frac{S_{x+1}}{D_x} \frac{\Delta v}{v}, \quad (7.4.9') \qquad \Delta \ddot{a}_x \sim \frac{S'_{x+1}}{D'_x} \frac{\Delta v}{v'}. \quad (7.4.9'')$$

Für temporäre Leibrentenbarwerte erhält man in ganz analoger Weise die nachstehende Näherungsformel

$$\Delta \ddot{a}_{x:\overline{n}|} \sim \frac{\Delta v}{v} \frac{S_{x+1} - S_{x+n}}{D_x} \sim \frac{\Delta v}{v'} \frac{S'_{x+1} - S'_{x+n}}{D'_x}. \quad (7.4.10)$$

Da wir bei der Herleitung dieser Näherungsformel v' durch v ersetzten, so bedeutet dies, daß wir bei Herabsetzung des Zinsfußes für $\Delta \ddot{a}_x$ und $\Delta \ddot{a}_{x:\overline{n}|}$ gemäß Näherungsformel (7.4.9') etwas zu kleine und gemäß Näherungsformel (7.4.9'') etwas zu große Werte und bei Heraufsetzung des Zinsfußes umgekehrte Resultate erhalten. Gl. (7.4.8) zeigt, daß $\Delta \ddot{a}_x$ um so größer wird, je niedriger das Alter x. Ganz allgemein ist zu sagen, daß der Einfluß einer Zinsänderung auf irgendeine versicherungstechnische Größe im allgemeinen um so stärker wird, je länger die bei der Definition des entsprechenden Wertes maßgebende Zeitdauer ist.

Zur Illustration dieser Ausführungen seien die folgenden Beispiele gemäß der schweizerischen Absterbeordnung, Männer, 1939/44, angeführt.

x	$\ddot{a}_x$ Zinsfuß			x	$\ddot{a}_x$ Zinsfuß		
	$2\frac{1}{2}\%$	3%	$3\frac{1}{2}\%$		$2\frac{1}{2}\%$	3%	$3\frac{1}{2}\%$
20	27,613	25,156	23,044	60	12,324	11,854	11,416
30	24,756	22,837	21,154	70	8,136	7,929	7,732
40	21,059	19,694	18,471	80	4,840	4,767	4,696
50	16,796	15,931	15,140				

Aus dieser Tabelle ist ersichtlich, daß bei Übergang vom Zinsfuß von $3\frac{1}{2}$ auf 3% der Leibrentenbarwert für das Alter 20 um rund 9,2% steigt, für das Alter 50 um 5,2% und für das Alter 80 um 1,5%.

In der folgenden Tabelle sind die exakten Werte für $\Delta \ddot{a}_x$ und die gemäß (7.4.9) erhaltenen approximativen Werte für die gleiche Größe bei Übergang vom Zinsfuß $3\frac{1}{2}\%$ auf 3% dargestellt.

x	$\Delta \ddot{a}_x$			x	$\Delta \ddot{a}_x$		
	(exakt)	[approx. gemäß (7.4.9')]	[approx. gemäß (7.4.9'')]		(exakt)	[approx. gemäß (7.4.9')]	[approx. gemäß (7.4.9'')]
20	2,112	2,262	1,969	60	0,438	0,451	0,426
30	1,683	1,786	1,585	70	0,197	0,201	0,193
40	1,223	1,285	1,164	80	0,071	0,071	0,070
50	0,791	0,823	0,761				

Diese Tabelle zeigt, daß selbst im jüngsten Alter der Fehler auf $\Delta \ddot{a}_x$ berechnet nach der Näherungsmethode, kaum 7% des exakten Wertes ausmacht und daß beide Näherungsformeln ungefähr gleichwertig sind.

150 VII. Über allgemeine Variationsprobleme in der Versicherungsmathematik.

Bei der Umschätzung der Reserve von gemischten Versicherungen, Termin- und Todesfallversicherungen auf einen anderen technischen Zinsfuß kann man durch Einteilung des Bestandes in eine kleinere Anzahl geschickt gewählter Gruppen durch Berechnung der entsprechenden Durchschnittsalter und Anwendung der obigen Approximationsformeln recht genaue Resultate erhalten, die zum mindesten für eine erste Orientierung betreffend die Größenordnung der Änderung der Reserve vollkommen genügen.

7.5. Das Zinsfußproblem für Pensionsversicherungen.

Im folgenden soll gezeigt werden, wie bei den wichtigsten und einfachsten Formen von Pensionsversicherungen das Zinsfußproblem behandelt werden kann. Mit Rücksicht auf die wesentlich kompliziertere Struktur der entsprechenden Berechnungsformeln ist jedoch nicht zu erwarten, daß sich einfache Beziehungen ergeben. Wir nehmen im folgenden eine Aktivitätsordnung im Sinne von **2.5** an und setzen voraus, daß dieselbe mit dem Schlußalter s abbreche. Unter Aktivitätsrenten sollen stets temporäre Renten, laufend bis zum Tode, längstens jedoch bis zum Schlußalter verstanden werden. Bei den Invalidenrenten handle es sich um temporäre Anwartschaften auf lebenslängliche Renten. In ganz analoger Weise wie bei den Formeln (7.4.8) und (7.4.9) erhält man für die *Variation der Aktivitätsrente*

$$\varDelta \ddot{a}^a_x = \frac{\varDelta v}{v} \sum_{t=0}^{s-x-1} \left(\frac{v'}{v}\right)^t \frac{N^a_{x+t+1}}{D^a_x} \qquad (7.5.1)$$

und

$$\varDelta \ddot{a}^a_x \sim \frac{\varDelta v}{v} \frac{S^a_{x+1}}{D^a_x}. \qquad (7.5.2)$$

Bei Übergang vom Zinsfuß $3^1/_2$ zu 3% und einem Schlußalter von 65 Jahren sind diese Variationen etwas kleiner als bei lebenslänglichen Renten. Unter Annahme einer mittleren Invalidität beträgt diese Variation beispielsweise für das Alter 40 etwa 5% der zu $3^1/_2$% berechneten Aktivitätsrente.

Variation der anwartschaftlichen Invalidenrente $^{(x+n)}\ddot{a}^{ai}_x$.

Diese Variation soll unter der Voraussetzung berechnet werden, daß lediglich der Zinsfuß geändert werde und daß im Falle von Invalidität eine Invalidenrente $\ddot{a}^i_x$ gewährt werde. Diese Versicherungsleistung ist im Gegensatz zu den Versicherungsleistungen im vorhergehenden Abschnitt vom Zinsfuß abhängig, was eine erhebliche Komplikation bedeutet. Um etwas einfachere Formeln zu erhalten, berechnen wir

7.5. Das Zinsfußproblem für Pensionsversicherungen.

$\Delta \ddot{a}_x^i$ mit Hilfe von (7.4.9) und setzen

$$\Delta U_s = \Delta \ddot{a}_s^i \sim \frac{\Delta v}{v} \frac{S_{x+1}^{(i)}}{D_x^{(i)}}, \quad E_t = \frac{l_{x+t}^a}{l_x^a} v^t.$$

Wir erhalten gemäß (7.4.1) $\Delta^{(s)} \ddot{a}_x^{ai} = O'_{o:\overline{n}|}(-g_s)$, wobei die Änderungszahlen in diesem Falle gemäß (7.3.7) den approximativen Wert besitzen.

$$-g_s \sim \frac{\Delta v}{v} \left[i_{x+s} v' \frac{S_{x+s+1}^{(i)}}{D_{x+s}^{(i)}} + {}^{(x+n)} \ddot{a}_{x+s}^{ai} \right]. \tag{7.5.3}$$

Damit finden wir schließlich

$$O'_{o:\overline{n}|}(-g_s) \sim \frac{\Delta v}{v} \sum_{s=0}^{n-1} \left(i_{x+s} v' \frac{S_{x+s+1}^{(i)}}{D_{x+s}^{(i)}} + {}^{(x+n)} \ddot{a}_{x+s}^{ai} \right) E'_s, \tag{7.5.4}$$

wobei

$$E'_s = \frac{l_{x+s}^a}{l_x^a} v'^s.$$

Bei dieser Variation wirkt sich die Änderung des Zinses doppelt aus, zunächst in der Versicherungsleistung und nachher bei der Berechnung des Barwertes der totalen Versicherungsleistungen. Aus diesem Grunde wird eine Variation erheblich größer als die entsprechende des Leibrentenbarwertes. Beispielsweise beträgt diese beim Übergang von $3^1/_2$ auf 3% und dem Schlußalter 65 für einen 40-Jährigen und der Annahme einer mittleren Invalidität rund 10% des Barwertes der zu $3^1/_2$% berechneten Invalidenrente.

Variation der Witwenrenten.

Ein x-jähriger Mann sei mit einer y-jährigen Frau verheiratet. Im Falle seines Todes erhalte sie eine Witwenrente bis zu ihrem Tode bzw. bis zu ihrer Wiederverheiratung; im letzteren Falle werde keine Einmalabfindung gewährt. Der Barwert einer solchen Witwenrente werde wie früher mit $\ddot{a}_{x|y}^w$ bezeichnet. Im Falle des Todes des Mannes nach t Jahren wird in jenem Zeitpunkte $\frac{l_{y+t}}{l_y} \ddot{a}_{y+t}^w$ fällig, denn der Barwert der Witwenrente muß mit der Erlebenswahrscheinlichkeit der Ehefrau multipliziert werden. Auch in diesem Falle ist demnach die Versicherungsleistung vom Rechnungszinsfuß abhängig. Zur Berechnung der Variation der anwartschaftlichen Witwenrente gehen wir genau gleich vor wie bei der anwartschaftlichen Invalidenrente, indem wir setzen

$$\Delta U_s = \frac{l_{y+s}}{l_y} \Delta \ddot{a}_{y+s}^w \sim \frac{l_{y+s}}{l_y} \frac{S_{y+s+1}^w}{D_{y+s}^w} \frac{\Delta v}{v},$$

und damit erhalten

$$\Delta \ddot{a}_{x|y}^{w} \sim \frac{\Delta v}{v} \sum_{s=0}^{\omega-x} \left(q_{x+s}\, v'\, \frac{S_{y+s+1}^{w}}{D_{y+s}^{w}}\, \frac{l_{y+s}}{l_y} + \ddot{a}_{x+s|y+s}^{w} \right) E_s', \quad (7.5.5)$$

wobei

$$E_s' = \frac{l_{x+s}}{l_x}\, v'^{\,s}.$$

Solche Zinsfußvariationen bei den anwartschaftlichen Witwenrenten sind bei normalen Altersdifferenzen der Ehegatten noch größer als diejenigen bei den anwartschaftlichen Invalidenrenten und können beispielsweise bei Übergang von $3^1/_2$ auf 3% mehr als 20% des Barwertes der anwartschaftlichen Witwenrenten, berechnet zu $3^1/_2\%$, ausmachen.

Bei der Umschätzung der Reserve eines Bestandes anwartschaftlicher Invaliden- oder Witwenrenten kann man prinzipiell gleich vorgehen wie bei einfacheren Versicherungen. Bei gut überlegter Gruppeneinteilung, sorgfältiger Berechnung der notwendigen Durchschnittsalter und Anwendung der obigen Approximationsformeln wird man für eine erste Orientierung durchaus genügend genaue Resultate erzielen.

7.6. Einige versicherungsmathematische Vorzeichensätze.

In Abschnitt **7.2** haben wir im Anschluß an die allgemeinen Variationsformeln einige Vorzeichensätze formuliert und bewiesen. Solche Vorzeichensätze sollen nunmehr auf versicherungsmathematische Variationen übertragen werden. Wir wollen jedoch nur solche Variationen betrachten, wie sie in der Wirklichkeit auftreten und für die zu variierende Versicherung die folgenden Voraussetzungen treffen:

a) Das Anfangsdeckungskapital der Versicherung betrage 0. Diese Voraussetzung ist gleichbedeutend mit der Annahme, daß Prämien und Leistungen der Versicherung dem Äquivalenzprinzip entsprechen. Wegen dieser Annahme ist Null ein 0-Punkt der Variation der Reserve einer solchen Versicherung.

b) Der Endpunkt der Versicherung sei ebenfalls Nullpunkt der Variation der Reserve, d.h. es sei $\Delta\,_n V = 0$. Wenn wir demnach zwei Versicherungen mit der gleichen Dauer vergleichen, so setzen wir voraus, daß die am Schlusse auszubezahlende Summe bei beiden Versicherungen gleich groß sei.

c) Die Anfangsprämie betrage $\pi_0 = \pi$, die zweite Prämie π_1 usw., die letzte Prämie π_{n-1}. Wir setzen voraus, daß auch bei Variation der Prämie der Quotient $\pi_s/\pi_0 = c_s$ konstant sei ($s = 1, 2\ldots, n-1$).

Variationen, welche diese Voraussetzungen erfüllen, sollen im folgenden als *normale Variationen* bezeichnet werden. Setzen wir wie

7.6. Einige versicherungsmathematische Vorzeichensätze.

früher $R_t = {}_tV$ und

$$h_s = \Delta \pi_s - g_s = c_s \Delta \pi - g_s, \qquad h_s^* = c_s \Delta \pi - g_s^*, \qquad (7.6.1)$$

so erhalten wir gemäß (7.1.7)

$$E_t' \Delta_t V = - O_{o:\overline{t}|}'(h_s) + \Delta \pi O_{o:\overline{t}|}'(c_s). \qquad (7.6.2)$$

Für $t = n$ ergibt sich wegen $\Delta_n V = 0$

$$\Delta \pi = \frac{O_{o:\overline{n}|}'(h_s)}{O_{o:\overline{n}|}'(c_s)} = \frac{O_{o:\overline{n}|}(h_s^*)}{O_{o:\overline{n}|}(c_s)}. \qquad (7.6.3)$$

Nun seien einige Anwendungen der obigen Variationsformeln und der Vorzeichensätze von 7.2 gegeben.

1. *Abhängigkeit der Anfangsprämie vom Rechnungszinsfuß. Die Anfangsprämie einer normalen Versicherung, deren Leistungen vom Rechnungszinsfuß unabhängig sind, ist eine nicht wachsende Funktion des Rechnungszinsfußes, falls in jedem Zeitpunkt die Reserve, vermehrt um die Prämie und vermindert um die Rentenzahlung, nicht negativ ist.*

Beweis. h_s hat gemäß (7.6.1) und (7.3.7) in diesem Fall den folgenden Wert

$$h_s = \frac{\Delta v}{v} ({}_sV + \pi_s - \varrho_s).$$

Δv ist bei einer Zinsfußerhöhung negativ, h_s deshalb dank den gemachten Voraussetzungen ebenfalls negativ, c_s positiv und damit $\Delta \pi$ nach (7.6.3) negativ.

2. *Zeichenwechselsatz von* CHRISTIAN MOSER. *Wird die Reserve einer gemischten Versicherung mit konstanter Prämie nach zwei Absterbeordnungen gerechnet, von denen die eine für ein ganz im Ablaufsintervall gelegenes Teilintervall eine größere und im Restintervall gleiche Mortalität besitzt als die andere, so ist die Reservendifferenz in jenem Teilintervall stets einem Zeichenwechsel unterworfen.*

Der Beweis für diesen Zeichenwechselsatz könnte direkt auf Grund der prospektiven und retrospektiven Definition der Reserven gegeben werden. Der Satz ist aber auch ein einfaches Beispiel zum Zeichenwechselsatz von 7.2, denn die konstante Prämie ist bei Anwendung der zweiten Absterbeordnung größer als diejenige gemäß der ersten Absterbeordnung, $\Delta \pi$ deshalb positiv. Nun ist $g_s = \Delta \pi$ je im Anfangs- und Endzeitintervall, in denen beide Absterbeordnungen die gleiche Mortalität besitzen. Die Voraussetzungen für die Anwendungen des Zeichenwechselsatzes von 7.2 sind demnach erfüllt und damit der Satz von CHR. MOSER bewiesen.

3. *Spezieller Zeichenbewahrungssatz. Bilden für eine normale Variation einer Versicherungsgesamtheit mit positiven Prämienzahlen die*

Quotienten h_s/c_s $(s = 0, 1, \ldots, n-1)$ *eine monotone Folge ohne konstant zu sein, so ist die entsprechende Reservenvariation innerhalb der Versicherungsdauer überall positiv oder überall negativ, je nachdem diese Folge nicht fallend oder nicht wachsend ist.*

Beweis. Laut Formel (7.6.3) ist

$$\Delta \pi = \frac{\sum\limits_{s=0}^{n-1} E'_s h_s}{\sum\limits_{s=0}^{n-1} E'_s c_s} = \frac{\sum\limits_{s=0}^{n-1} E'_s c_s \dfrac{h_s}{c_s}}{\sum\limits_{s=0}^{n-1} E'_s c_s}$$

ein mit positiven Gewichten gewogenes Mittel der Zahlen h_s/c_s. Ist deren Folge zunehmend, so gilt demnach die Ungleichung

$$\frac{h_0}{c_0} < \Delta \pi < \frac{h_{n-1}}{c_{n-1}},$$

d. h. gemäß (7.6.1)

$$g_0 = c_0 \left[\Delta \pi - \frac{h_0}{c_0}\right] > 0$$

und

$$g_{n-1} = c_{n-1} \left[\Delta \pi - \frac{h_{n-1}}{c_{n-1}}\right] < 0.$$

Die Zahlen $g_s = c_s \left(\Delta \pi - \dfrac{h_s}{c_s}\right)$ wechseln genau einmal das Vorzeichen. Die Voraussetzungen des allgemeinen Zeichenbewahrungssatzes von **7.2** sind damit für $t_1 = 0$, $t_2 = n$, $s_1 = 0$, $s_2 = n-1$ erfüllt und damit der Beweis für diesen speziellen Zeichenbewahrungssatz geleistet.

4. *Einfluß einer additiven Sterblichkeitserhöhung auf die Reserven.* In der Lebensversicherung anormaler Risiken kommt es häufig vor, daß dem erhöhten Risiko durch Addition eines bestimmten Summanden β zur normalen Todeswahrscheinlichkeit Rechnung getragen wird. Über den Einfluß dieser Sterblichkeitsvariation auf die Reserven gilt der folgende Satz:

Ist für eine Lebensversicherung mit gleichbleibenden, bis zum Versicherungsablauf zahlbaren Prämien die Risikosumme eine nicht negative und nicht wachsende Funktion der Zeit, ohne konstant zu sein, so ermäßigt eine additive Sterblichkeitserhöhung deren Reserven innerhalb der Versicherungsdauer.

Beweis. Wegen (7.6.1) und (7.3.5) gilt $\Delta \alpha_s = \beta$,

$$h_s = v \beta \left[U_{s+1} - {}_{s+1}V\right].$$

$U_{s+1} - {}_{s+1}V$ bedeutet die Risikosumme im $(s+1)$. Jahre. Wegen der konstanten Prämie sind die Zahlen c_s in unserem Falle gleich 1. Es gilt demnach die Ungleichung $h_{s+1} < h_s$ und damit $\frac{h_{s+1}}{c_{s+1}} < \frac{h_s}{c_s}$. Es kann damit der spezielle Zeichenbewahrungssatz angewendet werden.

Ein früherer LIDSTONEscher Satz kann analog wie das obige Resultat bewiesen werden. Dieser Satz hat den folgenden Wortlaut: Werden die Sterbenswahrscheinlichkeiten $q_{x+l}(l = 0, 1, \ldots, n-1)$ der gemischten Versicherung eines x-Jährigen mit konstanter Prämie auf n Jahre entsprechend um $\Delta q_{x+t} > 0$ ermäßigt, so steigen sämtliche Deckungskapitalien innerhalb der Versicherungsdauer, falls die Zahlen Δq_{x+t} entweder konstant sind oder fallen.

Der einzige Unterschied gegenüber vorhin besteht darin, daß Δq_{x+t} nicht unbedingt konstant gewählt wurde. Trotz dieser allgemeineren Annahme läßt sich der Beweis genau wie vorhin führen.

Auch der Invarianzsatz von 7.2 läßt sich auf normale Variationen übertragen. Da jedoch die Bedingungen, unter denen er noch Gültigkeit besitzt, recht scharf sind, ist er selten erfüllt. Aus diesem Grunde sind die vorhin erwähnten Zeichenwechselsätze für die Praxis wichtiger; im übrigen ließen sich diese Beispiele noch in verschiedener Hinsicht vermehren.

VIII. Über die Konstruktion von Universaltafeln und ihre Anwendungen.

Im vorangegangenen Kapitel haben wir die SCHÄRFsche Theorie dargestellt, welche das Studium der Variation der verschiedensten Größen in versicherungsmathematischen Beziehungen gestattet. Diese Theorie benutzte vor allem die algebraische Struktur der Formeln, wie sie im allgemeinen in der Lebensversicherungsmathematik vorkommen. Es wurden jedoch keinerlei spezielle analytische Eigenschaften der benutzten Ausscheideordnungen und insbesondere der Sterbetafeln verwendet.

Eine ältere Methode der Variation der Rechnungsgrundlagen besteht darin, daß man sich die l_x der Absterbeordnung als mathematisch gegebene Funktion von x vorstellt, die vielleicht einige Parameter enthält. Je nach Wahl dieser Parameter erhält man eine andere Absterbeordnung. Man denke beispielsweise an die MAKEHAMsche Ordnung, welche die Parameter c, g und s enthält. Vielleicht ist es möglich, die wichtigsten versicherungstechnischen Barwerte, z. B. $\ddot{a}_x$ oder A_x als Funktion dieser Parameter darzustellen und zu tabellieren. Es ist auch denkbar, daß zwischen diesen Werten je nach Parameter Beziehungen bestehen. Wäre dies der Fall, so könnte man aus einer Tabelle, beispielsweise der Leibrentenbarwerte, gehörig zu bestimmten Parameterwerten, auf eine andere Tabelle mit anderen Parameterwerten schließen. Tafeln

156   VIII. Über die Konstruktion von Universaltafeln und ihre Anwendungen.

mit solchen Eigenschaften werden in der älteren Literatur als *Universal-* oder *Standardtabellen* bezeichnet. Da insbesondere die MAKEHAMschen Absterbeordnungen solche Eigenschaften besitzen, bietet dieser Umstand eine durchaus praktische Möglichkeit, Sterblichkeit und Zins zu variieren.

Weil bei der Konstruktion einer Universaltabelle die besondere mathematische Form der Absterbeordnung benutzt werden soll, ist es verständlich, daß sich die kontinuierliche Betrachtungsweise für die Darstellung dieser Methode eher eignet. Wir werden uns deshalb in diesem Kapitel der kontinuierlichen Ausdrucksweise bedienen.

8.1. Kontinuierliche Darstellung der einfachsten Versicherungswerte.

Kontinuierliche Verzinsung eines Kapitals. Gemäß dem 1. Kapitel berechnet sich der Endwert S eines Anfangskapitales P bei einem nominellen Zinsfuß von δ unter der Annahme, daß die Zinsperiode $1/k$ Jahr beträgt, und nk solche Zinsperioden vorliegen, nach der Gleichung

$$S = P\left(1 + \frac{\delta}{k}\right)^{nk}.$$

Wir nehmen nunmehr an, daß $k \to \infty$ und das Kapital bei dieser sog. momentanen Verzinsung t Jahre am Zins liege, wobei t eine ganze oder gebrochene Zahl sein kann. Man spricht von *Momentanverzinsung* oder *kontinuierlicher Verzinsung*, weil die Zinsperiode unendlich klein angenommen wurde und damit der Zinszuschlag gedanklich von Moment zu Moment erfolgt. Der Endwert des Kapitals werde bei dieser Momentan- oder kontinuierlichen Verzinsung mit $\overline{S}$ bezeichnet. Es gibt eine solche ganze, positive Zahl n, daß die folgende Ungleichung richtig ist:

$$\frac{n}{k} \leq t < \frac{n+1}{k},$$

d.h. die Anzahl der Zinsperioden für die Zeit t liegt zwischen n und $n+1$. Aus dieser Ungleichung schließen wir

$$\left\{\left(1+\frac{\delta}{k}\right)^k\right\}^{\frac{n}{k}} \leq \left(1+\frac{\delta}{k}\right)^{tk} \leq \left\{\left(1+\frac{\delta}{k}\right)^k\right\}^{\frac{n+1}{k}}.$$

Lassen wir in dieser Ungleichung $k \to \infty$ gehen, so erhalten wir

$$\lim_{k \to \infty} \frac{n}{k} = t.$$

Beide Schranken dieser Ungleichung streben nach $e^{\delta t}$ und damit gilt

$$\overline{S} = P e^{\delta t} \quad \text{und} \quad P = \overline{S} e^{-\delta t}. \tag{8.1.1}$$

8.1. Kontinuierliche Darstellung der einfachsten Versicherungswerte.

δ wird als die *Zinsintensität* bezeichnet. Das Kapital muß demnach bei der kontinuierlichen Verzinsung mit e^δ multipliziert werden, um seinen Endwert nach einem Jahr zu erhalten. Zwischen dem nominellen Zinsfuß δ und dem effektiven Zinsfuß i besteht demnach die folgende Gleichung

$$e^\delta = 1 + i \quad \text{oder} \quad \delta = \log(1+i) = i + \frac{i^2}{2} + \frac{i^3}{3} + \cdots,$$

$$i = e^\delta - 1 = \delta + \frac{\delta^2}{2!} + \frac{\delta^3}{3!} + \cdots.$$

Sterblichkeitsintensität. In einer gegebenen Absterbeordnung bedeute l_x eine stetige mindestens einmal differenzierbare Funktion von x, wobei $0 \leq x \leq \omega$ und $l_\omega = 0$. Wenn wir x die ganzen Zahlen von 0 bis $[\omega]$ durchlaufen lassen, so erhalten wir eine Absterbeordnung im früher definierten Sinne. $[\omega]$ ist die größte in ω enthaltene ganze Zahl. Wir erweitern die Definition der früher eingeführten Erlebens- und Todeswahrscheinlichkeiten im folgenden Sinne: Der Ausdruck

$$\frac{l_x - l_{x+\Delta x}}{l_x} = \left(\frac{l_x - l_{x+\Delta x}}{\Delta x}\right)\left(\frac{\Delta x}{l_x}\right)$$

mißt die Wahrscheinlichkeit eines x-Jährigen, zwischen dem Alter x und $x + \Delta x$ zu sterben. Gemäß Voraussetzung ist es möglich, in $\frac{l_x - l_{x+\Delta x}}{\Delta x \, l_x}$ die Größe Δx gegen 0 streben zu lassen. Setzen wir

$$\mu_x = -\frac{l'_x}{l_x} = -\frac{d \log l_x}{dx}, \tag{8.1.2}$$

so gibt uns der Ausdruck $\mu_x \, dx$ nach den vorangegangenen Ausführungen die Wahrscheinlichkeit eines x-Jährigen, im nächsten Zeitintervall dx zu sterben. Man bezeichnet deshalb diese Größe μ_x als die *Sterblichkeitsintensität*. Gemäß ihrer Definition erhalten wir

$$\int_0^t \mu_{x+\tau} \, d\tau = -\log l_{x+\tau} \Big|_{\tau=0}^{t} = \log \frac{l_x}{l_{x+t}}.$$

Die Wahrscheinlichkeit für einen x-Jährigen, das Alter $x+t$ zu erleben, beträgt

$${}_t p_x = \frac{l_{x+t}}{l_x} = e^{-\int_0^t \mu_{x+\tau} \, d\tau} \tag{8.1.3}$$

und die Wahrscheinlichkeit im betreffenden Zeitraum zu sterben

$${}_t q_x = 1 - {}_t p_x = 1 - e^{-\int_0^t \mu_{x+\tau} \, d\tau}. \tag{8.1.4}$$

158   VIII. Über die Konstruktion von Universaltafeln und ihre Anwendungen.

Für die mittlere Lebenserwartung eines x-Jährigen erhalten wir in kontinuierlicher Darstellung

$$\bar{e}_x = \int_0^{\omega-x} {}_t p_x \, dt = \int_0^{\omega-x} e^{-\int_0^t \mu_{x+\tau} \, d\tau} \, dt.$$

Als wichtigster Spezialfall einer kontinuierlichen Absteordnung sei die MAKEHAMsche genannt. Es gilt in diesem Fall

$$\left. \begin{array}{l} l_x = k \, s^x \, g^{(c^x)} \\ \mu_x = -[\log s + \log g \log c \, c^x] = k_1 + k_2 \, c^x, \end{array} \right\} \quad (8.1.5)$$

wobei k_1 und k_2 Konstante bedeuten.

Kontinuierliche Erlebensfallversicherung. Ein x-jähriger Mann erhalte im Alter von s Jahren (s kann eine beliebige ganze oder gebrochene Zahl sein) den Betrag 1, sofern er in diesem Zeitpunkte noch lebt. Der Barwert einer solchen kontinuierlichen Erlebensfallversicherung werde mit ${}_{s-x}E_x$ bezeichnet. Er beträgt

$$_{s-x}E_x = e^{-\delta(s-x)} \frac{l_s}{l_x} = e^{-\int_x^s (\delta + \mu_t) \, dt}. \quad (8.1.6)$$

Die Größe ${}_{s-x}E_x$ genügt offensichtlich der Differentialgleichung

$$\frac{d}{dx} {}_{s-x}E_x = (\delta + \mu_x) {}_{s-x}E_x. \quad (8.1.7)$$

Kontinuierliche Leibrente. Einem Manne bzw. einer Frau werde von ihrem Alter x bzw. y an in jedem Zeitintervall dt der Betrag dt lebenslänglich gutgeschrieben. Diese kontinuierliche Leibrente entsteht also dadurch, daß eine Rente vom jährlichen Betrage 1 in unendlichen vielen kleinen Raten von der Größe dt kontinuierlich ausbezahlt wird. Der Barwert einer solchen Leibrente werde mit $\bar{a}_x$ bzw. $\bar{a}_y$ bezeichnet. Er berechnet sich als Summe der Barwerte der einzelnen unendlich kleinen Raten. Eine solche kleine Rate hat gemäß den obigen Betrachtungen über die Erlebensfallversicherung den Barwert ${}_t p_x \, e^{-\delta t} \, dt$ bei einer Zinsintensität δ. Wir erhalten demnach für den Barwert

$$\bar{a}_x = \int_0^{\omega-x} {}_t p_x \, e^{-\delta t} \, dt = \int_0^{\omega-x} e^{-\int_0^t (\mu_{x+\tau}+\delta) \, d\tau} \, dt = \int_x^\omega e^{-\int_x^t (\mu_\tau+\delta) \, d\tau} \, dt. \quad (8.1.8)$$

Nach Differentiation dieser Gleichung nach x unter Beachtung des Umstandes, daß x sowohl in der unteren Grenze als auch beim Integranden vorkommt, erhält man für $\bar{a}_x$ die folgende Differentialgleichung

$$\frac{d\bar{a}_x}{dx} - (\mu_x + \delta) \bar{a}_x + 1 = 0. \quad (8.1.9)$$

8.1. Kontinuierliche Darstellung der einfachsten Versicherungswerte. 159

Der Ausdruck in (8.1.8) stellt die Lösung der Differentialgleichung von (8.1.9) mit der Bedingung $\bar{a}_\omega = 0$ dar.

Kontinuierliche Todesfallversicherung. Ein x-Jähriger schließe eine Todesfallversicherung ab mit der Bedingung, daß unmittelbar nach seinem Tode der Betrag 1 ausbezahlt werde. Der Barwert einer solchen kontinuierlichen Todesfallversicherung werde mit $\bar{A}_x$ bezeichnet. Er berechnet sich als Summe der Barwerte aus den Belastungen der einzelnen Zeitintervalle dt. Nach t Jahren ist im daran anschließenden Zeitintervall dt der Betrag $\mu_{x+t} dt$ zu bezahlen, der noch mit dem Faktor $e^{-\delta}$ rückdiskontiert werden muß. Dieser Betrag ist nur dann zu bezahlen, wenn der Versicherte den Zeitpunkt t erlebt. Wir erhalten deshalb unter Verwendung von $e^{-\delta} = v$ und $\mu_{x+t} = -\dfrac{dl_{x+t}}{dt} \dfrac{1}{l_{x+t}}$

$$\bar{A}_x = \int_0^{\omega-x} {}_t p_x \mu_{x+t} e^{-\delta t} dt = -\frac{1}{D_x} \int_0^{\omega-x} e^{-\delta(x+t)} dl_{x+t}. \quad (8.1.10)$$

Bei Anwendung der partiellen Integration auf diese Gleichung erhält man

$$\bar{A}_x = -\frac{1}{l_x} \int_0^{\omega-x} \frac{dl_{x+t}}{dt} e^{-\delta t} dt = -\frac{1}{l_x} \left[l_{x+t} e^{-\delta t} \Big|_0^{\omega-x} + \delta \int_0^{\omega-x} l_{x+t} e^{-\delta t} dt \right],$$

und damit

$$\bar{A}_x = 1 - \delta \bar{a}_x. \quad (8.1.11)$$

Durch Differentiation dieser Gleichung nach x und Berücksichtigung von (8.1.9) finden wir die Differentialgleichung

$$\frac{d\bar{A}_x}{dx} = (\delta + \mu_x) \bar{A}_x - \mu_x. \quad (8.1.12)$$

Im Abschnitt **3.2** haben wir Näherungsformeln für verschiedene Versicherungswerte bei unterjähriger Bezahlung hergeleitet. Wenn man in diesen Näherungsformeln $m \to \infty$ streben läßt, erhält man approximative Beziehungen zwischen Versicherungswerten, berechnet auf kontinuierlicher und diskontinuierlicher Basis. Setzt man beispielsweise in (3.2.3) bzw. (3.3.9) $m = \infty$ so, erhalten wir

$$\bar{a}_x \sim \ddot{a}_x - \tfrac{1}{2}$$

$$\bar{A}_x \sim (1+i)^{\frac{1}{2}} A_x \sim \left(1 + \frac{i}{2}\right) A_x$$

$$\bar{a}_{x:\overline{n}|} \sim \ddot{a}_{x:\overline{n}|} - \frac{1}{2}\left(1 - \frac{D_{x+n}}{D_x}\right).$$

Diese Näherungsformeln wurden unter der Annahme hergeleitet, daß die Verteilung der Sterbefälle in einem Jahr linear erfolge. Bei

Verwendung von Näherungsformeln für bestimmte Integrale erhält man genauere Beziehungen zwischen den Versicherungswerten, berechnet auf kontinuierlicher und diskontinuierlicher Basis. Durch Benutzung der EULER-MACLAURINschen Summationsformel findet man beispielsweise

$$\bar{a}_x \sim \ddot{a}_x - \tfrac{1}{2} - \tfrac{1}{12}(\delta + \mu_x).$$

Mit Rücksicht darauf, daß die bei solchen Methoden gewonnenen Korrekturen unbedeutend sind, verzichten wir auf eine ausführliche Herleitung solcher Näherungsformeln.

8.2. Über einfache Transformationen von Versicherungswerten.

Gemäß den Formeln in 8.1 sind die in jenem Abschnitt betrachteten Versicherungswerte Funktionen von δ, x und μ_{x+t}. Wir werden in diesem Abschnitt diese Größen gewissen einfachen Transformationen unterziehen und untersuchen, wie sich dann die Versicherungswerte ändern. Mit Rücksicht auf die Struktur der Formeln in 8.1 ist es zweckmäßig, für die Größe $\delta + \mu_x$ eine spezielle Bezeichnung ϱ einzuführen. Wir setzen

$$\varrho(\delta, x) = \delta + \mu_x. \tag{8.2.1}$$

Nun stellen wir uns zwei Versicherungssysteme vor, definiert durch je eine kontinuierliche Absterbeordnung und eine Zinsintensität. Wir bezeichnen die zu beiden Systemen gehörigen Größen und Versicherungswerte durch zwei Indizes 1 und 2. Wir werden zeigen, daß bei geeignet gewählten Zusammenhängen zwischen den Größen x und ϱ der beiden Versicherungssysteme einfache Beziehungen zwischen den Versicherungswerten der beiden Systeme bestehen müssen. Beispielsweise gilt der folgende *Invarianzsatz*[1]: Setzt man

$$\tau_2 = m\,\tau_1 + n, \tag{8.2.2}$$

$$\varrho_2 = \frac{\varrho_1}{m}, \tag{8.2.3}$$

so gilt

$$_{s_1-x_1}E_{x_1} = {}_{s_2-x_2}E_{x_2}, \tag{8.2.4}$$

wobei

$$x_2 = m\,x_1 + n$$

$$s_2 = m\,s_1 + n$$

---

[1] SAXER, W.: Über die Konstruktion einer Standardabsterbeordnung. Mitteilungen der Vereinigung schweiz. Versicherungsmathematiker, 19. H., S. 19—29, 1924. — VOGEL, W.: Invarianzeigenschaft von Standardabsterbeordnungen und deren praktische Anwendung. Mitteilungen der Vereinigung schweiz. Versicherungsmathematiker, 53. Bd., S. 116—128, 1953.

8.2. Über einfache Transformationen von Versicherungswerten.

und $m > 0$, m und n sind Konstanten. Gelten umgekehrt (8.2.2) und (8.2.4), so muß (8.2.3) erfüllt sein.

Beweis. Gemäß (8.1.6) und (8.2.1) gilt

$$_{s-x}E_x = e^{-\int_x^s \varrho\, d\tau}.$$

Dank den Substitutionen (8.2.2) und (8.2.3) erhalten wir

$$e^{-\int_{x_1}^{s_1} \varrho_1\, d\tau_1} = e^{-\int_{x_2}^{s_2} \varrho_1 \frac{d\tau_2}{m}} = e^{-\int_{x_2}^{s_2} \varrho_2\, d\tau_2},$$

und damit ist der erste Teil des Invarianzsatzes schon bewiesen. Gelten umgekehrt (8.2.2) und (8.2.4), benutzen wir die Differentialgleichung (8.1.7), die wir in der Form schreiben

$$\frac{d}{dx}\left(_{s-x}E_x\right) = \varrho\left(_{s-x}E_x\right).$$

Nun gilt wegen der gemachten Voraussetzungen

$$\frac{d}{dx_1}\left(_{s_1-x_1}E_{x_1}\right) = \varrho_1\left(_{s_1-x_1}E_{x_1}\right) = \frac{d}{dx_1}\left(_{s_2-x_2}E_{x_2}\right) = m\,\frac{d}{dx_2}\left(_{s_2-x_2}E_{x_2}\right)$$
$$= m\,\varrho_2\left(_{s_2-x_2}E_{x_2}\right).$$

Daraus folgt
$$\varrho_1 = m\,\varrho_2,$$

womit auch die Umkehrung bewiesen ist.

Unter der Voraussetzung, daß δ eine Konstante, läßt sich (8.2.3) in der folgenden Weise aufspalten:

$$\delta_2 = \frac{\delta_1}{m} - r, \tag{8.2.5}$$

$$\mu_{2,\,x_2} = \frac{\mu_{1,\,x_1}}{m} + r, \tag{8.2.6}$$

r ist eine Konstante. Zusammenfassend bestehen demnach zwischen den Größen x, μ_x und δ die folgenden Beziehungen

I: $\quad x_2 = m\,x_1 + n$

$\quad \mu_{2,\,x_2} = \dfrac{\mu_{1,\,x_1}}{m} + r$

$\quad \delta_2 = \dfrac{\delta_1}{m} - r \quad$ oder $\quad \log(1 + i_2) = \log(1 + i_1)^{1/m} - r$

und umgekehrt

II: $\quad x_1 = \dfrac{x_2 - n}{m}$

$\quad \mu_{1,\,x_1} = (\mu_{2,\,x_2} - r)\,m$

$\quad \delta_1 = (\delta_2 + r)\,m.$

Wir bezeichnen diese Transformation als *Standardtransformation*. Nun gilt der Satz: *Bei Anwendung einer Standardtransformation gelten die Beziehungen*

$$\bar{a}_{2,x_2} = m\,\bar{a}_{1,x_1}, \tag{8.2.7}$$

$$\bar{A}_{2,x_2} = \bar{A}_{1,x_1} + r\,m\,\bar{a}_{1,x_1}. \tag{8.2.8}$$

Beweis. Wenn $x_1 \to x_2$ und die von diesem Zeitpunkt an verstrichene Zeit mit t_1 bzw. t_2 bezeichnet wird, so besteht zwischen t_2 und t_1 wegen Gl. (8.2.2) die Beziehung $t_2 = mt_1$, da die additive Konstante n in diesem Falle herausfällt. Gemäß (8.1.8) und den gemachten Voraussetzungen gilt deshalb

$$\bar{a}_{1,x_1} = \int_0^{\omega_1-x_1} {}_{t_1}E_{1,x_1}\,dt_1 = \int_0^{\omega_2-x_2} {}_{t_2}E_{2,x_2}\,\frac{dt_2}{m} = \frac{\bar{a}_{2,x_2}}{m}.$$

Für den Beweis von (8.2.8) finden wir auf Grund von (8.1.11) und (8.2.5)

$$\bar{A}_{2,x_2} = 1 - \delta_2\,\bar{a}_{2,x_2} = 1 - \delta_2\,m\,\bar{a}_{1,x_1} = \bar{A}_{1,x_1} + (\delta_1 - \delta_2\,m)\,\bar{a}_{1,x_1}$$
$$= \bar{A}_{1,x_1} + r\,m\,\bar{a}_{1,x_1}.$$

In ganz analoger Weise könnten andere Versicherungswerte wie auch die Prämien und Reserven transformiert werden.

Sofern demnach beispielsweise die Leibrentenbarwerte für eine bestimmte Absterbeordnung und sämtliche δ bekannt sind, lassen sich diese Werte für ein zweites System berechnen, wenn zwischen den Grundgrößen Gln. I erfüllt sind.

Die Transformationsgleichungen I enthalten drei allgemeine Parameter m, n und r. Alle diese Transformationen bilden eine sog. *Gruppe*, da zwei hintereinander ausgeführte Transformationen wieder eine Transformation von der gleichen Struktur liefern. Ebenso besitzen die inversen Transformationen dieselbe Struktur und die Identität ist ein Spezialfall einer solchen Transformation.

8.3. Die MAKEHAMschen Absterbeordnungen als Gruppe.

E. BLASCHKE[1] und J. P. GRAM[2] haben ohne Kenntnis der allgemeinen Transformationen im Sinne von **8.2** durch direkte Rechnung fest-

---

[1] BLASCHKE, E.: Über eine Anwendung des Sterbegesetzes von GOMPERTZ-MAKEHAM. Mitteilungen des Verbandes der österr. und ungar. Versicherungstechnik, H. IX, Wien 1903. — Die Todesursachen bei österreichischen Versicherten. Versicherungswissenschaftliche Mitteilungen, Bd. IX, H. 1, Wien 1914.

[2] GRAM, J. P.: Om Makehams Dodelighedsformel og dens Anvendelse paa ikke normale Liv. Afhandlinger af Nordiske Aktuarer, S. 57. Kjobenhaven 1904.

8.3. Die MAKEHAMschen Absterbeordnungen als Gruppe.

gestellt, daß diejenigen Systeme, welche zu MAKEHAMschen Absterbeordnungen gehören, in einfacher Weise mit einander verknüpft sind. Von den genannten Autoren wurde bewiesen, daß für zwei Systeme, denen zwei verschiedene MAKEHAMsche Absterbeordnungen zugrunde liegen, entsprechende Leibrentenwerte in dem Sinne existieren, daß ihr Verhältnis eine Konstante ist. Dieser Satz ist ein Spezialfall unseres Satzes von **8.2** über die Standardtransformation. Für den Beweis dieser Behauptung müssen wir lediglich zeigen, daß zwei Systeme, welche auf Grund von MAKEHAMschen Absterbeordnungen berechnet wurden, den Bedingungen I von **8.2** entsprechen. Wir müssen die Parameter m, n und r unter Voraussetzung von zwei verschiedenen MAKEHAMschen Absterbeordnungen so berechnen können, daß tatsächlich die Gln. I erfüllt sind. Diese Bestätigung ergibt sich ohne weiteres aus der nachstehenden einfachen Rechnung. Es sei

$$\mu_{1,x_1} = -[\log s_1 + c_1^{x_1} \log g_1 \log c_1]$$

und

$$\mu_{2,x_2} = -[\log s_2 + c_2^{x_2} \log g_2 \log c_2]$$

Gemäß I müssen die folgenden Gleichungen bestehen

$$x_2 = m\, x_1 + n,$$

$$-[\log s_2 + c_2^{m x_1 + n} \log g_2 \log c_2] = \frac{-[\log s_1 + c_1^{x_1} \log g_1 \log c_1]}{m} + r.$$

Die letzte Gleichung liefert uns die Möglichkeit für die Bestimmung der Werte m, n und r. Wir erhalten der Reihe nach

$$c_2^m = c_1, \quad m = \frac{\log c_1}{\log c_2}$$

$$\log s_2 = \frac{\log s_1}{m} - r, \quad r = \frac{-m \log s_2 + \log s_1}{m}$$

$$c_2^n \log g_2 \log c_2 = \frac{\log g_1 \log c_1}{m}, \quad n = \frac{\log\log\left(\frac{1}{g_1}\right) - \log\log\left(\frac{1}{g_2}\right)}{\log c_2}.$$

Ist umgekehrt eine MAKEHAMsche Absterbeordnung gegeben und wenden wir auf eine solche eine Standardtransformation an, so behaupten wir, daß wir wiederum eine MAKEHAMsche Absterbeordnung erhalten. Wir müssen lediglich im vorangegangenen Gleichungssystem die Zahlen c_1, g_1, s_1, m, n und r als bekannt voraussetzen und daraus die Zahlen c_2, g_2, s_2 berechnen. Da m im Sinne der allgemeinen Theorie positiv sein soll,

11*

VIII. Über die Konstruktion von Universaltafeln und ihre Anwendungen.

folgt daraus, daß für $c_1 > 1$ auch $c_2 > 1$ sein muß. Ebenso zeigt die letzte Gleichung, daß $\log g_1$ und $\log g_2$ das gleiche Vorzeichen besitzen. Wenn demnach $0 < g_1 < 1$, so folgt daraus, daß auch g_2 diese Ungleichung erfüllen muß. Dieses allgemeine Resultat zeigt, daß die MAKEHAMschen Absterbeordnungen eine Gruppe im Sinne unserer Ausführungen von 8.2 bilden. Eine MAKEHAMsche *Absterbeordnung ist eine sog. Standardabsterbeordnung* oder Universaltafel im folgenden Sinne: Wenn die zweidimensionale Mannigfaltigkeit der Leibrentenbarwerte für eine bestimmte Absterbeordnung und für alle Zinsintensitäten bekannt ist, so lassen sich die Leibrentenbarwerte für eine andere MAKEHAMsche Absterbeordnung und eine beliebige Intensität für ein beliebiges Alter auf Grund der Standardtransformation berechnen. Aus der kontinuierlichen Leibrente erhält man mit Hilfe der Näherungsformeln von 8.1 die diskontinuierlichen Leibrentenbarwerte.

Trotz des recht allgemeinen Charakters dieses Resultates, das beispielsweise bei der Versicherung anormaler Risiken angewendet werden kann, hat dieser Satz bei seinen Anwendungen den Nachteil, daß eine zweidimensionale Mannigfaltigkeit von Leibrentenbarwerten bekannt sein muß. Deshalb wurden auf Grund der besonderen analytischen Formen von l_x im Falle eines MAKEHAMschen Gesetzes direkte mathematische Methoden zur Berechnung der Leibrentenbarwerte ausgearbeitet.

$\bar{a}_x$ läßt sich im Falle von MAKEHAM in folgender Weise darstellen:

$$\bar{a}_x = \frac{1}{l_x} \int_0^\infty l_{x+u} v^u \, du,$$

wobei

$$l_{x+u} = k \, s^{x+u} \, g^{(c^{x+u})}.$$

Vom praktischen Standpunkte aus müßte die Variable u nur zwischen 0 und $\omega - x$ variiert werden. Es ist jedoch bequemer bis ins Unendliche zu integrieren. Der dadurch entstehende Fehler ist wegen der sehr guten Konvergenz des Integrals unbedeutend. Zwecks anderer Darstellung dieses Integrals machen wir die folgenden Substitutionen:

$$g^{(c^{x+u})} = e^{-t}, \quad \xi = c^x \log\left(\frac{1}{g}\right), \quad a = 1 - \frac{\log(sv)}{\log c}$$

und erhalten nach einigen Zwischenrechnungen

$$\bar{a}_x = \frac{\xi^{a-1} e^\xi \int_\xi^\infty t^{-a} e^{-t} dt}{\log c} = \frac{\varphi(\xi, a)}{\log c}.$$

Zur Berechnung der Funktion $\varphi(\xi, a)$ benötigen wir vor allem die Werte des Integrals

$$\int_\xi^\infty t^{-a} e^{-t} dt.$$

die von ξ und a abhängen. Dieses Integral wird als die PRYMsche Funktion oder die unvollständige Γ-Funktion bezeichnet. Sie wurde von verschiedenen Autoren tabelliert und insbesondere von W. THALMANN[1] für versicherungstechnische Zwecke berechnet.

IX. Versicherungstechnische Bilanzen, ihre Analyse und die Gewinnverteilung.

Zur Kontrolle der finanziellen Lage von Versicherungsunternehmungen müssen diese von Zeit zu Zeit Bilanzen erstellen und für bestimmte Rechnungsperioden eine Gewinn- und Verlustrechnung ablegen. Ganz besonders für Versicherungsunternehmungen wäre es im allgemeinen durchaus trügerisch, wenn man angesichts vieler vielleicht langjähriger Versicherungsverträge den Stand eines solchen Unternehmens lediglich auf Grund einer momentan günstigen Kassensituation beurteilte. Die Bilanzen sind dasjenige Instrument, das uns die Kriterien liefern soll, ob ein Versicherungsunternehmen vermutlich in der Lage sein wird, in Zukunft die übernommenen finanziellen Verpflichtungen zu erfüllen. Die Gewinn- und Verlustrechnung muß uns ein möglichst exaktes Bild der dem Bilanzdatum vorangegangenen Entwicklung des Versicherungsunternehmens liefern. Die Buchhaltung von Versicherungsgesellschaften muß auch die nötigen Anhaltspunkte für die Beurteilung der Versicherungstarife und der bei ihnen benützten Grundlagen enthalten. Deshalb ist es begreiflich, daß die staatlichen Aufsichtsämter mit besonderer Sorgfalt Weisungen erteilen, nach welchen Prinzipien Erfolgsrechnungen und Bilanzen von Versicherungsgesellschaften erstellt werden müssen. Im folgenden werden wir zur Frage der Bilanzierung von Lebensversicherungsgesellschaften und Pensionskassen so weit Stellung nehmen, als dabei versicherungsmathematische Begriffe und Kriterien benützt werden. Selbstverständlich ist damit aber der ganze Problemkreis der Erstellung solcher Bilanzen noch lange nicht erschöpft, indem noch viele andere Fragen betriebstechnischer, rechtlicher und finanzieller Natur mit eine Rolle spielen.

---

[1] THALMANN, W.: Die Zahlenwerte der PRYMschen Funktion zur Berechnung von Rentenbarwerten. Mitteilungen der Vereinigung schweiz. Versicherungsmathematiker, H. 26, S. 173—201, 1931.

9.1. Versicherungstechnische Bilanzen.

In der versicherungstechnischen Bilanz eines Versicherungsunternehmens soll festgestellt werden, ob dasselbe vermutlich in der Lage sein werde, auf Grund des vorhandenen angesammelten Vermögens und der vermutlichen zukünftigen Einnahmen die übernommenen Versicherungsverpflichtungen zu erfüllen. Diese Kontrolle muß nach bestimmten Rechnungsperioden so lange durchgeführt werden, als das Unternehmen überhaupt besteht. Bei konzessionierten Lebensversicherungsgesellschaften wird je am Ende eines Rechnungsjahres, das sehr häufig mit dem Kalenderjahr zusammenfällt, eine Bilanz erstellt, sowie eine Gewinn- und Verlustrechnung für das abgelaufene Rechnungsjahr. Bei autonomen Pensionskassen wird dieser Zeitraum zwischen zwei Bilanzierungsterminen häufig größer gewählt, beispielsweise 3 bis 5 Jahre. Bei staatlichen Sozialversicherungen liegt in dieser Hinsicht eine ähnliche Situation vor wie bei autonomen Pensionskassen.

Gemäß der Zielsetzung einer versicherungstechnischen Bilanz muß demnach auf diesen Zeitpunkt das Vermögen der Versicherungsgesellschaft sowie der Barwert ihrer zukünftigen Einnahmen und Ausgaben geschätzt werden. Die Feststellung des Vermögens, beispielsweise die Wertung der Liegenschaften und der Wertschriften, erfolgt auf Grund bestimmter Richtlinien, die von den Aufsichtsämtern festgelegt werden. Die Berechnung des Barwertes der zukünftigen Einnahmen und Ausgaben und damit im wesentlichen der erforderlichen Deckungskapitalien, kann nur mit Hilfe bestimmter versicherungstechnischer Grundlagen geschehen. Je nach ihrer Wahl werden diese Deckungskapitalien größer oder kleiner ausfallen. *Aus diesem Grunde ist die Wahl der versicherungstechnischen Grundlagen bei der Erstellung einer versicherungstechnischen Bilanz die wichtigste und heikelste Aufgabe, die mit besonderer Sorgfalt gelöst werden muß.* Weil die Größe der erforderlichen Deckungskapitalien oder Reserve weitgehend von diesen Grundlagen abhängig ist, wird mit ihrer Wahl auch der Gewinn oder Verlust einer vorangegangenen Rechnungsperiode beeinflußt. Aus diesen Bemerkungen ist ersichtlich, daß die Bilanzierungsprinzipien tatsächlich weitgehend die Geschäftsführung eines Versicherungsunternehmens beeinflussen. Die Art der Erstellung der versicherungstechnischen Bilanz ist in gewissem Sinne auch noch davon abhängig, ob das Versicherungsunternehmen wie bei konzessionierten Lebensversicherungsgesellschaften mit Versicherungstarifen operiert, deren Prämien auf Grund des Äquivalenzprinzipes bestimmt wurden oder ob es sich um autonome Pensionskassen oder Sozialversicherungen mit Durchschnittsprämien und eventuellen Zuschüssen allgemeiner Art, z.B. vom Staat oder von einem Arbeitgeber handelt. Wir werden deshalb im folgenden drei Fälle unterscheiden:

A. Versicherungsunternehmungen mit individuellen, auf Grund des Äquivalenzprinzipes bestimmten Prämien.

B. Autonome Pensionskassen mit Durchschnittsprämien.

C. Staatliche Sozialversicherungen mit Durchschnittsprämien und allgemeinen Zuschüssen.

A. Versicherungen mit individuellen Prämien.

Zur Erstellung der versicherungstechnischen Bilanz in einem ganz bestimmten Zeitpunkte muß an diesem Tag der genaue Bestand der laufenden Versicherungen bekannt sein. An Hand dieses Bestandes und der in Kapitel 6 beschriebenen Rechnungsprinzipien werden die folgenden Passivposten für die Bilanz berechnet:

a) Bilanzreserve. Diese Bilanzreserve besteht gemäß **6.3** aus dem Bilanzdeckungskapital, zuzüglich Übertrag der Prämien und abzüglich Rentenübertrag. Vor Bestimmung dieser Bilanzreserve müssen genaue Weisungen darüber aufgestellt werden, nach welchen Grundlagen und Rechnungsprinzipien dieselbe bestimmt werden soll. Insbesondere muß der ZILLMER-Satz festgelegt werden und überhaupt eine Annahme darüber getroffen werden, ob negative Reserven in der Bilanz berücksichtigt werden sollen oder nicht. Bei Staaten mit Aufsichtsämtern werden die Richtlinien von diesen herausgegeben.

b) Verwaltungskostenreserve. Gemäß **6.4** kommt es vor, daß bei gewissen Versicherungsverträgen die Prämienzahlungsdauer kürzer ist als die Versicherungsdauer. In diesem Falle muß die Verwaltungskostenreserve zur Bezahlung der zukünftigen Verwaltungskosten nach Ablauf der Prämienzahlungsdauer ausgeschieden werden.

c) Schadenrücklage. Es kann vorkommen, daß Versicherungssummen kürzere oder längere Zeit vor dem Bilanzierungszeitpunkt fällig wurden und aus bestimmten Gründen nicht ausbezahlt werden konnten. Für solche Fälle muß eine spezielle Schadenrücklage gemacht werden.

d) Rückversicherungsschulden. Es ist denkbar, daß das Versicherungsunternehmen gegenüber einem Rückversicherer Schulden hat, die als Passivum eingestellt werden müssen.

Unter die *Aktiven* sind die folgenden technischen Posten einzureihen:

a) Gestundete Beiträge. Bei der Berechnung der Bilanzreserve wurden im allgemeinen ganzjährige Prämien vorausgesetzt. Bei unterjähriger Prämienbezahlung hat das Versicherungsunternehmen demnach noch Guthaben, die unter der Bezeichnung „Gestundete Prämien" in die Aktiven eingestellt werden.

168   IX. Versicherungstechnische Bilanzen, ihre Analyse und die Gewinnverteilung.

b) Rückversicherungsguthaben. Es ist denkbar, daß das Versicherungsunternehmen bei einem Rückversicherer noch Guthaben besitzt, z. B. für unerledigte Versicherungsfälle usw.

B. Pensionskassen mit Durchschnittsprämie.

Bei Pensionskassen mit Durchschnittsprämie muß ebenfalls auf den Bilanztag der genaue Versicherungsbestand (Aktive und Rentner) bekannt sein. Außerdem müssen die vereinbarten Durchschnittsprämien und die von der Pensionskasse übernommenen Versicherungsverpflichtungen genau umschrieben sein. Da bei solchen Pensionskassen mit Durchschnittsprämie die Bezahlung der Prämie sozusagen ausschließlich am Anfang eines Monats, Viertel- oder Halbjahres oder Rechnungsjahres erfolgt, ist die spezielle Ausscheidung eines Prämien- und Rentenübertrages nicht nötig. Am übersichtlichsten wird die Bilanz, wenn in diesem Fall der Barwert der Prämie, getrennt nach Geschlechtern, speziell berechnet und als Aktivum eingestellt wird. Gelegentlich ist es sogar vorteilhaft, verschiedene Aktivposten für die Arbeitgeberprämien und Arbeitnehmerprämien aufzuführen.

Die *Passivenseite* muß die folgenden Posten enthalten:

Barwert der laufenden Altersrenten der Männer,
Barwert der laufenden Altersrenten der Frauen,
Barwert der laufenden Invalidenrenten der Männer,
Barwert der laufenden Invalidenrenten der Frauen,
Barwert der laufenden Witwenrenten,
Barwert der laufenden Waisen- und Invalidenkinderrenten,
Barwert der laufenden Verwandtenrenten.

Anwartschaft der Rentner auf Sterbesummen,
Anwartschaft der Rentner auf Witwenrenten,
Anwartschaft der Rentner auf Waisenrenten,
Anwartschaft der Rentner auf Verwandtenrenten.

Anwartschaft der Aktiven auf Erlebensfallsummen,
Anwartschaft der Aktiven auf Todesfallsummen,
Anwartschaft der Aktiven auf gemischte Versicherungen,
Anwartschaft der Aktiven auf Altersrenten,
Anwartschaft der Aktiven auf Invalidenrenten und Abfindungen,
Anwartschaft der Aktiven auf Witwenrenten,
Anwartschaft der Aktiven auf Waisen- und Invaliden-Kinderrenten,
Anwartschaft der Aktiven auf Verwandtenrenten.

Bestehen Rückversicherungsverträge, so sind die entsprechenden Aktiven und Passiven aus den Versicherungsverträgen zu berücksichtigen. Außerdem müssen gelegentlich auch Schadenreserven für unerledigte Fälle ausgewiesen werden.

Bei der obigen Art der Bilanzierung von Pensionskassen wurde, wie eingangs bemerkt, der *bestehende Versicherungsbestand* berücksichtigt. Der zukünftige Zugang an neuen Versicherungen durch Eintritt neuer Versicherter oder Erhöhung der Versicherungsleistungen an die bereits vorhandenen Versicherten spielt bei dieser Art der Bilanzierung keine Rolle. Man spricht deshalb von der Bilanz für eine *geschlossene* Pensionskasse. Es wäre auch denkbar, den Barwert der zukünftigen Einnahmen und Ausgaben nicht nur für die am Bilanztag vorhandenen Versicherten, sondern auch für alle zukünftigen zu berechnen. Selbstverständlich muß in einem solchen Falle eine Annahme betreffend die zukünftigen Eintritte gemacht werden. Bei einer solchen Art von Bilanzierung spricht man von der Bilanz für eine *offene* Pensionskasse. Wegen der Unsicherheit betreffs des zukünftigen Neuzuganges und weil sich diese Berechnungen auf die totale Zukunft und nicht nur auf die Lebensdauer der vorhandenen Versicherten und ihrer Begünstigten beziehen, können aus solchen Bilanzen weniger sichere Schlüsse als aus den Bilanzen für geschlossene Pensionskassen gezogen werden. Es ist deshalb die Erstellung von Bilanzen für geschlossene Pensionskassen zu empfehlen unter der zusätzlichen Bedingung, daß die vermutliche Entwicklung der Pensionskasse wegen des Eintrittes neuer Versicherter überprüft werde. Wir werden uns über diese Frage an späterer Stelle noch aussprechen.

C. Sozialversicherungen mit Durchschnittsprämien und allgemeinen Zuschüssen.

Bei solchen Versicherungen, bei denen der Zugang gesetzlich geregelt ist, kommt häufig nur eine Bilanzierung im Sinne einer *offenen Kasse* in Betracht. Man kann sich bei der Berechnung der zukünftigen Einnahmen und Ausgaben entweder auf eine bestimmte vor dem Bilanzierungszeitpunkt liegende Anzahl von Jahren beschränken oder aber wiederum die ganze Zukunft berücksichtigen. Unter Würdigung des Umstandes, daß die bei der Bilanzierung notwendigen Annahmen sich im Laufe der Jahre ändern können, ergeben Bilanzen mit kürzeren Berechnungszeiten sicherere Anhaltspunkte für die zukünftige Entwicklung solcher Sozialversicherungen als Bilanzen, welche die ganze Zukunft erfassen. Zwecks Feststellung der Entwicklungstendenz einer Sozialversicherung sind allerdings Bilanzen vom letzteren Typus ebenfalls von einem gewissen Werte.

170 IX. Versicherungstechnische Bilanzen, ihre Analyse und die Gewinnverteilung.

9.2. Analyse der Bilanzen und der Gewinn- und Verlustrechnung.

Die Bilanz eines Versicherungsunternehmens liefert uns ein Bild über seine momentane finanzielle Lage, die Gewinn- und Verlustrechnung über die abgelaufene Rechnungsperiode gibt den Maßstab für die Erfolgsbetrachtung. Vergleicht man mehrere aufeinanderfolgende Gewinn- und Verlustrechnungen, so zeigen sich die Entwicklungstendenzen des Versicherungsunternehmens. Um dasselbe mit einiger Sicherheit steuern zu können, ist eine genaue Analyse der Gewinn- und Verlustrechnung unerläßlich. Eine solche Untersuchung soll uns zeigen, welchen Ursachen Gewinne und Verluste des Versicherungsunternehmens entstammen. Sie werden uns auch beweisen, ob die verwendeten Versicherungstarife und die bei ihrer Berechnung benützten Grundlagen den wirklichen Verhältnissen gut angemessen sind oder ob sich Reformen aufdrängen. Die Durchführung solcher Analysen soll im folgenden für Versicherungsgebilde mit Individual- und Durchschnittsprämien, nicht aber für Sozialversicherungen, besprochen werden. Zur Erstellung einer solchen Analyse müssen zunächst die möglichen Gewinn- und Verlustquellen zusammengestellt werden, was im folgenden geschehen soll[1].

1. Gewinnzuschläge auf den Prämien. Es wurde schon an früherer Stelle bemerkt, daß bei Versicherungstarifen mit Gewinnbeteiligung von vorneherein zu den gemäß Grundlagen erforderlichen Prämien feste Gewinnzuschläge einkalkuliert werden, damit die Versicherungsgesellschaften sozusagen mit Sicherheit seinerzeit den Versicherten Gewinnanteile vergüten können.

2. Risikogewinne und -verluste. Gegenüber den getroffenen Annahmen betreffend den Verlauf des Risikos werden sich Abweichungen ergeben, die Gewinne oder Verluste zeitigen können.

3. Zinsgewinne und -verluste. Bei den Passiven wurde durch Wahl des technischen Zinsfußes mit einem gewissen Zins auf dem für eine Versicherung anzusammelnden Deckungskapital gerechnet. Gegenüber dieser Annahme kann ein höherer oder tieferer Zins herausgewirtschaftet werden und dadurch entstehen Zinsgewinne oder -verluste.

4. Gewinne und Verluste auf den Kapitalanlagen. Auf den Kapitalanlagen können Gewinne oder Verluste entstehen. Beispielsweise können auf Liegenschaften Verkaufsgewinne erzielt werden, auf Wert-

---

[1] Angesichts der wirtschaftlichen Bedeutung der Gewinnanalyse für ein Versicherungsunternehmen besteht über diese Frage eine umfassende Literatur. Aus neuerer Zeit nennen wir: DOLEZEL, R. und H. NÖBEL: Gewinnanalyse in der Lebensversicherung. Veröffentlichung des Deutschen Vereins für Versicherungswissenschaft, H. 61, 1938.

papieren können Kursgewinne oder -verluste entstehen. Auf den Hypothekaranlagen müssen vielleicht gelegentlich Abschreibungen vorgenommen werden. Diese Gewinne und Verluste auf den Kapitalanlagen müssen zusammen mit den Zinsen mit dem in den Tarifen einkalkulierten Kapitalertrag verglichen werden, um ein richtiges Bild von der Divergenz zwischen Annahme und Wirklichkeit zu liefern.

5. **Kontrolle der Verwaltungskosten.** Bei der Besprechung der Prämie wurde gezeigt, daß im allgemeinen in die Prämie drei Komponenten von Verwaltungskosten einkalkuliert werden. Die Analyse der Gewinn- und Verlustrechnung muß zeigen, ob die getroffenen Annahmen bei der Prämienrechnung ungefähr den wirklichen Verwaltungskosten entsprechen oder nicht.

6. **Stornogewinne und -verluste.** Bei vorzeitigem Rückkauf einer Lebensversicherung oder bei Umwandlung in eine prämienfreie Versicherung wird in der Regel nicht das ganze vorhandene Deckungskapital verrechnet, sondern es werden Abzüge vorgenommen. Dadurch entstehen für die Versicherungsgesellschaft die Stornogewinne. Bei Pensionskassen mit Durchschnittsprämien können Eintrittsgewinne und Eintrittsverluste je nach Eintrittsalter des Versicherten entstehen. Die Durchschnittsprämie wird in der Regel nach dem Äquivalenzprinzip für ein bestimmtes Alter gerechnet. Je nach der Altersdifferenz gegenüber diesem rechnungsmäßigen Eintrittsalter entstehen die vorhin erwähnten Eintrittsgewinne oder -verluste. Bei Erhöhung der Versicherungsleistungen werden bei Pensionskassen mit Durchschnittsprämien häufig pauschale Entschädigungssätze in Anwendung gebracht und nicht das auf Grund des Äquivalenzprinzipes erforderliche Deckungskapital berechnet. In einem solchen Fall können der Pensionskasse ebenfalls Gewinne oder Verluste erwachsen.

7. **Sonstige Gewinne und Verluste.** Neben den oben erwähnten Gewinnkomponenten bestehen für Versicherungsgesellschaften noch andere Gewinn- und Verlustmöglichkeiten, beispielsweise werden Zinsen auf dem freien Vermögen der Versicherungsgesellschaft realisiert. Es können Schadenreserven frei werden, die vorsorglicherweise eingestellt worden waren. Durch Änderung der technischen Grundlagen bei der Berechnung der Bilanzreserve können der Gesellschaft buchmäßige Gewinne oder Verluste erwachsen. Schließlich kann auch das Verhältnis mit dem Rückversicherer Gewinne oder Verluste zeitigen.

Aus der obigen Zusammenstellung ist ersichtlich, daß der Gewinn weitgehend von der Wahl der Bilanzierungsprinzipien und insbesondere der versicherungstechnischen Grundlagen abhängig ist. Die Reserve eines Versicherungsunternehmens bildet demnach den eigentlichen Regulator der Gewinnbildung.

9.3. Berechnung der Risikogewinne und Risikoverluste.

Diese Berechnung soll für die drei wichtigsten Versicherungsarten gezeigt werden:

a) **Todesfallversicherungen.** Hier handelt es sich um Todesfallversicherungen, welche Einmalabfindungen wie bei gemischten Versicherungen usw. oder Rentenabfindungen wie Witwen- und Waisenrenten gewähren.

b) **Reine Erlebensfallversicherungen,** insbesondere laufende Renten.

c) **Invaliditätsversicherungen.**

Zur Kontrolle des Risikoverlaufes in einer bestimmten Zeit müssen in allen drei Fällen für die betreffende Kontrollperiode die totalen Ausgaben A je für den entsprechenden Versicherungszweig bestimmt und mit den totalen, zur Deckung des betreffenden Risikos vorgesehenen und einkalkulierten Mitteln E verglichen werden. Setzen wir

$$R = E - A, \qquad (9.3.1)$$

so handelt es sich um einen Risikogewinn, wenn $R > 0$ und um einen Risikoverlust, wenn $R < 0$. Bei völlig exakter Berechnung von R müßten die folgenden Momente beobachtet werden:

1. Die Berechnung erfolge auf das Bilanzdatum, z. B. auf den 31. Dezember eines Jahres. Einnahmen und Ausgaben verteilen sich jedoch auf das ganze vorangegangene Jahr. Es müßte der Zinseinfluß durch Proratazinsen berücksichtigt werden, was zwecks Vereinfachung der Rechnung häufig unterlassen wird. Mit Rücksicht auf den Zweck solcher Untersuchungen sind derartige Approximationen dann gestattet, wenn die dadurch entstehenden Abweichungen höchstens wenige Prozent des richtigen Resultates ausmachen.

2. Die Geschäftsjahre fallen im allgemeinen nicht mit dem Versicherungsjahr eines Versicherten zusammen, da sich die Versicherungsabschlüsse auf das ganze Jahr verteilen. Aus diesem Grunde wird beispielsweise bei einer Todesfallversicherung in der Regel die einkalkulierte Risikoprämie aus zwei Versicherungsjahren stammen, deren Risikoprämien im allgemeinen nicht gleich sind.

3. Die Bezahlung der Prämie erfolgt eventuell in unterjährigen Raten. Unter der Annahme, daß bei unterjähriger Bezahlung nicht bezahlte Prämienraten als gestundet betrachtet werden, darf der Einfluß dieser Prämienzahlungsart auf die Berechnung der Risikogewinne und -verluste vernachlässigt werden.

a) Todesfallversicherungen. Bei der Feststellung der Ausgaben für dieses Risiko müssen sämtliche hierfür fällig gewordenen Versicherungssummen, auch die von früher her zurückgestellten und von Rückversicherungsgesellschaften bezahlten Summen addiert werden. Bei Abfindung in Form von Renten sind die entsprechenden Deckungskapitalien einzustellen. Unter der Annahme, daß die Auszahlungen S_k in der Mitte des Jahres erfolgten, gilt demnach am Bilanztag, der mit dem Ende des Kalenderjahres zusammenfallen soll

$$A = (1+i)^{\frac{1}{2}} \sum S_k$$

und bei Vernachlässigung des Zinses

$$A = \sum S_k. \tag{9.3.2}$$

Die entsprechenden *Einnahmen* setzen sich aus den folgenden Posten zusammen:

1. Allfällige Schadenreserve C vom Vorjahr.
2. Vergütungen D vom Rückversicherer.
3. $_tV$ der fällig gewordenen Versicherungen, berechnet auf das Ende des Geschäftsjahres (Selbstbehalt).
4. Totale Summe der Risikoprämie $\sum P_k^R$ welche zu Gunsten des betreffenden Risikos bezahlt wurde (Selbstbehalt).

Wir erhalten

$$E = C(1+i) + D(1+i)^{\frac{1}{2}} + \sum {}_tV_k + \sum P_k^R (1+i)^{\frac{1}{2}}$$

oder bei Vernachlässigung des Zinses

$$E = C + D + \sum {}_tV_k + \sum P_k^R. \tag{9.3.3}$$

b) Erlebensfallversicherungen. Bei dieser Kategorie von Versicherungen sollen die in Rückdeckung gegebenen Summen und Renten außer Betracht fallen, in der Annahme, daß das betreffende Risiko ausschließlich vom Rückversicherer getragen werde. Im übrigen erfolgt die Feststellung des Risikoverlaufes in diesem Fall am besten nach der folgenden Methode: im beobachteten Geschäftsjahr hätte infolge Todesfall gemäß Rechnungsannahme ein gewisses Deckungskapital frei werden sollen; sein Wert betrage am Ende des Jahres A. Unter der Annahme, daß die Todesfälle gleichmäßig über das Jahr verteilt seien, erhält man

$$A = \sum q_x {}_tV_k (1+i)^{\frac{1}{2}},$$

wobei $_tV$ das Deckungskapital am Anfang des Jahres und q_x die entsprechende Sterbenswahrscheinlichkeit des Versicherten, oder unter Vernachlässigung des Zinses

$$A = \sum q_x {}_tV_k. \tag{9.3.4}$$

Dieser Betrag A ist gleich der Summe der in diesem Falle negativen Risikoprämien. Tatsächlich hatte jedoch die Prämienreserve der durch

Tod erloschenen Versicherungen im allgemeinen einen anderen Betrag, den wir mit
$$E = \sum_t V_k^e \tag{9.3.5}$$
bezeichnen. Dann kann R wiederum gemäß Gl. (9.3.1) berechnet werden. Ist R positiv, so ist mehr an Prämienreserven frei geworden als eingestellt worden war; man realisiert einen Risikogewinn und umgekehrt.

c) Invaliditätsversicherungen. Die Risikokontrolle dieses Versicherungszweiges kann prinzipiell gleich wie diejenige für die Todesfallversicherung durchgeführt werden.

Um die Berechnung der *Risikoprämie* in Gl. (9.3.3) möglichst einfach zu gestalten, ist beispielsweise das folgende Vorgehen zu empfehlen: nach früheren Ausführungen gilt:

$$P_t^R = P - (v\,_tV - \,_{t-1}V).$$

Dieser Wert bezieht sich auf den Anfang des Jahres.

Es sei nun V_I die Gesamtreserve inklusiv Prämienübertrag am Anfang des Geschäftsjahres, V_{II} diejenige am Ende. Die Eintritte und Abgänge sollen auf Mitte des Jahres erfolgen. Die Reserve der Abgänge betrage V_A, diejenige der Zugänge V_Z, berechnet je auf die Mitte des Jahres. Wenn alle Zahlen auf die Mitte des Jahres diskontiert werden, so erhalten wir

$$P_t^R = P - (v\,V_{II} - V_I)(1+i)^{\frac{1}{2}} - V_A + V_Z$$

oder unter Weglassung des Faktors $(1+i)^{\frac{1}{2}}$

$$P_t^R = P + V_I + V_Z - V_{II} - V_A. \tag{9.3.6}$$

Diese Berechnungen werden uns lediglich zeigen, ob gegenüber den Rechnungsannahmen Gewinne oder Verluste eingetreten sind. Der eigentliche Risikoverlauf muß mit feineren Methoden diskutiert werden, indem man beispielsweise den Mortalitätsverlauf nach dem Alter abstuft und mit den entsprechenden Annahmen vergleicht. Überdies ist es bei komplizierten Versicherungen wie z. B. der Witwenrentenversicherung nötig, daß zusammengesetzte Risiken (Todeswahrscheinlichkeit des Mannes und der Frau, Heiratswahrscheinlichkeit, Altersdifferenz der Ehegatten) in ihre einzelnen Bestandteile zu zerlegen und einzeln zu kontrollieren.

9.4. Erfolgsberechnung von Versicherungsunternehmungen.

Im Abschnitt **9.2** haben wir sieben verschiedene Quellen zusammengestellt, aus denen einer Versicherungsunternehmung im Laufe einer Rechnungsperiode Gewinne oder Verluste erwachsen können. In diesem Abschnitt soll gezeigt werden, wie die einzelnen Komponenten dieser

9.4. Erfolgsberechnung von Versicherungsunternehmungen.

Gewinne oder Verluste sich berechnen lassen. In Abschnitt 9.3 haben wir bereits ausführlich über die Berechnung der Risikogewinne und Risikoverluste gesprochen. In diesem Abschnitt kann es sich also nur noch darum handeln, die entsprechenden Berechnungen für die Gewinnquellen 1 und 3 bis 7 gemäß der Nummerierung von 9.2 darzulegen.

Gewinnzuschläge auf den Prämien. Die während eines Geschäftsjahres auf den Prämien einkassierten Gewinnzuschläge werden addiert, ohne dabei einen Zins einzukalkulieren. Will man diesen letzteren berücksichtigen, so ist diese Summe mit $(1+i)^{\frac{1}{2}}$ zu multiplizieren.

Zinsgewinne und -verluste. Die Buchhaltung eines Versicherungsunternehmens muß den totalen Zinsertrag seines Vermögens, der während einer bestimmten Rechnungsperiode, z. B. des betreffenden Rechnungsjahres realisiert wurde, anzeigen. Da das Versicherungsunternehmen im allgemeinen neben der eigentlichen Bilanzreserve noch andere Reserven wie Gewinnreserve, Kriegsreserve, spezielle Sicherheitsreserve, Aktienkapital usw. aufweist, handelt es sich hier um den totalen Zinsertrag des Versicherungsunternehmens. Eventuell kann infolge besonderer Ausscheidung der für die Bilanzreserve angelegten Aktiven genau gesagt werden, welcher Zins auf diesen Teil des Vermögens des Versicherungsunternehmens fällt. Wenn bei den Aktiven keine solche spezielle Ausscheidung oder keine spezielle Vorschrift betreffs der Verteilung der Zinsen für das Vermögen der Bilanzreserve und das übrige Vermögen besteht, können die Zinsen bis zu einem gewissen Maße willkürlich den einzelnen Fonds des Versicherungsunternehmens gutgeschrieben werden. Die gleiche Bemerkung gilt für den übrigen Kapitalertrag und -verlust. Auf alle Fälle muß zwecks Berechnung des buchmäßigen Zinsgewinnes oder -verlustes Klarheit darüber bestehen, welcher Zins der Bilanzreserve gutgeschrieben werden soll. Dieser wirklich realisierte Zins muß mit dem rechnungsmäßigen Zins verglichen werden, der auf den Prämien und damit auf dem Deckungskapital einkalkuliert wurde. Um diesen rechnungsmäßigen Zins zu berechnen, muß man die Deckungskapitalien je nach dem Zinsfuß in die entsprechenden Komponenten zerlegen und zwecks Feststellung des einkalkulierten Zinses am besten den Mittelwert der Deckungskapitalien am Anfang und am Ende des Jahres wählen. Die Differenz ΔZ des realisierten Zinses abzüglich der rechnungsmäßigen Zinsen, ergibt den Zinsgewinn oder -verlust. Ist $\Delta Z > 0$, so handelt es sich um einen Zinsgewinn, im anderen Fall um einen Zinsverlust.

Verwaltungskosten. An früherer Stelle haben wir die Verwaltungskosten in drei Komponenten zerlegt, nämlich in die Aquisitions-, Inkasso- und internen Kosten. Entsprechend diese Zerlegung wurden zu den Nettoprämien dreierlei Prämienzuschläge gemacht: Der Zuschlag α

(Aquisition), der Zuschlag β (Inkasso) und der Zuschlag γ (interne Verwaltung). Diese rechnungsmäßig einkalkulierten Kosten müssen mit den wirklichen Kosten eines Versicherungsunternehmens verglichen werden. Da die Trennung in die einzelnen Komponenten an sich nicht immer eindeutig ist, müssen Schlüsselungsvorschriften betreffs der Aufteilung der wirklichen Kosten aufgestellt werden. Auf Grund solcher Vorschriften können wir dann die rechnungsmäßigen Kosten B_α, B_β und B_γ mit den wirklichen Kosten A_α, A_β und A_γ vergleichen. Wir bilden

$$B_\alpha - A_\alpha$$
$$B_\beta - A_\beta$$
$$B_\gamma - A_\gamma$$

und erhalten die entsprechenden Verwaltungskostengewinne bzw. -verluste. Bei der Berechnung von B_α ist darauf zu achten, ob gezillmert wurde oder nicht. Im Falle des Nichtzillmerns ist dieser Betrag B_α gleich der Summe der α-Zuschläge, die in einem Rechnungsjahr eingingen. Im Falle des Zillmerns kommt zu dieser Summe die Differenz in den beiden ZILLMER-Abzügen zwischen dem Rechnungsjahr und dem vorangegangenen Jahr hinzu. Ist beispielsweise diese Differenz negativ, so bedeutet dies, daß im vorangegangenen Jahr bei der Berechnung der Bilanzreserve ein stärkerer ZILLMER-Abzug gemacht worden war als im Rechnungsjahr. Diese Verstärkung der Reserve vermindert den Gewinn aus den Aquisitionskosten bzw. erhöht den entsprechenden Verlust. Wegen der von den Aufsichtsämtern im allgemeinen verfügten Begrenzung der ZILLMER-Quoten dürften Versicherungsgesellschaften mit einer starken Neuproduktion in den meisten Fällen aus den Aquisitionskosten eher Verluste als Gewinne erwachsen. Diese Bemerkung gilt vor allem für junge Versicherungsunternehmungen.

Stornogewinne. Bei vorzeitigem Rückkauf einer Versicherung oder bei Umwandlung in eine prämienfreie Versicherung wird dem Versicherten in der Regel nicht das ganze angesammelte Deckungskapital angerechnet. Der ausbezahlten Rückkaufsentschädigung bzw. dem bei der Umwandlung der Versicherung angerechneten Deckungskapital steht das wirkliche Deckungskapitel der Versicherungsgesellschaft gegenüber. Die Differenz zwischen diesem wirklichen Deckungskapitel inklusive Entschädigung der Rückversicherungsgesellschaft abzüglich die ausbezahlte Entschädigung und umgewandelten Deckungskapitalien ergeben den Stornogewinn. Bei gezillmertem Deckungskapital darf natürlich bei den Einnahmen lediglich die gezillmerte Reserve in Rechnung gestellt werden. Dem Versicherungsunternehmen erwächst unter allen Umständen dann ein Stornoverlust, wenn beim Rückkauf das Deckungskapital wegen des Zillmerns noch negativ war.

Einkaufsgewinne und -verluste für Versicherungsunternehmungen mit Durchschnittsprämien. Bereits an früherer Stelle haben wir darauf aufmerksam gemacht, daß einer mit Durchschnittsprämien arbeitenden Pensionskasse je nach dem Eintrittsalter eines Versicherten Eintrittsgewinne oder -verluste entstehen können. Man errechnet diese, indem man das Anfangsdeckungskapital für diese neuen Versicherten feststellt. Ist dieses Anfangsdeckungskapital der im Laufe eines Jahres eingetretenen Versicherten negativ, so macht die Pensionskasse einen buchmäßigen Gewinn, im anderen Fall einen Verlust. Zwecks Kontrolle des Einkaufes von Besoldungserhöhungen bzw. der Vergütung bei Besoldungsherabsetzungen muß das solchen Besoldungsänderungen entsprechende Deckungskapital mit der bezahlten Einkaufssumme bzw. ausbezahlten Vergütung verglichen werden. Sind diese Deckungskapitalien im Falle von Besoldungserhöhungen größer als die entsprechenden Entschädigungen, macht die Pensionskasse einen Verlust und im anderen Fall einen Gewinn.

Sonstige Gewinne und Verluste. Es bestehen noch eine Reihe anderer Gewinn- und Verlustmöglichkeiten, die aber von Fall zu Fall verschieden sind, und durch Analyse des Jahresergebnisses festgestellt werden müssen. Ganz besonders sei in diesem Zusammenhang auf den Einfluß allfälliger Rückversicherungen auf das Versicherungsunternehmen hingewiesen. Die finanzielle Kontrolle von Rückversicherungsverträgen kann mit analogen Rechnungsmethoden erfolgen, wie sie in den vorangegangenen Ausführungen für die totale Erfolgsberechnung eines Versicherungsunternehmens aufgezeigt wurden.

9.5. Kontributionsformel.

In den vorangegangenen Ausführungen haben wir gezeigt, wie die Gewinne und Verluste eines Versicherungsunternehmens in einer bestimmten Rechnungsperiode an Hand der Gewinn- und Verlustrechnung ermittelt werden können. Wir möchten diese Art der Erfolgsbestimmung als *Kontrolle im Großen* bezeichnen. Neben dieser Art der Kontrolle soll im folgenden gezeigt werden, welche Gewinne und Verluste die Einzelversicherungen des Bestandes einer Versicherungsgesellschaft abwerfen. Da es sich hier um eine Analyse bei den Einzelversicherungen handelt, soll diese Art der Erfolgsbestimmung als *Kontrolle im Kleinen* bezeichnet werden. Selbstverständlich muß die Summe der bei den Einzelversicherungen berechneten Gewinne und Verluste den totalen Gewinn oder Verlust ergeben, wenn beide Kontrollen gleichwertig sein sollen. Für die Kontrolle im Kleinen sind gewisse Festsetzungen und Annahmen unerläßlich.

Gemäß Abschnitt **3.6** unterscheiden wir die Nettoprämie P_x, die ausreichende Prämie π_x^a und die Bruttoprämie π_x. Die ausreichende

Prämie enthält die Nettoprämie zuzüglich die Verwaltungskostenzuschläge. Die Bruttoprämie besteht aus der ausreichenden Prämie und einem Sicherheitszuschlag. Gemäß Abschnitt 3.6 gilt die Gleichung

$$\pi_x^a = P_x + \frac{\alpha}{\ddot{a}_{x:\overline{m}|}} + \beta\, \pi_x^a + \gamma\, \frac{\ddot{a}_{x:\overline{n}|}}{\ddot{a}_{x:\overline{m}|}} = P_x + \alpha_1 + \beta\, \pi_x^a + \gamma_1. \quad (9.5.1)$$

In dieser Gleichung wurde angenommen, daß die Dauer der Versicherung n Jahre betrage und die Zahlungsdauer m Jahre, wobei $m \leq n$.

Um nun den rechnungsmäßigen Gewinn aus einer solchen Versicherung ermitteln zu können, führen wir die sog. *Rechnungsgrundlagen zweiter Ordnung* ein. Diese sollen die zur Darstellung des Versicherungsverlaufes nötigen Annahmen möglichst mit dem wirklichen Ablauf in Einklang bringen. Zu diesem Zwecke wird eine solche Absterbeordnung gewählt, die auf Grund der Sterblichkeitserfahrungen des Versicherungsunternehmens in den letzten Jahren aus seinem Versicherungsbestand gewonnen wurde. Dabei kann es sich um eine gewöhnliche Aggregattafel oder Selekttafel oder sogar um eine Dekrementtafel zwecks Berücksichtigung des Einflusses des Stornos auf die Versicherungsgesamtheit handeln; diese Zahlen seien mit l_x', q_x' und p_x' bezeichnet. Dazu kommt infolge Storno noch die Ausscheidewahrscheinlichkeit b_x. Der in Wirklichkeit realisierte Zinsfuß werde mit i', die wirklichen Verwaltungskosten mit α', β' und γ' bezeichnet. Mit Hilfe dieser Rechnungsgrundlagen zweiter Ordnung stellen wir eine Gewinn- und Verlustrechnung für eine Versicherung für das $(t+1)$. Versicherungsjahr auf. Die Abgangsentschädigung an die in diesem Jahr infolge Storno ausscheidenden Versicherten beträgt B_{x+t}. Die Gewinn- und Verlustrechnung werde auf Ende dieses Jahres durchgeführt. Am Anfang des Rechnungsjahres hat das Versicherungsunternehmen die Einnahmen $l_{x+t}'\, {}_tV_x + l_{x+t}'\, \pi_x$. Der Endwert dieser Einnahmen E beträgt somit $E = l_{x+t}'({}_tV_x + \pi_x)(1+i')$. Unter der Annahme, daß das Deckungskapital nicht gezillmert werde, betragen die Ausgaben, bestehend aus den Verwaltungskosten, den Versicherungs- und Stornoentschädigungen und dem zu übertragenden Deckungskapital im $(t+1)$. Versicherungsjahr:

Am Anfang: $\qquad (\beta'\, \pi_x + \alpha_1' + \gamma_1')\, l_{x+t}'$.

Am Ende: $\qquad l_{x+t}'(\beta'\, \pi_x + \alpha_1' + \gamma_1')(1+i')$.

Es werde angenommen, daß die infolge Tod fällig gewordene Versicherungssumme im Betrage 1 am Ende des Versicherungsjahres ausbezahlt werde; dasselbe gilt für die Stornoentschädigungen. Die Todesfallentschädigungen betragen $d_{x+t}' = q_{x+t}'\, l_{x+t}'$; die Stornoentschädigungen $b_{x+t}\, l_{x+t}'\, B_{x+t}$. Am Ende des Versicherungsjahres muß das Deckungskapital in der Höhe von $l_{x+t+1}'\, {}_{t+1}V_x$ auf das folgende Jahr übertragen

9.5. Kontributionsformel.

werden. Der Endwert A der Ausgaben beträgt demnach

$$A = (1+i')(\beta'\pi_x + \alpha_1' + \gamma_1') l'_{x+t} + (q'_{x+t} + b_{x+t} B_{x+t}) l'_{x+t} + {}_{t+1}V_x l'_{x+t+1}.$$

Auf die l'_{x+t} am Anfang des $(t+1)$. Versicherungsjahres vorhandenen Versicherten entfällt der totale Gewinn $E-A$ oder je Versicherter

$$\frac{E-A}{l'_{x+t}} = K_{x+t}.$$

Dieser Betrag wird als der sog. *Kontributionsgewinn* der betrachteten Versicherung bezeichnet. Gemäß den obigen Komponenten dieses Kontributionsgewinnes läßt er sich nach der folgenden Gleichung berechnen:

$$\left. \begin{array}{l} K_{x+t} = ({}_tV_x + \pi_x)(1+i') - (\beta'\pi_x + \alpha_1' + \gamma_1')(1+i') - \\ \qquad - (q'_{x+t} + b_{x+t} B_{x+t}) - p'_{x+t}\, {}_{t+1}V_x. \end{array} \right\} \quad (9.5.2)$$

Dieser Kontributionsgewinn kann auch dadurch berechnet werden, daß man seine einzelnen Komponenten direkt feststellt.
Gewinn K_1 auf den Prämienzuschlägen:

$$K_1 = [\pi_x(1-\beta') - \alpha_1' - \gamma_1' - P_x](1+i);$$

Zinsgewinn K_2:

$$K_2 = ({}_tV_x + \pi_x(1-\beta') - \alpha_1' - \gamma_1')(i' - i);$$

Sterblichkeitsgewinn K_3:

$$K_3 = (q_{x+t} - q'_{x+t})(1 - {}_{t+1}V_x);$$

Stornogewinn K_4:

$$K_4 = b_{x+t}({}_{t+1}V_x - B_{x+t}).$$

Berücksichtigt man die Gl. (9.5.1) sowie die Gleichung

$$b_{x+t} + q'_{x+t} + p'_{x+t} - 1 = 0$$

und die Rekursionsformel betreffs des Deckungskapitales:

$$({}_tV_x + P_x)(1+i) - q_{x+t}(1 - {}_{t+1}V_x) - {}_{t+1}V_x = 0,$$

so erhält man die sog. Kontributionsformel

$$K_{x+t} = K_1 + K_2 + K_3 + K_4 \qquad (9.5.3)$$

oder

$$\begin{aligned} K_{x+t} &= [\pi_x(1-\beta') - \alpha_1' - \beta_1' - P_x](1+i) \\ &\quad + ({}_tV_x + \pi_x(1-\beta') - \alpha_1' - \gamma_1')(i' - i) \\ &\quad + (q_{x+t} - q'_{x+t})(1 - {}_{t+1}V_x) \\ &\quad + b_{x+t}({}_{t+1}V_x - B_{x+t}). \end{aligned}$$

180 IX. Versicherungstechnische Bilanzen, ihre Analyse und die Gewinnverteilung.

Wenn wir diese Kontributionsgewinne mit der Versicherungssumme S multiplizieren, so erhalten wir den totalen Gewinn $\sum SK_{x+t}$, der mit dem im Großen festgestellten Gewinn identisch sein müßte, wenn die Versicherungsjahre sämtlicher Versicherungen mit dem Rechnungsjahr zusammenfielen und die Rechnungsgrundlagen zweiter Ordnung ganz genau wären. Die erste Bedingung wird im allgemeinen sicher nicht erfüllt sein, und die zweite Bedingung lediglich bis zu einer gewissen Annäherung. Die erste Voraussetzung kann am besten dadurch abgeändert werden, daß der Beginn sämtlicher Versicherungen in der Mitte des Rechnungsjahres angenommen wird. Dann müßte die Kontributionsformel in dem Sinne korrigiert werden, daß man das Rechnungsjahr zerlegte und die vorhergehenden Berechnungen für das halbe Jahr ausführte. Wir werden nachher sehen, daß die Kontributionsformel Hinweise für die Konstruktion von Gewinnplänen liefert. Da dieselben aus administrativen Gründen stets nur näherungsweise verwirklicht werden können, werden Präzisierungen der Kontributionsformel im vorhin erwähnten Sinne im allgemeinen unterlassen. Im Gegenteil versucht man, die vorhin erwähnte Kontributionsformel dadurch zu vereinfachen, daß bei der Berechnung des Gewinnes nicht alle Komponenten berücksichtigt werden. Beispielsweise haben die Stornogewinne stark schwankenden Charakter wegen ihrer Abhängigkeit von der momentanen wirtschaftlichen Lage. Dasselbe gilt in geringerem Maße von den Sterblichkeitsgewinnen. Um der Höhe der Gewinne nach Möglichkeit eine gewisse Stabilität zu verleihen, werden diese Storno- und Sterblichkeitsgewinne gelegentlich Spezialreserven zugewiesen und kommen bei der Gewinnfeststellung nicht in Betracht.

Die Höhe der Kontributionsgewinne hängt selbstverständlich davon ab, welche effektiven Ausgaben den Einnahmen gegenüber stehen, die sich aus den Prämien und Zinsen zusammensetzen. Sie sind vor allem abhängig von den Grundlagen zweiter Ordnung. Daneben spielt aber auch die Finanzierungsart der Versicherung eine Rolle. Beispielsweise könnten bei einer Risikoversicherung mit natürlicher Prämie keine Zinsengewinne erzielt werden, da überhaupt kein Deckungskapital angesammelt werden müßte.

9.6. Dividendenpläne.

Es wurde bereits an früherer Stelle ausgeführt, daß für Lebensversicherungsgesellschaften im Gegensatz zu Sozialversicherungen die Gewährung von Dividenden fast unerläßlich erscheint. Die Lebensversicherungsgesellschaft ist auf Grund fester Prämien verpflichtet, die Versicherungsleistungen auch dann auszubezahlen, wenn der Versicherungsverlauf ganz ungünstig ist. Deshalb muß sie die Prämien vorsichtig kalkulieren. Sie wird dadurch eher Gewinne als Verluste realisieren.

9.6. Dividendenpläne.

Würde sie nun dauernd Gewinne ausweisen, ohne den Versicherten eine Gewinnbeteiligung einzuräumen, so könnten diese sich beklagen. Die Gewinnbeteiligung ist demnach für eine Versicherungsgesellschaft das unerläßliche Instrument dafür, den Versicherten einen maximalen Versicherungsschutz so preiswert wie möglich zu gewähren. Die zur Bemessung der Gewinnanteile aufzustellenden Dividendenpläne müssen vor allem zwei Eigenschaften besitzen: sie sollen gerecht und aus administrativen Gründen nicht zu kompliziert sein. In der bisherigen Entwicklung wurden dem natürlichen Dividenden- oder *Kontributionsplan* die sog. *mechanischen Dividendenpläne* gegenübergestellt. Beim Kontributionsplan werden die auf die einzelnen Versicherungen entfallenden Gewinne nach der Kontributionsformel angesetzt. Bei sofortiger Auszahlung müßte überhaupt keine Gewinnreserve angesammelt werden. Es ist aber auch denkbar, diese Kontributionsgewinne zum Teil zu kapitalisieren und dem Versicherten später zukommen zu lassen. Die Durchführung eines Kontributionsplanes erfordert relativ viel Arbeit und ergibt eventuell ungleichmäßig hohe Dividenden, was von den Versicherten im allgemeinen nicht geschätzt und sehr häufig auch nicht verstanden wird. Zwecks Ausgleichung dieser Kontributionsdividende ist schon aus diesem Grunde die Ansammlung einer gewissen *Dividendenreserve* unerläßlich. Bei Weiterverfolgung dieses Prinzips kommt man zu mechanischen Dividendenplänen, bei denen die Höhe der Dividende auf Grund einfacher mechanischer Prinzipien ermittelt wird. Beispielsweise können sie prozentual der Höhe der Bruttoprämie oder prozentual der Summe der bezahlten Prämien oder prozentual dem angesammelten Deckungskapital sein. Deutsche und österreichische Aktuare haben sich in den letzten Jahrzehnten intensiv mit der Frage der Dividendenpläne beschäftigt, es seien diesbezüglich nur die Namen HÖCKNER[1], KARUP und BERGER[2] genannt.

Jeglicher *Gewinnverteilungsplan* soll in erster Linie *retrospektiven Charakter* besitzen. Denn es müssen vor allem diejenigen Gewinne verteilt werden, die effektiv gemacht wurden, und nicht solche, die man vermutlich in Zukunft realisieren wird. Ein reiner Kontributionsplan entspricht genau dieser Forderung. Es wurde jedoch bereits erwähnt, daß es im allgemeinen nicht üblich ist, die Kontributionsdividenden alljährlich entsprechend dem errechneten Ausmaße zu verteilen. Aus Sicherheitsgründen ist es zweckmäßig, während den ersten 3 bis 5 Versicherungsjahren überhaupt keine Dividende auszuschütten, um die

---
[1] G. HÖCKNER (1860—1938), leitender Mathematiker der Lebensversicherungs-Gesellschaft zu Leipzig hat durch seine Tätigkeit und Publikationen die Entwicklung der Versicherungsmathematik in Deutschland maßgebend beeinflußt.
[2] Man vgl. BERGER, A.: Die Prinzipien der Lebensversicherungstechnik, 1. Teil, Kap. IV, S. 112—218. Berlin: Springer 1923.

Abschlußkosten möglichst vollständig abschreiben und die Sicherheitsreserve äufnen zu können. Um zu verhindern, daß jedes Jahr ein neuer Dividendensatz festgelegt werden muß, gewährt man eventuell eine Grunddividende von möglichst konstantem Ausmaße und dazu nach einer gewissen Anzahl von Jahren eine Zusatzdividende. In diesem Fall oder bei steigenden Dividenden muß unter allen Umständen eine Gewinnreserve angesammelt werden.

Bei mechanischen Dividendenplänen spielen neben retrospektiven Betrachtungen auch prospektive Überlegungen eine gewisse Rolle. Um die nach einem mechanischen Prinzip festgelegten Dividenden mit möglichst großer Sicherheit ausbezahlen zu können, werden dieselben schon bei der Konstruktion der Tarifprämie berücksichtigt. Es ist dies in gewissem Sinne verglichen mit dem Kontributionsplan ein umgekehrtes Vorgehen. Proportional zur Bruttoprämie festgelegte Dividenden entsprechen dann nicht einer gerechten Verteilung der Gewinne, wenn namhafte Zinsengewinne realisiert wurden. Denn diese sind selbstverständlich abhängig vom angesammelten Deckungskapital. Bei Normierung der Gewinne prozentual zur bezahlten Prämie oder zum angesammelten Deckungskapital werden die wegen Storno austretenden Versicherten benachteiligt. Im übrigen werden die Dividendensätze ungefähr so bestimmt, daß der Barwert der gemäß dem Dividendenplan auszurichtenden Gewinne ungefähr dem Barwert der Kontributionsgewinne entspricht. Die Anwendung prospektiver Methoden ist demnach in einem solchen Falle unerläßlich; gerade deshalb ist eine genaue fortlaufende Analyse der Gewinn- und Verlustrechnungen notwendig.

Gegenüber den Zeiten, aus denen die damals grundlegenden Untersuchungen von HÖCKNER und KARUP stammen, hat sich die Situation wesentlich verändert. Vor allem sind die Rechnungsgrundlagen einer viel stärkeren Veränderung unterworfen als die früheren Aktuare annahmen. Dies gilt sowohl für die Ausscheidewahrscheinlichkeiten als auch für die Zinsen und Verwaltungskosten. Aus diesen Gründen ist es heute überhaupt unmöglich, auf längere Zeit hinaus mit festen Dividendensätzen zu rechnen. Vor allem aber ist das Problem der Verwaltungskosten für eine große Versicherungsgesellschaft heute viel brennender geworden als früher. Infolge ihrer Zunahme könnte z.B. ein raffinierter Dividendenplan so viel Arbeit und dadurch so große Kosten verursachen, daß er schon allein aus diesem Grunde für die Versicherten nicht mehr interessant wäre. Infolge Mechanisierung der Verwaltungsarbeit, z.B. Einführung von Lochkartenmaschinen, besteht die Frage, wie man ein Gewinnsystem einrichten kann, um diese Maschinen möglichst rationell zu benutzen. Beispielsweise wäre es für eine große Versicherungsgesellschaft von erheblicher praktischer Bedeutung, wenn die vom Versicherten zu bezahlende Barprämie wenigstens einige

Jahre die gleiche Höhe hätte. Schließlich spielt auch noch das Moment eine Rolle, daß die freie Gewinnreserve eventuell versteuert werden muß. Vielleicht würden bei Ansammlung einer großen Dividendenreserve so viel Steuern gefordert, daß schon aus diesem Grunde die Kapitalisierung der realisierten Gewinne nicht in Betracht fällt. Es ist auch möglich, daß je nach den monetären Verhältnissen (Schwankung der Währung, Lage auf dem Kapitalmarkt) die sofortige Auszahlung der Gewinne im Sinne eines ungefähren Kontributionsplanes wertvoller ist als beispielsweise eine steigende Dividende. Aus allen diesen Gründen müssen die Dividendenpläne von den Versicherungsgesellschaften den entsprechenden internen Verhältnissen angepaßt werden. Man wird verschiedene Gewinngruppen je nach Tarif, Abschlußzeit usw. bilden, um wenigstens in dieser Hinsicht dem Prinzip der Gerechtigkeit nachleben zu können und im übrigen die vorhin gemachten allgemeinen Ausführungen so gut wie möglich berücksichtigen. Eine Revision der Dividendenpläne erscheint jedoch von Zeit zu Zeit als unvermeidlich. Deshalb und auch aus Raumgründen verzichten wir auf weitere Ausführungen über diese an sich wichtige Frage.

9.7. Dividendenreserve.

Bei einem reinen Kontributionsplan würden dem Versicherten die auf Grund der Kontributionsformel berechneten Gewinne K_{x+t} angerechnet. Entweder könnten dieselben ihm auf das dem Rechnungsjahr folgende Jahr durch Abzug von der Bruttoprämie gutgeschrieben werden, oder aber es wird nur ein Teil dieser Dividende ausbezahlt und der Rest in der Gewinnreserve kapitalisiert. Nehmen wir an, daß bei Beginn des zweiten Versicherungsjahres (frühester Beginn der Dividendenberechtigung) die Dividende G_1 und analog bei Beginn des $(t+1)$. Versicherungsjahres die Dividende G_t ausbezahlt werde. Die aus den nicht ausbezahlten Gewinnanteilen je Versicherter nach t Jahren anzusammelnde Gewinnreserve G_t^R kann auf Grund retrospektiver Betrachtungen mit Hilfe der Rechnungsgrundlagen zweiter Ordnung aus der folgenden Gleichung berechnet werden:

$$G_t^R = \frac{1}{l'_{x+t}} \left[(K_{x+1} - G_1) l'_{x+1} (1+i')^{t-1} + \right.$$
$$\left. + (K_{x+2} - G_2) l'_{x+2} (1+i')^{t-2} + \cdots + (K_{x+t} - G_t) l'_{x+t} \right].$$

Setzen wir:
$$v' = \frac{1}{1+i'} \quad \text{und} \quad (v')^x l'_x = D'_x,$$

so erhalten wir

$$G_t^R = \frac{(K_{x+1} - G_1) D'_{x+1} + (K_{x+2} - G_2) D'_{x+2} + \cdots + (K_{x+t} - G_t) D'_{x+t}}{D'_{x+t}}. \quad (9.7.1)$$

Wenn der Versicherte sämtliche Kontributionsgewinne erhalten soll, muß der Barwert der Gewinne gleich dem Barwert der Dividende sein. Dank dieser Bedingung erhalten wir die *Dividendengleichung*

$$\left.\begin{array}{l}\dfrac{K_{x+1}D'_{x+1} + K_{x+2}D'_{x+2} + \cdots + K_{x+n}D'_{x+n}}{D'_x} \\ \qquad = \dfrac{G_{x+1}D'_{x+1} + \cdots + G_{x+n}D'_{x+n}}{D'_x}.\end{array}\right\} \quad (9.7.2)$$

Die Dividendengleichung gestattet z. B. gewisse Schlüsselzahlen bei mechanischen Dividendenplänen zu berechnen. Dabei ist es allerdings vorsichtiger, diese Berechnungen nicht für die gesamte Versicherungsdauer, sondern lediglich für gewisse Perioden zu berechnen. Wenn beispielsweise der Gewinn prozentual der Gesamtsumme der bezahlten Bruttoprämien sein soll, so gilt die Gleichung

$$G_{x+t} = k\, t\, \pi_x.$$

Durch Einsetzen in die Gl. (9.7.2) kann damit diese Schlüsselzahl k bestimmt werden. Wenn man deren Berechnung lediglich für kleinere Perioden durchführen will, so muß auch in diesem Fall der Barwert der Einnahmen der Rechnungsperiode gleich dem Barwert ihrer Ausgaben sein. Die Einnahmen bestehen aus den zur Verrechnung gelangenden Gewinnen zuzüglich einer eventuellen Anfangsreserve, wenn vor der in Betracht fallenden Gewinnperiode schon eine Anzahl von Versicherungsjahren abgelaufen ist. Die Ausgaben bestehen aus den zur Auszahlung oder Gutschrift gelangenden Gewinnen.

Die berechnete Gewinnreserve muß selbstverständlich stets mit der tatsächlich vorhandenen Gewinnreserve verglichen werden. Je nach dem Resultat dieser Kontrolle müssen die Gewinnansätze eventuell geändert werden.

Die Gutschrift der Gewinne erfolgt gelegentlich auch dadurch, daß die Versicherungssumme erhöht wird (Gewährung eines Bonus). In einem solchen Fall muß die zur Finanzierung dieses Bonus benutzte Dividende als Einmaleinlage in das ordentliche Deckungskapital für die betreffende Versicherung übergeführt werden.

Bei vorwiegend prospektiver Betrachtung der Situation benützt man zur Berechnung der Gewinnreserve die sog. *vollständige Reserve* $_tV^v$. Darunter versteht man die mit Hilfe der Rechnungsgrundlagen zweiter Ordnung berechnete Differenz des Barwertes der sämtlichen zukünftigen Ausgaben abzüglich den Barwert der Bruttoprämien. Unter den zukünftigen Ausgaben figurieren die Versicherungsentschädigungen, die Stornovergütungen, Verwaltungskosten und Gewinnanteile. Diese Barwerte sind mit einer Ausscheideordnung, die mindestens zwei verschiedene Ausscheidegründe berücksichtigt (z. B. Tod und Aufgabe der Versicherung infolge Storno), nach den Prinzipien der vorangegangenen

Kapitel zu berechnen. Tatsächlich muß das Versicherungsunternehmen mindestens die mit Hilfe der Grundlagen erster Ordnung berechnete Bilanzreserve $_tR_B$ besitzen. Als freie Reserve oder als Gewinnreserve kann bei dieser Art von Betrachtung die Differenz

$$_tV^v - {_tR_B}$$

angesehen werden. Diese Differenz muß unter allen Umständen positiv sein, wenn Gewähr dafür bestehen soll, daß die nach den Grundlagen zweiter Ordnung einkalkulierten Gewinne in Zukunft ausbezahlt werden können.

Daß mit den Gewinnen und den Grundlagen zweiter Ordnung ein recht anpassungsfähiges Instrument geschaffen wurde, zeigt der folgende Satz von SCHÄRF: „*Bei Lebensversicherungen mit Gewinnbeteiligung kann eine nach Versicherungsbeginn eintretende Änderung der Rechnungsgrundlagen zweiter Ordnung immer durch eine Dividendenvariation ohne Änderung des vollständigen Deckungskapitales kompensiert werden.*" Der Beweis dieses Satzes kann mit Hilfe der Gl. (7.3.5) geführt werden. Die Änderungszahl g_s habe in diesem Fall die folgende Form:

$$\left.\begin{array}{l} g_s = \Delta P_s - \Delta G_s - v' \sum_{i=1}^{2} (U^{(i)}_{s+1} - {_{s+1}V^v})\, \Delta q_s^{(i)} - \\ \quad - \Delta v' \left[{_{s+1}V^v} + \sum_{i=1}^{2} q_s^{(i)} (U^{(i)}_{s+1} - {_{s+1}V^v}) \right]. \end{array}\right\} \quad (9.7.3)$$

$q^{(1)}$ bedeutet die Todeswahrscheinlichkeit, $q^{(2)}$ die Stornowahrscheinlichkeit. Benützen wir die Gleichung

$$P_s = \pi_s - z_s \quad (z_s = \text{Zuschlag}),$$

so gilt

$$\Delta P_s = -\Delta z_s,$$

da π_s unverändert bleibt und Δz_s die Variation des Zuschlages bei Änderung der Grundlagen zweiter Ordnung bedeutet. Als Rente ϱ_s im Sinne von Gl. (7.3.5) wurde der Gewinn G_s betrachtet. Gemäß dem Invarianzsatz müssen die Zahlen $g_s = 0$ sein, wenn die Reserve sich nicht ändern soll. Durch Einsetzen von ΔP_s in die Gl. (9.7.3) erhält man lineare Bestimmungsgleichungen für die Dividendenänderungen ΔG_s.

X. Erneuerungstheorie.

Im zweiten Kapitel haben wir unter dem Titel „Theorie der Personengesamtheiten" dargestellt, wie sich eine solche, beispielsweise eine Versichertengesamtheit, unter dem Einfluß verschiedener Ausscheidegründe entwickelt, wie sie zerfällt. Sofern bei einer solchen Betrachtung mit keinem Neuzugang gerechnet wird, spricht man von einer *geschlossenen Gesamtheit*. In der Regel handelt es sich bei Versichertengesamtheiten jedoch um sog. offene Gesamtheiten, indem neue Personen die Abtretenden ersetzen. Diese Bemerkung trifft vor allem für Pensionskassen mit einem ganz bestimmten Mitgliederbestand, z. B. Personal einer Firma usw. zu. Versicherungsbestände von Sozialversicherungen, bei denen die Mitgliedschaft gesetzlich geregelt ist, bilden eine *offene Gesamtheit*. Angesichts dieser wichtigen Beispiele von Versichertengesamtheiten ist es in vielen Fällen sehr nützlich, Prognosen über deren Entwicklung zu stellen, wenn gleichzeitig der Zu- und Abgang berücksichtigt werden soll. Unter der deterministischen Annahme, daß der Neuzugang oder die sog. Erneuerung vollkommen bekannt sei und der Abgang auf Grund einer festen, unveränderlichen Ausscheideordnung erfolge, können aus diesen Kenntnissen beispielsweise Prognosen für eine Invaliditätsversicherung, eine Hinterbliebenenversicherung usw. abgeleitet werden. Es kann ausgerechnet werden, wie sich der Bestand der Invaliden, Witwen usw. entwickeln wird, und damit auch die Versicherungskosten dieser Versicherungen. Besonders wichtig sind jene Fälle, bei denen sog. *asymptotische Aussagen* über die Entwicklung einer Personengesamtheit gemacht werden können. Darunter versteht man die Entwicklungstendenzen einer solchen Personengesamtheit nach einer größeren Anzahl von Jahren. Theoretisch wird natürlich der Grenzfall betrachtet, daß die Anzahl der betrachteten Jahre gegen ∞ geht. Besonders wichtig ist jener Fall, in dem im Laufe der Jahre eine sich erneuernde Gesamtheit gegen eine *bestimmte Grenzlage*, d.h. gegen eine Personengesamtheit mit wohl *bestimmter Altersstruktur* konvergiert. Man sagt in einem solchen Falle, daß die sich erneuernde Personengesamtheit einem *Beharrungszustand* zustrebe. Selbstverständlich dürfte die deterministische Annahme über den Zu- und Abgang in der Praxis in der Regel unvollkommen erfüllt sein. Trotzdem lassen sich aus Betrachtungen betreffs asymptotischen Verhaltens einer Personengesamtheit wenigstens ihre Entwicklungstendenzen feststellen. Durch fortlaufende Kontrolle der Ein- und Austritte aus der Versichertengesamtheit müssen die deterministischen Annahmen und die daraus abgeleiteten Folgerungen immer wieder korrigiert werden. Stochastische Betrachtungen, die aber an dieser Stelle weggelassen werden sollen, würden noch allgemeinere Prognosen ermöglichen.

Die sog. Erneuerungstheorie[1], welche sich mit der Behandlung der obigen Fragen befaßt, spielt nicht nur in der Versicherungsmathematik eine bedeutende Rolle, sondern auch in der Frage der Erneuerung von Maschinen bei großen wirtschaftlichen Betrieben zwecks Aufstellung von

---

[1] Es ist das Verdienst von CHR. MOSER, Bern (1861—1935) und seiner Schüler, die Bedeutung der Erneuerungstheorie für die Versicherung erkannt und sie wesentlich gefördert zu haben.

Budgets. Wegen der Wichtigkeit dieser Erneuerungstheorie für viele wirtschaftliche Fragen existiert über sie eine umfangreiche Literatur. In der Regel werden diese Fragen mit Hilfe von Methoden der Analysis und der Wahrscheinlichkeitsrechnung behandelt[1]. Es ist aber möglich, für die Praxis wichtige Resultate mit Hilfe elementarer algebraischer Überlegungen darzustellen, was im folgenden geschehen soll[2].

10.1. Offene natürliche Gesamtheiten.

Wir betrachten eine Personengesamtheit, beispielsweise von lauter Männern oder Frauen. Die betreffende Anzahl vom Alter x sei L_x, so daß sich die Gesamtheit in der folgenden Weise gliedert

$$L_x, L_{x+1}, L_{x+2}, \ldots, L_s.$$

Diese Personengesamtheit sei einer festen Ausscheideordnung unterworfen, definiert durch die Zahlen

$$l_x^a, l_{x+1}^a, l_{x+2}^a, \ldots, l_s^a.$$

Wir treffen die Annahme, daß

$$L_{x+k} = c \cdot l_{x+k}^a \tag{10.1.1}$$

für sämtliche in Betracht fallenden k, wobei c eine positive Konstante, unabhängig von $x+k$ bedeutet. Die Personengesamtheit hat demnach in diesem Falle die gleiche Altersstruktur wie diejenige fiktive Gesamtheit, welche der Ausscheideordnung zugrunde liegt.

Wir treffen die folgende

Definition. Wir bezeichnen eine Personengesamtheit L_x mit gleicher Altersstruktur [Gl. (10.1.1)] wie diejenige der Ausscheideordnung l_x^a, welcher die Personen der Gesamtheit L_x genügen, als eine natürliche Gesamtheit.

Im folgenden betrachten wir nunmehr eine *offene* natürliche Gesamtheit. Bei einer solchen Gesamtheit werden die *abgehenden Personen* stets wieder durch *neue* mit dem *Eintrittsalter* x ersetzt. Wir treffen die Annahme, daß der Abgang stets je auf Ende des Jahres stattfinde mit sofortigem Ersatz. Die Anzahl der in einem Jahr neu eintretenden Mitglieder werde als die *Erneuerungszahl* des betreffenden Jahres bezeichnet. Für offene natürliche Gesamtheiten lassen sich diese Erneuerungszahlen sehr leicht berechnen. Denn wegen der konstanten Altersstruktur

---

[1] Man vgl. z. B. RICHTER, H.: Untersuchungen zum Erneuerungsproblem. Math. Annalen, S. 145—194, 1941.
[2] FRÉCHET, M.: Leçons de statistique mathématique. Quatrième cahier: Les ensembles statistiques renouvelés et le remplacement industriel. Paris 1949.

ergibt sich gemäß (10.1.1) der folgende Abgang und damit die nachstehende Erneuerungszahl:

Abgang von L_x: $\quad \left(\frac{l_x^a - l_{x+1}^a}{l_x^a}\right) L_x = L_x - L_{x+1}$,

Abgang von L_{x+1}: $\quad \left(\frac{l_{x+1}^a - l_{x+2}^a}{l_{x+1}^a}\right) L_{x+1} = L_{x+1} - L_{x+2}$.

Totaler Abgang: $\quad (L_x - L_{x+1}) + (L_{x+1} - L_{x+2}) + \cdots + L_s = L_x$.

Es gilt demnach der Satz:

Satz 1. Für offene natürliche Gesamtheiten ist die jährliche Erneuerungszahl konstant und gleich der Anzahl der Personen des Anfangsalters x.

Wir behandeln nunmehr zwei in der Versicherung wichtige Fälle:

Fall a. Es liege nur ein Ausscheidungsgrund vor, z.B. Abgang durch Tod. In diesem Fall ist die Ausscheideordnung identisch mit der Absterbeordnung. Der jährliche Abgang durch Tod beträgt dann

$$(L_x - L_{x+1}) + (L_{x+1} - L_{x+2}) + \cdots + L_\omega = L_x.$$

Diese Gleichung zeigt, daß nicht nur die Anzahl der in einem Jahr Verstorbenen unveränderlich ist, sondern auch die Struktur der gestorbenen Gesamtheit nach Alter.

Fall b. Es liegen mehrere Ausscheidegründe vor. Wegen der natürlichen Altersstruktur der betrachteten Gesamtheit und ihres offenen Charakters bleibt ihre Altersstruktur konstant. Damit ist der Abgang für jedes Jahr nach Zahl und Altersstruktur für jede einzelne Ausscheideursache konstant. Es gilt demnach:

Satz 2. Für offene natürliche Gesamtheiten, die einer festen Ausscheideordnung mit verschiedenen Ausscheidegründen unterworfen sind, ist der jährliche Abgang nach Zahl und Altersstruktur für jede einzelne Ausscheideursache konstant. Die jährliche Erneuerungszahl ist gleich der Summe der auf die einzelnen Ausscheideursachen entfallenden und von der Zeit unabhängigen Abgangszahl.

Gemäß der Terminologie von 2.5 erhalten in diesem Fall die Nebengesamtheiten je Jahr eine konstante Anzahl von Zugängen. Diese Zugangsgruppe hat eine feste, nicht vom Zugangsjahr abhängige Altersstruktur, d.h. ihre Gliederung nach Alter beim Übertritt in die Nebengesamtheit ist fest und nicht veränderlich.

Es werde nunmehr der für Pensionsversicherungen wichtige Fall behandelt, daß die Personengesamtheit zwei Ausscheideursachen unterworfen ist, nämlich

10.1. Offene natürliche Gesamtheiten.

a) als Aktiver zu sterben,

b) wegen Invalidität aus dem Aktivenbestand auszuscheiden. Die totale Anzahl der je Jahr gestorbenen Aktiven betrage T^a. Gemäß **2.5** gilt die Gleichung

$$T^a = q_x^a L_x + q_{x+1}^a L_{x+1} + \cdots. \qquad (10.1.2)$$

Dabei wurde die offene natürliche Gesamtheit mit $L_x, L_{x+1}, \ldots$ bezeichnet. Die Anzahl der in einem Jahr neuentstehenden Invaliden werde mit J bezeichnet. Man erhält auf Grund von **2.5**

$$J = i_x L_x + i_{x+1} L_{x+1} + \cdots. \qquad (10.1.3)$$

Auf Grund der geschilderten Zusammenhänge gilt die Gleichung

$$L_x = T^a + J. \qquad (10.1.4)$$

Dabei wurde Pensionierung wegen Erreichens der Altersgrenze als Ausscheiden infolge Invalidität bezeichnet.

In ähnlicher Weise läßt sich die je Jahr nach Anzahl und Altersstruktur feste Gruppe von neuen Witwen berechnen, die durch Tod von verheirateten Aktiven entstehen. Ihre Anzahl sei mit W bezeichnet. Die Wahrscheinlichkeit eines aktiven Mannes, beim Tod verheiratet zu sein, betrage ϑ_x und werde auch als fest angenommen. Dann gilt

$$W = \vartheta_x q_x^a L_x + \vartheta_{x+1} q_{x+1}^a L_{x+1} + \cdots. \qquad (10.1.5)$$

Die obigen Überlegungen zeigen, daß bei offenen natürlichen Gesamtheiten wegen der Konstanz des Abganges nach Zahl und Altersstruktur je Jahr unveränderliche Versicherungsleistungen dann ausgerichtet werden müssen, wenn dieselben nur vom Ausscheidealter und Ausscheidegrund abhängig sind. Es gilt demnach

Satz 3. Für offene natürliche Gesamtheiten mit fester Ausscheideordnung erhält man je Jahr die gleiche, auf die einzelnen Ausscheidegründe total entfallende Versicherungsentschädigung, wenn dieselbe nur vom Ausscheidealter und Ausscheidegrund abhängig ist.

Unter der Annahme, daß die Personen einer festen Ausscheideordnung unterworfen seien, läßt sich eine leichte Bedingung dafür angeben, wann sich irgendeine Anfangsgesamtheit (Eintrittsgeneration) innert einer gewissen Zeit zu einer offenen natürlichen Gesamtheit entwickelt. Es gilt der

Satz 4. Kommt zu einer beliebigen Anfangsgesamtheit jedes Jahr eine gleiche Anzahl gleichaltriger Personen hinzu, so entwickelt sich dieser Bestand zu einer offenen natürlichen Gesamtheit. Die zu dieser Entwicklung

benötigte Zeit ist gleich der größeren der beiden Aktivitätsdauern der Eintrittsgeneration bzw. des Neuzuganges.

Der Beweis für diesen Satz ergibt sich sofort aus der Bemerkung, daß die Eintrittsgeneration nach Ablauf ihrer Aktivitätsdauer nicht mehr zum aktiven Bestand gehört und daß die einzelnen Jahrgänge des Neuzuganges nach Ablauf einer beliebigen Zeit stets proportional den entsprechenden Jahrgängen der fiktiven Gesamtheit der Ausscheideordnung sind.

Die obigen Sätze sind typisch für ein bestimmtes Modell von einer Versichertengesamtheit. Diese Voraussetzungen betreffs Altersstruktur der Personengesamtheit sind in der Praxis nur selten erfüllt. Man muß deshalb diese Bedingungen lockern, um zu Ergebnissen zu gelangen, die sich der Wirklichkeit besser anpassen. Dies soll im folgenden Abschnitt geschehen.

10.2. Offene einfache Gesamtheiten.

Im Gegensatz zu den vorhin betrachteten offenen natürlichen Gesamtheiten behandeln wir in diesem Abschnitt offene *einfache Gesamtheiten*, die wir in der folgenden Weise definieren:

Eine offene einfache Gesamtheit bestehe aus $L_x = u_0$ gleichaltriger Männer oder Frauen vom Alter x, die einer bestimmten festen Ausscheideordnung unterworfen sei. Abgehende Personen werden stets durch Personen mit dem Eintrittsalter x ersetzt.

Der Unterschied zwischen den offenen natürlichen und den offenen einfachen Gesamtheiten besteht demnach in der Altersstruktur der Anfangsgeneration. Bei den offenen einfachen Gesamtheiten haben die Mitglieder des Anfangsbestandes alle das gleiche Alter x.

Wir treffen die folgende Bezeichnung: a_t sei die Wahrscheinlichkeit des Ausscheidens einer Person zwischen dem Alter $x+t-1$ und $x+t$ (untere Grenze inbegriffen, obere Grenze ausgeschlossen), wobei $t = 1, 2, \ldots, T$ und $x + T - 1 = \omega$, wobei ω das Schlußalter. T ist demnach die maximale Aktivitätsdauer der Eintrittsgeneration. Zwischen den Zahlen a_t muß die Beziehung gelten:

$$a_1 + a_2 + \cdots + a_T = 1. \tag{10.2.1}$$

Es werde wiederum angenommen, daß das Ausscheiden der Personen auf Ende eines Jahres stattfinde und nachher sofort durch Ersatz die Personengesamtheit auf den ursprünglichen Bestand gebracht werde. Wegen dieses Abganges von Personen und Ersatz durch Jüngere erhält die Gesamtheit allmählich eine gewisse Gliederung nach Alter. Die jährlichen fortlaufenden Erneuerungszahlen sollen mit $u_1, u_2, u_n, \ldots$ bezeichnet werden. u_n ist demnach die Erneuerungszahl, die zum

10.2. Offene einfache Gesamtheiten.

n. Beobachtungsjahr gehört. Gemäß der Definition der Zahlen a_t und der Erneuerungszahlen u_t müssen die folgenden Beziehungen gelten:

$$\left.\begin{aligned} u_1 &= a_1 u_0 \\ u_2 &= a_2 u_0 + a_1 u_1 \\ u_3 &= a_3 u_0 + a_2 u_1 + a_1 u_2 \\ &\vdots \\ u_T &= a_T u_0 + a_{T-1} u_1 + \cdots + a_1 u_{T-1} \\ &\vdots \end{aligned}\right\} \quad (10.2.2)$$

und für

$$n > T : u_n = a_T u_{n-T} + a_{T-1} u_{n-T+1} + \cdots + a_1 u_{n-1}.$$

Denn im zweiten Jahr sind beispielsweise zwei Altersgruppen unter Beobachtung: der Rest des Anfangsbestandes und die bei Beginn des zweiten Jahres hinzugekommene neue Gruppe u_1. Aus der letzten Gleichung von (10.2.2) ist ersichtlich, daß u_n das gewogene Mittel aus den T vorangegangenen Erneuerungszahlen darstellt.

Nun soll im folgenden die Entwicklung dieser Zahl u_n festgestellt werden. Zu diesem Zweck definieren wir die folgenden Zahlen:

M_0 bedeutet das Maximum der Zahlen $u_1, u_2, \ldots, u_T$ und m_0 das Minimum,
M_1 bedeutet das Maximum der Zahlen $u_2, u_3, \ldots, u_{T+1}$ und m_1 das Minimum
$\vdots$

allgemein:
M_k bedeutet das Maximum der Zahlen $u_{k+1}, \ldots, u_{T+k}$ und m_k das entsprechende Minimum.

Wir behaupten den folgenden

Hilfssatz 1. Die Zahlen M_k bilden eine absteigende und die Zahlen m_k eine aufsteigende Folge, d.h. es gilt

$$M_0 \geq M_1 \geq M_2 \ldots$$
$$m_0 \leq m_1 \leq m_2 \ldots .$$

Dazu muß wegen der Definition der Zahl M_k und m_k die Ungleichung bestehen:

$$m_k \leq M_k.$$

Beweis des Hilfssatzes 1. Gemäß (10.2.2) gilt

$$u_{T+k} = a_T u_k + a_{T-1} u_{k+1} + \cdots + a_1 u_{T+k-1}$$

M_{k-1} ist die größte der Zahlen $u_k, u_{k+1}, \ldots, u_{T+k-1}$ M_k ist die größte der Zahlen $u_{k+1}, \ldots, u_{k+T}$.

Gilt
$$u_k = u_{k+1} = \cdots = u_{T+k-1} = c,$$
so folgt auf Grund von (10.2.1)
$$u_{T+k} = c$$
d.h.
$$M_k = M_{k-1}.$$

Sind nicht alle Zahlen $u_k, u_{k+1}, \ldots u_{T+k-1}$ einander gleich, so muß mindestens eine davon den Wert M_{k-1} annehmen. Es gilt demnach die Ungleichung
$$u_{T+k} < a_T M_{k-1} + a_{T-1} M_{k-1} + \cdots + a_1 M_{k-1} = M_{k-1}$$
und damit
$$M_k \leq M_{k-1}.$$

In ganz analoger Weise zeigt man, daß
$$m_k \geq m_{k-1}.$$

Auf Grund des Hilfssatzes (1) folgt sofort mit Hilfe eines klassischen Satzes aus der Theorie der Folgen der

Hilfssatz 2. Die Zahlenfolgen $M_0, M_1, M_2, \ldots$ und $m_0, m_1, m_2 \ldots$ sind konvergent. Der Beweis dieses Hilfssatzes ergibt sich aus dem monotonen Charakter der betrachteten Folge und der Beschränktheit der Zahlen M_k und m_k. Wir setzen
$$\lim_{n \to \infty} M_n = M,$$
$$\lim_{n \to \infty} m_n = m.$$

Wir behaupten, daß $M = m$ und weil die Zahl u_n zwischen M_n und m_n liegt den

Satz 1. Die Folge der Erneuerungszahlen einer offenen einfachen Gesamtheit ist konvergent, d.h.
$$\lim_{n \to \infty} u_n = u.$$

Wir müssen lediglich beweisen, daß $m = M$. Wir nehmen das Gegenteil an und zeigen, daß wir mit einer solchen Annahme zu einem Widerspruch gelangen. Wäre $m \neq M$, so könnten wir wegen des monotonen Charakters der Zahlenfolgen m_k und M_k schließen, daß eine Konstante $c > 0$ existieren müßte, so daß $M_n - m_n \geq c$. Wir zeigen, daß die Existenz einer solchen Ungleichung zu einem Widerspruch führt. Gemäß Gl. (10.2.2) gilt
$$u_n - m_{n-T-1} = a_T (u_{n-T} - m_{n-T-1}) + \cdots + a_1 (u_{n-1} - m_{n-T-1}).$$

m_{n-T-1} ist das Minimum der Zahlen $u_{n-T}, \ldots, u_{n-1}$. Sämtliche Klammerausdrücke sind positiv oder null, wenigstens ein Klammerausdruck muß null sein. Es werde der betreffende Faktor mit a_k bezeichnet.

Es gilt demnach die Ungleichung

$$u_n - m_{n-T-1} \leq (1 - a_k)(M_{n-T-1} - m_{n-T-1}).$$

Wir bezeichnen mit a das Minimum der Zahlen $a_1, a_2, \ldots, a_T$. Dann folgt

$$u_n - m_{n-T-1} \leq (1 - a)(M_{n-T-1} - m_{n-T-1})$$

und daraus

$$u_n \leq M_{n-T-1} - a(M_{n-T-1} - m_{n-T-1}).$$

Wäre nun $M_n - m_n \geq c > 0$, so würde nach der letzten Ungleichung das Maximum von u_n nach T Jahren um mindestens ac abnehmen und damit schließlich negativ werden, was den gewünschten Widerspruch bedeutet.

Wegen der Konvergenz der Folge der Erneuerungszahlen kann man zeigen, daß die betrachtete offene einfache Gesamtheit gegen eine Gesamtheit mit fester Altersstruktur konvergieren muß. Wir bezeichnen zum Beweis dieser Behauptung mit L_z^t die Anzahl der z-Jährigen in irgendeinem Zeitpunkt t, wobei $z = x + k$. Diese Gruppe ist demnach vor k Jahren zur Gesamtheit gekommen und es muß die Gleichung gelten:

$$L_z^t = u_{t-k}[1 - (a_1 + a_2 \cdots + a_k)],$$

d. h.

$$\lim_{t \to \infty} L_z^t = u[1 - (a_1 + a_2 \cdots + a_k)]. \tag{10.2.3}$$

Diese Gleichung zeigt, daß im Grenzfall die beobachtete offene einfache Gesamtheit die gleiche Altersstruktur besitzt wie eine natürliche Gesamtheit, deren Ausscheideordnung durch die Zahlen $a_1, a_2, \ldots, a_T$ definiert ist. Es gilt demnach der

Satz 2. Eine offene einfache Gesamtheit konvergiert gegen eine offene natürliche Gesamtheit.

Man sagt auch, daß eine solche offene einfache Gesamtheit einem bestimmten Beharrungszustand zustrebe.

Wenn nur eine Ausscheideursache, z. B. Tod, vorhanden ist, so sind die Erneuerungszahlen identisch mit der Anzahl der Todesfälle. Es werde im folgenden noch der Fall mit mehreren Ausscheideursachen, z. B. mit m solchen Ausscheidegründen untersucht. In diesem Fall sind die Zahlen

$$a_i = a_{i,1} + a_{i,2} + \cdots + a_{i,m},$$

wobei $a_{i,k}$ die Ausscheidewahrscheinlichkeit wegen des k. Grundes darstellt. Ganz entsprechend zerfallen die Erneuerungszahlen u_i in

m Glieder gemäß der folgenden Gleichung

$$u_i = u_{i,1} + u_{i,2} \ldots + u_{i,m}.$$

$u_{i,1}$ ist die Erneuerungszahl, welche der Anzahl der im i. Jahr infolge des ersten Ausscheidungsgrundes Ausgeschiedenen entspricht. In Analogie zu den vorangegangenen Ausführungen gelten nunmehr die Gleichungen

$$u_{n,i} = a_{T,i} u_{n-T} + a_{T-1,i} u_{n-T+1} + \cdots + a_{1,i} u_{n-1}, \quad \text{wobei } i = 1, 2, \ldots, m.$$

$$a_{T,i} + a_{T-1,i} + \cdots + a_{1,i} = c_i, \quad \text{wobei } \sum_{i=1}^{m} c_i = 1.$$

Die Zahl c_i bedeutet demnach die Wahrscheinlichkeit, während der Aktivitätsdauer T eines Versicherten infolge des i. Ausscheidegrundes abzugehen. Daraus schließen wir

$$\lim_{n \to \infty} u_{n,i} = u\, c_i. \tag{10.2.4}$$

Wir erhalten damit das Resultat, daß die wegen des i. Ausscheidegrundes entstehende Anzahl der Abgehenden gegen die entsprechende Anzahl einer offenen natürlichen Gesamtheit konvergiert. Es gilt demnach der

Satz 3. Bei einer offenen einfachen Gesamtheit, die einer festen Ausscheideordnung mit mehreren Ausscheidegründen unterworfen wird, konvergiert die wegen des i. Ausscheidegrundes abgehende Gruppe nach Anzahl und Altersstruktur gegen die entsprechende Anzahl und Altersstruktur der Abgehenden einer offenen natürlichen Gesamtheit.

Schließlich gilt dieser Satz auch noch für die entsprechenden Versicherungskosten.

Satz 4. Bei einer offenen einfachen Gesamtheit konvergiert die totale jährliche Versicherungsleistung, die nur vom Ausscheidealter und Ausscheidegrund abhängen soll, gegen die entsprechende totale jährliche Versicherungsleistung einer offenen natürlichen Gesamtheit.

Wesentliche Voraussetzungen für diese Sätze wären die starre Ausscheideordnung, der gleichaltrige Anfangsbestand und das gleiche Alter der Neueintretenden. Im folgenden sollen diese Voraussetzungen noch einmal gelockert werden.

10.3. Offene allgemeine Gesamtheiten.

Gegenüber den offenen einfachen Gesamtheiten treffen wir etwas allgemeinere Voraussetzungen.

Fall a. Der Anfangsbestand bestehe aus u_0 gleichaltrigen Personen mit dem Anfangsalter $x - k$, die nachher Eintretenden sollen stets das Ein-

10.3. Offene allgemeine Gesamtheiten.

trittsalter x besitzen. Die Ausscheidewahrscheinlichkeit der Eintrittsgeneration, zwischen dem i. und $(i+1)$. Jahre auszuscheiden sei a'_i, wobei $1 \le i \le T+k$. Die entsprechenden Werte für die Neueintretenden seien wie in **10.2** $a_1, a_2, \ldots, a_T$. An Stelle der Gl. (10.2.2) erhalten wir nun die Gleichungen

$$\left. \begin{aligned} u_1 &= a'_1 u_0 \\ u_2 &= a'_2 u_0 + a_1 u_1 \\ u_3 &= a'_3 u_0 + a_2 u_1 + a_1 u_2 \\ &\vdots \\ u_T &= \phantom{a'_T u_0 + {}} a'_T u_0 + a_{T-1} u_1 + \cdots + a_1 u_{T-1} \\ u_{T+1} &= a'_{T+1} u_0 + a_T u_1 + \cdots + a_1 u_T \\ &\vdots \\ u_{T+k} &= a'_{T+k} u_0 + a_T u_k + \cdots + a_1 u_{T+k-1} \\ u_{T+k+1} &= \phantom{a'_{T+k} u_0 + {}} a_T u_{k+1} + \cdots + a_1 u_{T+k} \\ &\vdots \\ n > T+k \quad u_n &= \phantom{a'_{T+k} u_0 + {}} a_T u_{n-T} + \cdots + a_1 u_{n-1} \\ a'_1 + a'_2 &+ \cdots + a'_{T+k} = 1. \end{aligned} \right\} \quad (10.3.1)$$

Gegenüber dem Gleichungssystem (10.2.2) verändern sich nur die Anfangsgleichungen. Der Ausdruck für u_n mit genügend großem n bleibt sich gleich. Da es sich bei den Sätzen von **10.2** um Aussagen über das asymptotische Verhalten offener einfacher Gesamtheiten handelt, lassen sie sich ohne weiteres auf diesen Fall übertragen.

Fall b. Der Anfangsbestand bestehe aus u_0 gleichaltrigen Personen mit dem Alter $x+k$. Die nachher Eintretenden sollen das Eintrittsalter x besitzen. An Stelle der Gl. (10.2.2) erhalten wir die Gleichungen

$$\left. \begin{aligned} u_1 &= a'_1 u_0 \\ u_2 &= a'_2 u_0 + a_1 u_1 \\ u_3 &= a'_3 u_0 + a_2 u_1 + a_1 u_2 \\ &\vdots \\ u_{T-k} &= a'_{T-k} u_0 + a_{T-k-1} u_1 + \cdots + a_1 u_{T-k-1} \\ &\vdots \\ u_T &= \phantom{a'_{T-k} u_0 + {}} a_{T-1} u_1 + \cdots + a_1 u_{T-1} \\ &\vdots \\ n > T \quad u_n &= \phantom{a'_{T-k} u_0 + {}} a_T u_{n-T} + \cdots + a_1 u_{n-1} \\ a'_1 + a'_2 &+ \cdots + a'_{T-k} = 1. \end{aligned} \right\} \quad (10.3.2)$$

Auch für diesen Fall gelten die gleichen Bemerkungen wie für den Fall a. Auch eine solche Gesamtheit konvergiert gegen eine offene natürliche Gesamtheit.

Nun betrachten wir eine *offene allgemeine Gesamtheit*, die aus L_x x-Jährigen, L_{x+1} $(x+1)$-Jährigen usw. besteht; das Schlußalter betrage s. Die gemäß einer festen Ausscheideordnung abgehenden Personen sollen ersetzt werden gemäß der folgenden Bestimmung: Jede Altersgruppe mit einem bestimmten Alter $x+k$ kann für sich als eine offene einfache Gesamtheit betrachtet werden. Die neu Eintretenden dieser Gruppe sollen ein bestimmtes festes Eintrittsalter haben, das nicht mit $x+k$ übereinstimmen muß. Wir sprechen in einem solchen Falle von einem *regulären Zugang* zu einer offenen allgemeinen Gesamtheit. Eine einzelne Teilgesamtheit mit dem Anfangsalter $x+k$ dieser offenen allgemeinen Gesamtheit konvergiert gemäß **10.2** gegen eine offene natürliche Gesamtheit. Die gegebene offene allgemeine Gesamtheit konvergiert demnach gegen eine solche Gesamtheit, die als Überlagerung von endlich vielen natürlichen Gesamtheiten mit derselben Altersstruktur bezeichnet werden kann, die wir im folgenden als eine verallgemeinerte natürliche Gesamtheit definieren.

Definition. Unter einer verallgemeinerten natürlichen Gesamtheit verstehen wir das Überlagerungsergebnis von endlich vielen natürlichen Gesamtheiten mit der gleichen Altersstruktur, aber mit verschiedenen Anfangsaltern und verschiedenen Gewichten.

Wenn die Gesamtheit die Struktur $L_x, L_{x+1}, \ldots, L_s$ besitzt, so gibt es eine solche Ausscheideordnung $l_x^a, l_{x+1}^a, \ldots, l_s^a$ und solche positive Zahlen c_i und solche Zahlen k_i, so daß sich m Teilgesamtheiten $c_i l_{x+k_i}$ überlagern $(i = 1, 2, \ldots, m)$.

Beispiele.
$$L_{20}, L_{21}, \ldots, L_{65}.$$

Diese Gesamtheit soll das Überlagerungsergebnis von drei Teilgesamtheiten mit den Anfangsaltern 20, 25 und 30 sein. Dann gilt

$$L_{20} = c_1 l_{20}^a, \; L_{21} = c_1 l_{21}^a, \; L_{22} = c_1 l_{22}^a, \; L_{23} = c_1 l_{23}^a, \; L_{24} = c_1 l_{24}^a$$
$$L_{25} = (c_1 + c_2) l_{25}^a, \; L_{26} = (c_1 + c_2) l_{26}^a, \ldots, L_{29} = (c_1 + c_2) l_{29}^a$$
$$L_{30} = (c_1 + c_2 + c_3) l_{30}^a, \ldots, L_s = (c_1 + c_2 + c_3) l_{s-1}^a.$$

Als Folgerung des Satzes 4 von **10.1** schließen wir:

Satz 1. Kommt zu einer beliebigen Anfangsgesamtheit jedes Jahr eine gleiche Anzahl von Personen von gleicher Altersstruktur hinzu, so entwickelt sich dieser Bestand zu einer verallgemeinerten natürlichen Gesamtheit. Die zu dieser Entwicklung benötigte Zeit ist gleich der größten der Aktivitätsdauern der bei dieser Entwicklung beteiligten Altersgruppen.

Ein schönes Beispiel zu diesem Satz liefern die Nebengesamtheiten der Invaliden oder Witwen einer natürlichen Gesamtheit. Denn von jedem Alter entsteht bei den Aktiven einer natürlichen Gesamtheit je Jahr stets die gleiche Anzahl von Invaliden oder Witwen. Daß dieser Invaliden- bzw. Witwenbestand gegen keine natürliche Gesamtheit strebt, ist selbstverständlich darauf zurückzuführen, daß der Zugang von Invaliden und Witwen unter den jungen Jahrgängen recht gering ist.

Gemäß den obigen Ausführungen gilt auch der

Satz 2. Eine offene allgemeine Gesamtheit mit regulärem Zugang strebt gegen eine verallgemeinerte natürliche Gesamtheit. Regulärer Zugang liegt insbesondere dann vor, wenn sämtliche Neueintretenden das gleiche Eintrittsalter besitzen. Die mit der offenen Gesamtheit verbundenen Nebengesamtheiten streben gegen die entsprechenden Nebengesamtheiten der Grenzgesamtheit.

Der Beweis zur letzteren Behauptung des Satzes 2 kann ohne Schwierigkeiten aus den vorangegangenen Ausführungen entnommen werden.

Pensionskassen mit konstantem Bestand werden durch den obigen Satz gut erfaßt, indem auch in Wirklichkeit ungefähr mit einem regulären Zugang gerechnet werden kann. Dies ist ja insbesondere dann der Fall, wenn sämtliche Neueintretenden das gleiche Eintrittsalter besitzen.

10.4. Grenzwerte der Erneuerungszahlen.

Aus den Gln. (10.2.2) ist es leicht möglich, den Grenzwert von u_n zu berechnen. Durch Summation erhalten wir

$$
\begin{aligned}
u_0 + u_1 + \cdots + u_n = u_0 &+ a_1 (u_0 + u_1 + \cdots + u_{n-1}) \\
&+ a_2 (u_0 + u_1 + \cdots + u_{n-2}) \\
&\vdots \\
&+ a_T (u_0 + u_1 + \cdots + u_{n-T}).
\end{aligned}
$$

Wir ergänzen sämtliche Klammerausdrücke zu $u_0 + u_1 + \cdots + u_n$. Dazu berücksichtigen wir Gl. (10.2.1) und erhalten somit

$$
\begin{aligned}
u_0 + u_1 + \cdots + u_n = u_0 &+ (a_1 + a_2 + \quad + a_T)(u_0 + u_1 + \cdots + u_n) \\
&- a_1 u_n \\
&- a_2 (u_{n-1} + u_n) \\
&\quad \vdots \\
&- a_T (u_{n-T+1} + \cdots + u_n)
\end{aligned}
$$

oder

$$u_0 = a_1 u_n + a_2 (u_n + u_{n-1}) + \quad + a_T (u_{n-T+1} + \cdots + u_n).$$

In dieser Gleichung lassen wir n gegen ∞ streben und benutzen die Gleichung
$$\lim_{n \to \infty} u_n = u.$$
Damit erhalten wir[1]
$$u_0 = u(a_1 + 2a_2 + \cdots + T a_T)$$
oder
$$u = \frac{u_0}{a_1 + 2a_2 + \cdots + T a_T}. \qquad (10.4.1)$$

Diese Formel werde für den Fall der Ausscheideordnung $L_x, L_{x+1}, \ldots, L_{x+T}$ kontrolliert. Der Anfangsbestand u_0 betrage $u_0 = l_x^a + l_{x+1}^a + \cdots + l_{x+T}^a$. Dann gelten die folgenden Beziehungen
$$a_1 = \frac{l_x^a - l_{x+1}^a}{l_x^a}, \quad a_2 = \frac{l_{x+1}^a - l_{x+2}^a}{l_x^a}, \quad \ldots, \quad a_T = \frac{l_{x+T}^a}{l_x^a}.$$
Wir erhalten
$$a_1 + 2a_2 + \cdots + T a_T = \frac{l_x^a - l_{x+1}^a + 2 l_{x+1}^a - 2 l_{x+2}^a + \cdots + T l_{x+T}^a}{l_x^a}$$
$$= \frac{l_x^a + l_{x+1}^a + \cdots + l_{x+T}^a}{l_x^a}$$
d.h. $u = l_x^a$.

Wir erhalten somit die Bestätigung, daß Konvergenz einer solchen Gesamtheit stattfindet nach einer offenen natürlichen Gesamtheit.

Wir wollen diese Formel noch auf offene allgemeine Gesamtheiten übertragen. Wir behandeln zunächst den *Fall a* von **10.3**. Ganz analog der obigen Methode erhalten wir durch Addition der Gl. (10.3.1)
$$\begin{aligned}
u_0 + u_1 + \cdots + u_n = u_0 &+ u_0(a_1' + \cdots + a_{T+k}') \\
&+ a_1(u_1 + u_2 + \cdots + u_{n-1}) \\
&+ a_2(u_1 + u_2 + \cdots + u_{n-2}) \\
&\quad \vdots \\
&+ a_T(u_1 + \cdots + u_{n-T}).
\end{aligned}$$
Mittels der gleichen Umformung wie vorhin ergibt sich auch in diesem Fall die Formel (10.4.1).

Fall b von **10.3**. Durch Addition der Gl. (10.3.2) erhalten wir:
$$\begin{aligned}
u_0 + u_1 + \cdots + u_n = u_0 &+ u_0(a_1' + \cdots + a_{T-k}') \\
&+ a_1(u_1 + u_2 + \cdots + u_{n-1}) \\
&\quad \vdots \\
&+ a_T(u_1 + \cdots + u_{n-T}).
\end{aligned}$$

---

[1] Vgl. MÜNZNER, H.: Der Grenzwert der Erneuerungszahlen, Archiv für math. Wirtschafts- und Sozialforschung, Bd. V, H. 1, 1939.

Durch analoge Umformung wie vorhin ergibt sich wiederum Formel (10.4.1).

Die offene allgemeine Gesamtheit kann wiederum durch Überlagerung behandelt werden.

Beispiel. Der Bestand setze sich aus L_{25} 25-Jährigen, L_{30} 30-Jährigen und L_{35} 35-Jährigen zusammen. Die Erneuerung erfolge durch 25-Jährige. In diesem Falle setzt sich die Erneuerungszahl aus drei Werten entsprechend den drei Gruppen zusammen. Ihre Grenzwerte u_1, u_2, u_3 haben die folgenden Werte:

$$u_1 = \frac{L_{25}}{a_{25} + \cdots + (s-1) a_{s-1}}, \quad u_2 = \frac{L_{30}}{a_{25} + \cdots + (s-1) a_{s-1}},$$

$$u_3 = \frac{L_{35}}{a_{25} + \cdots + (s-1) a_{s-1}}.$$

10.5. Konvergenzbetrachtungen.

In den vorangegangenen Abschnitten wurde gezeigt, daß eine offene einfache Gesamtheit gegen eine offene natürliche Gesamtheit konvergiert. Ebenso konvergiert eine offene allgemeine Gesamtheit gegen eine verallgemeinerte natürliche Gesamtheit. Für technische Zwecke wäre es nützlich, zu wissen, wie schnell diese Konvergenz stattfindet. Solche Abschätzungen können tatsächlich gemacht werden. Sie ergeben jedoch gegenüber der Wirklichkeit im allgemeinen eine zu langsame Konvergenz. Wenn wir diese Abschätzung im folgenden trotzdem darstellen, so geschieht dies aus dem Grunde, weil damit eine etwas andere Darstellung für den Beweis der Konvergenz der Zahlen M_k und m_k im Sinne von **10.2** gewonnen wird. Wir schreiben die letzte Gleichung von (10.2.2) in der folgenden Form:

$$u_{n+T+1} = a_T u_{n+1} + a_{T+1} u_n + \cdots + a_1 u_{n+T}$$

oder

$$(u_{n+T+1} - M_n) = a_T (u_{n+1} - M_n) + \cdots + a_1 (u_{n+T} - M_n).$$

Daraus schließen wir

$$u_{n+T+1} - M_n \geq (1 - a_k)(m_n - M_n),$$

wenn für den Index k $u_k = m_n$ ist.

$$u_{n+T+1} \geq m_n + a(M_n - m_n),$$

wobei a das Minimum der Zahlen a_k bedeutet.

In analoger Weise gilt für $1 \leq t \leq T$

$$u_{n+T-t+1} \geq m_{n-t} + a(M_{n-t} - m_{n-t}) \geq m_{n-T} + a(M_n - m_n).$$

Die kleinste der Zahlen $u_{n+T}, u_{n+T-1}, \ldots, u_{n+1}$ ist m_n. Deshalb gilt nach der letzten Ungleichung
$$m_n \geq m_{n-T} + a(M_n - m_n)$$
oder
$$m_{n-T} + a(M_n - m_n) \leq m_n - M_n + M_n \leq m_n - M_n + M_{n-T}.$$

Aus dieser Ungleichung folgt, daß die Differenzen $M_k - m_k$ mindestens so rasch gegen null konvergieren wie eine geometrische Folge mit dem Quotienten $\frac{1}{1+a}$. Denn nach der letzteren Ungleichung erhalten wir
$$(1+a)(M_n - m_n) \leq M_{n-T} - m_{n-T}$$
d.h.
$$M_n - m_n \leq \frac{M_{n-T} - m_{n-T}}{1+a}.$$

Diese Ungleichung gibt eine untere Grenze für die Geschwindigkeit, mit welcher die Schwankungen in den Erneuerungszahlen gegen null konvergieren müssen. Diese Ungleichung ist jedoch für praktische Zwecke in der Versicherung im allgemeinen unbrauchbar, da sie für die Praxis zu schlechte Werte liefert. Wenn beispielsweise bei einer Pensionskasse mit einem Eintrittsalter von 30 Jahren gerechnet wird, so ist in der Regel die kleinste Ausscheidewahrscheinlichkeit a diejenige Wahrscheinlichkeit, im nächsten Jahre auszuscheiden. Rechnet man lediglich mit dem Tod als Ausscheidegrund, so würde a zwischen $1\,^0/_{00}$ und $2\,^0/_{00}$ liegen, d.h. der Quotient der obigen geometrischen Folge läge zwischen $1/1.001$ und $1/1.002$. Wäre die Konvergenz einer Gesamtheit gegen eine natürliche Gesamtheit von der gleichen Schnelligkeit wie eine solche geometrische Folge, so müßten etwa zweitausend Jahre verstreichen, bis die Differenz zwischen $M_k - m_k$ beispielsweise unter 1% sänke.

Tatsächlich zeigen praktische Erfahrungen, daß bei einer Pensionskasse mit festem Bestand von der ungefähren Struktur einer allgemeinen offenen Gesamtheit mit etwa 30—40 Jahren gerechnet werden muß, bis sie dem Beharrungszustand sehr nahe gekommen ist. Diese Beobachtung läßt sich dadurch erklären, daß ja bei einer Erneuerung von konstantem Umfang und konstanter Altersschichtung gemäß Satz 1 von **10.3** die Umschichtung des Anfangsbestandes zu einer verallgemeinerten natürlichen Gesamtheit die größte Aktivitätsdauer der beteiligten Altersgruppe verlangt, die im allgemeinen etwa 40 Jahre betragen dürfte. Die Kontrolle darüber, ob der Beharrungszustand erreicht sei, kann am besten an Hand der Erneuerungszahlen, verglichen mit dem theoretischen Grenzwert, geschehen.

Wir geben in diesem Zusammenhang noch das vom Eidg. Statistischen Amt in der schweizerischen Pensionskassenstatistik 1941/42 publizierte Beispiel einer Modellpensionskasse. Als Bestand dieser Kasse wurden 10000 aktive Männer im

Alter von 25—64 Jahren mit einer der schweizerischen Volkszählung von 1941 entsprechenden Altersstruktur vorausgesetzt. Ausscheidende Mitglieder sollen einheitlich durch 25-Jährige ersetzt werden. Es handelt sich demnach um eine im Sinne von 10.3 offene allgemeine Gesamtheit mit regulärem Zugang, die gegen eine verallgemeinerte natürliche Gesamtheit strebt. Mit Rücksicht darauf, daß es sich um einen Neuzugang von konstantem Alter handelt, ist die Grenzgesamtheit sogar eine natürliche Gesamtheit, welche den zugrunde gelegten Ausscheidewahrscheinlichkeiten entspricht. Die Nebengesamtheiten der Alten, Invaliden und Witwen streben nach den entsprechenden Nebengesamtheiten, die zur natürlichen Grenzgesamtheit im Beharrungszustand gehören.

Als Rechnungsgrundlagen dienten dem Eidg. Statistischen Amt die ehemaligen Rechnungsgrundlagen 1936, Sammlung I der eidg. Pensionskassen. Nach diesen Berechnungen machen die Erneuerungs- und Rentnerzahlen eine wellenförmige Bewegung (Einschwingvorgang) in Form einer gedämpften Schwingung durch. Die Entwicklung der Bestände zeigt sich in den folgenden Zahlen:

Jahre nach der Gründung	Erneuerungszahl	Aktivmitglieder	Rentenbezüger		
			Altersrentner	Invaliden	Witwen
0	—	10000	—	—	—
2	308	10000	252	259	101
4	285	10000	452	487	218
6	278	10000	619	692	352
8	271	10000	759	877	502
10	268	10000	867	1046	669
12	270	10000	952	1200	846
14	266	10000	1010	1340	1030
16	278	10000	1058	1469	1214
18	284	10000	1095	1587	1393
20	295	10000	1127	1694	1560
40	287	10000	1371	2133	2447
60	300	10000	1232	2061	2427
80	288	10000	1340	2116	2506
100	301	10000	1266	2088	2441
⋮	⋮	⋮	⋮	⋮	⋮
∞	295	10000	1298	2097	2471

Diese Tabelle zeigt, daß sowohl die Erneuerungszahlen als auch die Rentnerbestände nach etwa 40 Jahren sich von den entsprechenden Zahlen des Beharrungszustandes nicht mehr stark unterscheiden.

XI. Über die Finanzierungssysteme für Sozialversicherungen.

Im folgenden Kapitel sollen unter *Sozialversicherungen solche Versicherungseinrichtungen verstanden werden, bei denen für wohlbestimmte Personen ein rechtlicher Zwang besteht, einer solchen Versicherung beizutreten*, im Gegensatz zu einer Einzelversicherung, bei der eine Person aus freiem Willen eine Versicherung abschließt. Solche Sozialversicherungen werden z. B. durch gesetzliche Erlasse für die ganze Bevölkerung eines

Landes geschaffen. Sie können aber auch nur einen Teil derselben betreffen, beispielsweise Angehörige gewisser Berufe oder solche Personen, deren Einkommen unter einer gewissen Grenze bleibt usw. Wir haben auch schon mehrfach auf den Fall hingewiesen, daß Firmen ihr Personal im Anstellungsvertrag verpflichten, einer Pensionsversicherung beizutreten. Der Unterschied zwischen einer solchen Sozialversicherung und einer Einzelversicherung besteht darin, daß der Nachwuchs also rechtlich gewährleistet ist, so lange es sich um eine offene Personengesamtheit handelt. Der Unterschied soll demnach nicht bei der Art der Versicherungsleistungen liegen. Bei Beständen von Versicherungsgesellschaften, deren Versicherte freiwillig eine Versicherung eingegangen sind, ist im Gegensatz zu solchen Sozialversicherungen der Nachwuchs nicht garantiert.

Es ist angesichts des sicheren Nachwuchses denkbar und möglich, für solche Versicherungen verschiedene Finanzierungs- oder Deckungsarten vorzusehen im Unterschied zu freiwillig abgeschlossenen Versicherungen. Bei den Letzteren werden die Kosten prinzipiell nach dem für Einzelpersonen angewendeten Äquivalenzprinzip ermittelt. Die Berechnung dieser Kosten erfolgt allerdings an Hand statistischer Erfahrungen mit großen Beständen. Gemäß dem Äquivalenzprinzip soll der Barwert der nach den angenommenen Grundlagen zu bezahlenden Prämie gleich dem Barwert der Versicherungsleistungen sein. Würde dieses Prinzip verletzt, so müßten entweder die Versicherten zu hohe Prämien entrichten oder aber die Versicherungsgesellschaft würde Verluste machen. Da der Nachwuchs nicht unter allen Umständen als gesichert erscheint, hätte dann die Versicherungsgesellschaft eventuell keine Möglichkeit, sich an den zukünftigen Versicherten schadlos zu halten.

Bei einer Sozialversicherung liegen in dieser Hinsicht ganz andere Voraussetzungen vor. Die Versicherten können auf rechtlichem Wege zur Bezahlung solcher Prämien verpflichtet werden, die nicht mehr auf Grund des vorher erwähnten individuellen Äquivalenzprinzipes bestimmt wurden. Denn wegen des gesicherten Nachwuchses können eventuelle Verluste früher oder später kompensiert werden. Tatsächlich wird von Sozialversicherungen von dieser Möglichkeit auch aus administrativen Gründen zur Vereinfachung der Verwaltung weitgehend Gebrauch gemacht. Im folgenden sollen die wichtigsten finanziellen Systeme der Sozialversicherungen mit ihren Vor- und Nachteilen dargestellt werden.

11.1. Das kollektive Äquivalenzprinzip.

Im folgenden soll das Äquivalenzprinzip auf möglichst allgemeine Art für eine ganz allgemeine offene Gesamtheit formuliert werden. Wir treffen die folgenden Voraussetzungen:

11.1. Das kollektive Äquivalenzprinzip.

1. Die Entwicklung der für die Sozialversicherung in Betracht fallenden offenen Personengesamtheiten sei nach Anzahl und Altersstruktur für alle Ewigkeit bekannt.

2. Die Personengesamtheit unterliege einer festen Ausscheideordnung. Dank dieser Ausscheideordnung und den wohldefinierten Versicherungsbestimmungen sei genau bekannt, welche Versicherungsleistungen in den einzelnen Jahren ausbezahlt werden müssen. Die Auszahlung erfolge je am Ende eines Jahres. Diese Ausgaben sollen für das Ende des ersten Jahres nach dem Inkrafttreten der Sozialversicherung A_1, im zweiten Jahre $A_2, \ldots$, im n. Jahre A_n betragen.

3. Die jährlichen Einzahlungen zugunsten dieser Versicherung seien ebenfalls bekannt, nachschüssig angenommen und sollen für das erste Jahr P_1, für das zweite Jahr P_2 usw. betragen. Diese Einzahlungen können von den Versicherten herrühren; es sind aber auch Zuschüsse von seiten des Staates oder vom Arbeitgeber denkbar.

Für die folgenden Berechnungen nehmen wir an, daß sowohl die Zahlen A_i als auch P_i beschränkt seien, d.h. es gebe eine solche positive Zahl c, so daß

$$A_i \leq c$$
$$P_i \leq c \quad i = 1, 2, \ldots .$$

Der den Berechnungen zugrunde liegende Zinsfuß betrage i, der zugehörige Abzinsungsfaktor sei v. Wenn die Versicherung gesamthaft keine Gewinne oder Verluste machen will in der Zukunft, muß offenbar der Barwert der zukünftigen Einnahmen gleich dem Barwert der sämtlichen zukünftigen Ausgaben sein, d.h. es gilt bei Berechnung dieser Barwerte auf Ende des ersten Jahres

$$A_1 + v A_2 + \cdots = P_1 + v P_2 + \cdots . \tag{11.1.1}$$

Wegen der Beschränktheit der Zahlen A_i und P_i sind die Reihen sicher konvergent. Wir bezeichnen dieses Prinzip als das *kollektive Äquivalenzprinzip*, da es für ein ganzes Kollektiv formuliert wurde, dessen Barwerte der Einnahmen und Ausgaben einander gleich sein müssen. Im Gegensatz zum individuellen Äquivalenzprinzip wird jedoch nicht gesagt, auf welche Weise die Belastung der dem Kollektiv angehörigen Personen erfolgen soll.

Bei ganz allgemeiner Anwendung dieses Äquivalenzprinzipes wäre es theoretisch möglich, daß eine solche Sozialversicherung zu gewissen Zeiten bedeutende Gewinne realisierte und zu anderen Zeiten empfindliche Verluste erlitte; denn der Ausgleich ist ja dank der Gl. (11.1.1) mit der Zeit gesichert. Aus praktischen Gründen wird man allerdings dieses

Äquivalenzprinzip nicht in seiner vollen Allgemeinheit anwenden können, sondern zum mindesten verlangen, daß ein gewisser Ausgleich nicht nur zeitlich, sondern auch innerhalb der Gesamtheit der beteiligten Generation stattfindet. Man kann beispielsweise verlangen, daß das Äquivalenzprinzip nicht nur für die ganze Zeit und für die totale Personengesamtheit gilt, sondern schon für bestimmte Zeitabschnitte oder für bestimmte Teile der betrachteten Personengesamtheit. Je nach der Art, wie man in dieser Hinsicht vorgeht, erhält man die verschiedenen theoretisch möglichen Finanzierungssysteme für eine Sozialversicherung. Es sollen im folgenden die wichtigsten Systeme geschildert werden, die sich aus praktischen Gründen im Laufe der Jahre ausgebildet haben.

1. Individuelle Äquivalenzmethode. Jeder Versicherte bezahlt die durchschnittlich auf seine Person entfallende Versicherungsausgabe, wobei bei der Berechnung des Durchschnittes das Eintrittsalter des Versicherten berücksichtigt wird. In diesem Fall handelt es sich um das übliche individuelle Äquivalenzprinzip, wie es z. B. in den vorangegangenen Kapiteln zur Berechnung der erforderlichen Prämie benutzt wurde. Bei dieser Art der Finanzierung ist keinerlei Nachwuchs nötig, da ja jeder Einzelne für sich selbst sorgt. Selbstverständlich muß aber der Bestand von einer gewissen Größe sein, damit der statistische Ausgleich vorhanden ist. Dieses individuelle und das kollektive Äquivalenzprinzip sind die beiden Grenzfälle, zwischen denen alle möglichen Varianten liegen können.

2. Umlageverfahren. Das kollektive Äquivalenzprinzip wird in diesem Falle dadurch verwirklicht, daß die Bezahlung der in einem bestimmten kürzeren Zeitabschnitt, z. B. in einem Jahr, fällig gewordenen Versicherungsleistungen durch die Prämienzahlungen in diesem Zeitabschnitt erfolgt, d. h. die Versicherung wird durch Umlage finanziert. Es wird in diesem Fall kein Deckungskapital angesammelt, sondern die Einnahmen entsprechen den Ausgaben.

3. Kollektives Kapitaldeckungsverfahren. Dieses Verfahren kommt lediglich dann in Betracht, wenn die Versicherungsleistungen aus Renten bestehen. Im Gegensatz zum Umlageverfahren, bei dem die auszubezahlenden Renten jährlich finanziert werden, wird bei Anwendung des kollektiven Kapitaldeckungsverfahrens bei Eintritt der Rentenberechtigung eines Versicherten das gesamte für diese Rente erforderliche Deckungskapital der Versicherung durch die Prämienzahlungen aufgebracht.

4. Prämiendurchschnittsbeitrag für eine Generation. Die Versicherten, die der Sozialversicherung im ersten Jahre des Bestehens beitreten, sollen als erste Generation bezeichnet werden, diejenigen im zweiten

Jahre als die zweite Generation usw. Das Äquivalenzprinzip werde in dem Sinne angewendet, daß jede Generation für sich selbst sorgt durch Bezahlung einer Durchschnittsprämie. Im Gegensatz zum individuellen Äquivalenzprinzip wird bei der Berechnung der Prämie nicht auf das Alter eines Versicherten abgestellt.

5. Allgemeines Prämiendurchschnittsverfahren. Im Gegensatz zum Prämiendurchschnittsbeitrag für die einzelne Generation kann man auch einen Prämiendurchschnitt für die totale offene Gesamtheit berechnen. Sämtliche Versicherte sollen in diesem Falle in alle Ewigkeit die gleiche Durchschnittsprämie bezahlen, die sich gemäß der Gl. (11.1.1) ergibt.

11.2. Umlageverfahren.

Um das Umlageverfahren zu studieren, seien zunächst verschiedene wichtige Fälle von Personengesamtheiten angenommen, auf welche das Umlageverfahren angewendet werden soll.

1. Es handle sich um eine *offene natürliche Gesamtheit* von der Gliederung $L_x, L_{x+1}, \ldots, L_s$. Diese Gesamtheit sei vom Zeitpunkt $t = 0$ an in einer Pensionskasse versichert, welche Alters-, Invaliden- und Witwenrenten gewährt. Die Pensionierung infolge Erreichens der Altersgrenze werde ebenfalls als Invalidität bezeichnet. Zu dieser offenen natürlichen Gesamtheit gehören demnach noch die Nebengesamtheiten der Invaliden und Witwen. Die Invaliden unterliegen der Absterbeordnung $l_x^{(i)}, l_{x+1}^{(i)}, \ldots$, die Witwen der Ausscheideordnung $l_y^w, l_{y+1}^w, \ldots$. Es werde angenommen, daß die Witwen der Verstorbenen eines Jahrganges das gleiche Alter haben. Die Höhe der Invaliden- und Witwenrenten sei von der Anzahl der Dienstjahre abhängig. Wir zeigen im folgenden die Berechnung der Umlageprämie.

Anzahl der Zahler. Wegen Annahme einer offenen natürlichen Gesamtheit bleibt die Anzahl der Zahler konstant und beträgt

$$L_x + L_{x+1} + \cdots + L_{s-1}.$$

Totale jährliche Invalidenrente im Beharrungszustand. Die Gruppe L_{x+t} ergibt in jedem Jahr $i_{x+t} L_{x+t}$ Invalide. Ihre Rente betrage r_t^i. Dieser Invalidenbestand entwickelt sich zu einer verallgemeinerten natürlichen Gesamtheit, welche der Invalidenabsterbeordnung unterliegt.

Die Anzahl Invalider in dieser offenen natürlichen Gesamtheit beträgt im Beharrungszustand

$$i_{x+t} L_{x+t} \left[\frac{l_{x+t}^{(i)}}{l_{x+t}^{(i)}} + \frac{l_{x+t+1}^{(i)}}{l_{x+t}^{(i)}} + \cdots + \frac{l_\omega^{(i)}}{l_{x+t}^{(i)}} \right].$$

Für diese Gesamtheit ergibt sich demnach die folgende totale Invalidenrente:

$$r_t^{(i)} \, i_{x+t} L_{x+t} \left[\frac{l_{x+t}^{(i)} + \cdots + l_\omega^{(i)}}{l_{x+t}^{(i)}} \right].$$

Nun muß noch über t summiert werden, um die totale Invalidenrente $r^{(i)}$ zu erhalten.

$$r^{(i)} = \sum_{t=0}^{s-x} r_t^{(i)} \, i_{x+t} L_{x+t} \left(\frac{l_{x+t}^{(i)} + \cdots + l_\omega^{(i)}}{l_{x+t}^{(i)}} \right).$$

Jährliche Witwenrente im Beharrungszustand. In ganz analoger Weise läßt sich die jährliche Witwenrente $r^{(w)}$ im Beharrungszustand berechnen. Hingegen sind jetzt die beiden Fälle zu unterscheiden, ob der Versicherte aktiv oder invalid gestorben ist. Die Wahrscheinlichkeit eines Versicherten in seinem Todesalter $x+t$ verheiratet zu sein betrage ϑ_{x+t}, die Witwenrente $r_t^{(w)}$. Die Gruppe L_{x+t} ergibt je Jahr

$$\vartheta_{x+t} L_{x+t} q_{x+t}^a$$

Witwen der aktiv Gestorbenen. Diese Witwen bilden im Beharrungszustand eine offene natürliche Gesamtheit vom Umfang

$$\vartheta_{x+t} L_{x+t} q_{x+t}^a \left[\frac{l_{y_{x+t}}^w + l_{y_{x+t}+1}^w + \cdots + l_\omega^w}{l_{y_{x+t}}^w} \right].$$

Um die totale Witwenrente $r_a^{(w)}$ dieser aktiv Verstorbenen zu erhalten, muß noch über t summiert werden. Wir erhalten

$$r_a^{(w)} = \sum_{t=0}^{s-x-1} r_t^{(w)} \vartheta_{x+t} L_{x+t} q_{x+t}^a \left(\frac{l_{y_{x+t}}^w + l_{y_{x+t}+1}^w + \cdots + l_\omega^w}{l_{y_{x+t}}^w} \right).$$

Die totale Witwenrente $r_i^{(w)}$ der invalid Gestorbenen bestimmen wir nach der gleichen Methode. Wir finden

$$r_i^{(w)} = \sum_{t=1}^{s-x} r_t^{(w)} L_{x+t} \, i_{x+t} \frac{1}{l_{x+t}^{(i)}} \times$$

$$\times \sum_{k=0}^{\omega_i-x-t} (l_{x+t+k}^{(i)} - l_{x+t+k+1}^{(i)}) \vartheta_{x+t+k} \left(\frac{l_{y_{x+t+k}}^w + l_{y_{x+t+k}+1}^w + \cdots + l_\omega^w}{l_{y_{x+t+k}}^w} \right).$$

ω_i bedeutet das Schlußalter der Invaliden-Absteberordnung. Nun ist

$$r^{(w)} = r_a^{(w)} + r_i^{(w)}.$$

Die totale erforderliche Umlageprämie P_u im Beharrungszustand beträgt demnach

$$P_u = \frac{r^{(i)} + r^{(w)}}{L_x + L_{x+1} + \cdots + L_{s-1}}. \tag{11.2.1}$$

Bei Gründung einer Pensionskasse für eine offene natürliche Gesamtheit steigt die Umlageprämie im Laufe von etwa 40 Jahren auf den obigen Betrag.

2. Bei einer *verallgemeinerten natürlichen Gesamtheit* müssen die Renten der in dieser Gruppe enthaltenen einzelnen natürlichen Gesamtheiten summiert werden. Wenn m Gesamtheiten enthalten sind, so seien die entsprechenden Renten mit

$$r_1^{(i)}, r_2^{(i)}, \ldots, r_m^{(i)}$$

bzw.

$$r_1^{(w)}, r_2^{(w)}, \ldots, r_m^{(w)}$$

bezeichnet. Wir erhalten für die Umlageprämie P_u

$$P_u = \frac{\sum_{k=1}^{m} r_k^{(i)} + \sum_{k=1}^{m} r_k^{(w)}}{L_x + L_{x+1} + \cdots + L_{s-1}}. \tag{11.2.2}$$

3. Offene allgemeine Gesamtheiten mit regulärem Zugang. Für die Entwicklung der Umlageprämie von der Gründung der Versicherungseinrichtung an ist natürlich der Satz 2 von **10.3** von fundamentaler Bedeutung. Man berechnet zunächst die verallgemeinerte natürliche Gesamtheit, gegen welche eine offene allgemeine Gesamtheit mit regulärem Zugang strebt. Dann gilt der

Satz 1: Die Umlageprämie einer offenen allgemeinen Gesamtheit mit regulärem Zugang strebt gegen die entsprechende Umlageprämie derjenigen verallgemeinerten natürlichen Gesamtheit, welche die Grenzlage der Ausgangsgesamtheit darstellt.

Dieser Satz zeigt vor allem, wie nützlich die asymptotischen Sätze der Erneuerungstheorie sind. Nach unseren Bemerkungen über die Schnelligkeit der Konvergenz bei der Umschichtung von Gesamtheiten kann angenommen werden, daß die Grenzumlageprämie ungefähr nach 40 Jahren erreicht werden müßte, wenn keine außerordentlichen Ereignisse wie Änderung der Ausscheidegrundlagen, der Größe des Bestandes, oder der Versicherungsleistungen usw. die vorausgesagte Entwicklung grundsätzlich stören. Die Änderung der Versicherungsleistungen wurde in den letzten Jahrzehnten wesentlich von Währungsänderungen bedingt. Aber selbst wenn sich die Voraussetzungen nicht ändern, müssen bei Anwendung des Umlageverfahrens immer wieder Kontrollberechnungen angestellt werden, um die Entwicklungstendenz bestimmen zu können.

Zur Illustration dieses Satzes sei noch einmal auf das Beispiel des Abschnittes **10.5** der Modellkasse des Eidg. Statistischen Amtes verwiesen. Es hat die Entwicklung der Umlageprämie für den dort erwähnten Bestand unter den folgenden Voraussetzungen festgestellt: Die versicherte Besoldung betrage je Aktiver 10000 Schweizerfranken. An Leistungen richte die Kasse von der Gründung an aus:

a) *Invalidenrenten*, die bei null Dienstjahren 25% der Besoldung betragen, mit jedem weiteren Dienstjahr um 1% steigen und bei 35 Dienstjahren das Maximum von 60% erreichen. Die Rentenzahlung beginnt am Anfang des der Invalidierung folgenden Jahres und ist lebenslänglich.

b) *Altersrenten*, die mit dem erfüllten 65. Altersjahr einsetzen und sich auf 60% der Besoldung, d.h. auf 6000 Fr. belaufen.

c) *Witwenrenten* von einheitlich 25% der Besoldung (2500 Fr.), beginnend am Anfang des dem Tode des Ehegatten folgenden Jahres, zahlbar bis zum Tode oder zur Wiederverheiratung der Witwe, gegebenenfalls mit einer Abfindung in der Höhe dreier Jahresrenten.

Alle Prämien und Renten werden monatlich vorschüssig geleistet, und der Eintrittsgeneration werden die Dienstjahre bis zum 25. Altersjahr zurück angerechnet.

Als technische Grundlagen gelangten die Rechnungsgrundlagen der Eidg. Versicherungskasse 1936, Sammlung I, $3^1/_2$% zur Anwendung. Unter diesen Annahmen berechnete das Eidg. Statistische Amt die folgenden Umlageprämien:

Jahre nach der Gründung	Umlageprämie in Franken	Jahre nach der Gründung	Umlageprämie in Franken
2	320	18	1878
4	596	20	1997
6	842	40	2605
8	1065	60	2466
10	1263	80	2585
12	1443	100	2506
14	1601	∞	2539
16	1747		

Die Umlageprämie steigt demnach in diesem Falle auf rund 25% der versicherten Besoldung gegenüber der Prämie beim üblichen Kapitaldeckungsverfahren im Betrage von rund 10% der versicherten Besoldung. Der Unterschied in der Prämienhöhe ist natürlich auf den Einfluß des Zinses zurückzuführen, der in diesem Falle wegen Anwendung des technischen Zinsfußes von $3^1/_2$% relativ stark ist.

4. Offene geometrische Gesamtheiten. In den bisherigen Beispielen betrachteten wir Gesamtheiten mit konstantem Umfang oder mit einem Neuzugang von konstanter Stärke, die dann gegen eine Grenzgesamtheit von konstantem Umfang streben. Vor allem bei Sozialversicherungen kommt es häufig vor, daß die Anzahl der Neuzugänge wegen Zunahme der Bevölkerung wächst. Es soll deshalb im folgenden eine solche Gesamtheit mit möglichst einfachem Zunahmegesetz betrachtet werden, das sich aber auch für praktische Berechnungen in vielen Fällen recht gut eignet. Die Anzahl der Neueintritte der gleichaltrig vorausgesetzten Personen betrage im ersten Jahr l_x, im zweiten Jahr cl_x, im dritten

Jahre $c^2 l_x \ldots$, im $(n+1)$. Jahre $c^n l_x$, wobei c eine positive Konstante. Wenn $c > 1$, handelt es sich um eine Zunahme des Neuzuganges, wenn $c < 1$ um eine Abnahme. Die Zahl der Neuzugänge bildet demnach eine geometrische Folge und deshalb treffen wir die folgende

Definition. Unter *einer offenen geometrischen Personengesamtheit* verstehen wir eine solche Gesamtheit, bei der zwischen den einzelnen Altersgruppen $L_x, L_{x+1}, \ldots, L_s$ und der fiktiven Gesamtheit der zugrunde gelegten Ausscheideordnung $l_x, l_{x+1}, \ldots, l_s$ die folgenden Beziehungen bestehen:

$$L_s = l_s \, c^t$$
$$L_{s-1} = l_{s-1} \, c^{t+1}$$
$$\vdots \qquad \vdots$$
$$L_{s-k} = l_{s-k} \, c^{t+k}$$
$$\vdots \qquad \vdots$$
$$L_x = l_x \, c^{t+s-x}.$$

Der Neuzugang im $(\tau + 1)$. Jahre hat die Größe $l_x c^\tau$.

Die Altersstruktur einer solchen geometrischen Gesamtheit bleibt fest, hingegen nimmt jeder Neuzugang von Jahr zu Jahr im Ausmaß einer geometrischen Folge zu. Die gleiche Bemerkung gilt für die Versicherungsleistungen. Da beim Umlageverfahren die Prämie direkt proportional der je Jahr total auszubezahlenden Versicherungsleistungen ist, und auch die Zahl der Prämienzahler von Jahr zu Jahr im Verhältnis $c:1$ zu- oder abnimmt, gilt der

Satz 2. Die Umlageprämie ist für eine geometrische Gesamtheit, die zum mindesten schon so lange existiert wie die Aktivitätsdauer ihrer Mitglieder, konstant.

Wenn bei solchen geometrischen Gesamtheiten von einem bestimmten Zeitpunkte an keine Vermehrung des Neuzuganges mehr stattfindet, so ist der Beharrungszustand bei den Rentnern noch nicht erreicht. Die Anzahl der Prämienzahler wird sich gleich bleiben, dagegen wird die Anzahl der Rentner in den folgenden Jahrzehnten noch zunehmen. Die Umlageprämie müßte demnach von diesem Zeitpunkte des Neuzuganges von konstantem Umfang an noch erheblich wachsen.

11.3. Eigenschaften des Umlageverfahrens.

Die praktische Durchführung des Umlageverfahrens kann dadurch geschehen, daß die Umlageprämie nachträglich auf Grund der Ausgaben für ein Jahr festgestellt wird oder daß beispielsweise der Staat Ruhegehälter einfach aus den ordentlichen Steuergeldern finanziert. Es können die Umlageprämien auch am Anfang eines Jahres für das laufende Jahr bezogen werden durch Vorausbestimmung des ungefähren Bedarfs und Schaffung einer kleinen *Schwankungsreserve*. Auf alle Fälle liegt ein wesentliches Merkmal des Umlageverfahrens darin, daß kein nennenswertes Deckungskapital angesammelt werden muß und damit die Verwaltung eines großen Vermögens mit allen seinen Gefahren und Schwierigkeiten vermieden wird. In Zeiten von unstabiler Währung oder bei Überangebot auf dem Kapitalmarkt sind diese Momente eventuell sehr vorteilhaft. Andererseits birgt das Umlageverfahren Gefahren in sich, auf die hingewiesen werden muß.

Es besteht zunächst das sog. *Generationenproblem*. Beim reinen Kapitaldeckungsverfahren sorgt jeder durch seine Prämienzahlung und Ansammlung eines entsprechenden Deckungskapitales für sich selbst. Beim Umlageverfahren bezahlen die Aktiven für die Rentner, die Jungen für die Alten. Wenn eine solche Versicherung die nötige Sicherheit bieten soll, muß gesetzlich für genügenden Nachwuchs gesorgt werden. Aus diesem Grunde fällt jegliche Anwendung des Umlageverfahrens bei freiwilligen Versicherungen dahin. Sonst bestände Gefahr, daß von einem bestimmten Zeitpunkte an beispielsweise keine Renten mehr bezahlt werden könnten; denn es wären vielleicht keine Aktiven mehr vorhanden, sondern nur noch Rentner.

Eine weitere Schwierigkeit bietet beim Umlageverfahren die *Behandlung des Anfangsbestandes*. Wenn bei Gründung einer Sozialversicherung nicht zum vorneherein mit den Aktiven auch ein gewisser Rentnerbestand übernommen werden muß, so ist am Anfang die Umlageprämie recht klein, um im Laufe der Jahre zu wachsen. Die ältesten Jahrgänge müßten demnach weniger bezahlen als die jüngeren. In diesem Moment liegt die Gefahr, daß die Kosten für eine Versicherung zu niedrig eingeschätzt werden, indem lediglich auf die Höhe der Anfangs-Umlageprämie abgestellt wird. Wegen des im allgemeinen steigenden Charakters der Umlageprämie ist es unerläßlich, deren Grenzlage zu bestimmen. Es sei auf das Beispiel der Modellkasse im vorangegangenen Abschnitt hingewiesen, bei welcher die Umlageprämie von 0% auf 25% der Besoldung steigt. Diese Erscheinung der steigenden Umlageprämie wirkt sich vor allem auch beim Einkauf von Besoldungserhöhungen in die Pensionskasse aus. Am Anfang haben die erhöhten Besoldungen einen kleinen Einfluß auf die Versicherungsleistungen, um von Jahr zu Jahr bis zum Beharrungszustand anzusteigen. Der ungenügende, durch ungenaue Umlageüberlegungen verursachte Einkauf von Besoldungserhöhungen ist einer der Gründe für defizitäre Entwicklungen von Pensionskassen.

Die *Umlageprämie* kann starken *Schwankungen* ausgesetzt sein. Es sei diesbezüglich auf das Beispiel einer durch Umlage finanzierten Altersversicherung hingewiesen. Wegen Zunahme der Lebensdauer muß die Umlageprämie fortwährend wachsen, wenn die Anzahl der Zahler gleich bleibt. Um diesem Moment zu begegnen, wird häufig eine größere Schwankungsreserve angesammelt. Es sei das Beispiel der schweizerischen Bevölkerung angeführt: Im Jahre 1951 entfielen auf 1000 20—64jährige Personen, 160 65- und Mehrjährige. Im Jahre 1971 werden es vermutlich etwa 230 sein, d.h. bei Anwendung des reinen Umlageverfahrens für eine Altersrentenversicherung und bei konstantem Umfang des Bestandes müßte die Umlageprämie innerhalb von 20 Jahren um rund 45% steigen!

Bei Anwendung des Umlageverfahrens wird bei der Finanzierung der Versicherungsleistungen auf den *Zins des Deckungskapitales* verzichtet; bei Anwendung eines gemischten Verfahrens zwischen dem Kapitaldeckungs- und dem Umlageverfahren trifft dies teilweise zu. Da es sich bei Pensionsversicherungen um langfristige Verpflichtungen handelt, spielt der Zins eine sehr wesentliche Rolle, wie die beiden folgenden Beispiele zeigen mögen.

1. *Modellkasse.* Bei der mehrfach erwähnten, vom Eidg. Statistischen Amt betrachteten Modellkasse wäre bei Anwendung der $3^1/_2$%-Grundlagen im Beharrungszustand ein Deckungskapital von rund 451 Millionen Schweizer Franken nötig. Dabei wurde mit einer Jahresprämie von 10 Millionen Fr. gerechnet. Bei einem technischen Zinsfuß von $3^1/_2$% ergibt das Deckungskapital einen jährlichen Zins von 15,8 Millionen Fr., d.h. bei dieser Modellkasse würden die Versicherungsleistungen im Beharrungszustand zu rund 60% durch den Zins und 40% durch die Prämien finanziert.

2. Im folgenden werde die erforderliche *Einmaleinlage* für eine jährliche vorschüssige Rente 1 vom Alter 65 an für verschiedene Eintrittsalter und für verschiedene Zinsfüße betrachtet. Als Absterbeordnung werde diejenige der schweizerischen Bevölkerung, Männer, 1939/44, angenommen. Je nach Zinsfuß erhält man für diese Einmaleinlage die folgenden Werte:

Eintrittsalter	Zinsfüße			
	0%	1%	2%	3%
20	7,943	4,720	2,828	1,708
30	8,189	5,375	3,555	2,367
40	8,470	6,141	4,482	3,290
50	9,038	7,239	5,829	4,713
60	10,499	9,288	8,254	7,366
65	12,101	11,252	10,504	9,842

Im extremen Fall eines 20jährigen beträgt diese Einmaleinlage ohne Anrechnung eines Zinses 7,943, bei Anrechnung von 3% nur 1,708. Für einen 65jährigen beträgt diese Einlage ohne Anrechnung eines Zinses 12,101, bei Anrechnung von 3% 9,842.

Diese Zusammenstellung zeigt, daß bei Schaffung einer Sozialversicherung sehr sorgfältig erwogen werden muß, ob das Umlageverfahren mehr oder weniger angewendet werden soll. Selbstverständlich spielen dabei neben technischen auch wirtschaftliche, soziale, rechtliche, politische und administrative Erwägungen eine Rolle[1].

11.4. Kollektives Deckungskapitalverfahren.

Um die Gefahren des reinen Umlageverfahrens zu mildern, wird gelegentlich bei Rentenversicherungen eine Art Kapitaldeckungsverfahren angewendet, das wir zum Unterschied zu dem in der Privatversicherung üblichen individuellen Kapitaldeckungsverfahren als das kollektive Kapitaldeckungsverfahren bezeichnen. Darunter verstehen wir folgendes: Tritt ein Versicherter in das rentenberechtigte Alter ein, so wird das Deckungskapital für diese Rente von der Gesamtheit der Aktiven durch ihre Umlageprämie bezahlt. Es wird demnach wenigstens das Deckungskapital für die laufenden Renten im Sinne der üblichen Kapitaldeckung angelegt. Muß dann eine solche Versicherung liquidiert werden, so sind wenigstens so viele Aktiven vorhanden, daß die weitere Auszahlung der laufenden Renten gesichert ist. Selbstverständlich kann auch eine solche Finanzierung nur bei einer Zwangsversicherung verwirklicht werden. Es sollen im folgenden die erforderlichen Umlageprämien für die gleichen Gesamtheiten zusammengestellt werden wie in **11.2**.

1. Offene natürliche Gesamtheit. Der Bestand sei $L_x, L_{x+k}, \ldots, L_s$. Die nach t Jahren fällig werdende Invalidenrente betrage $r_t^{(i)}$. Die Auslagen für die Altersgruppe L_{x+t} betragen

$$i_{x+t} L_{x+t} \ddot{a}_{x+t}^i r_t^{(i)}.$$

Für die ganze offene natürliche Gesamtheit erhalten wir demnach als totale Ausgabe

$$\sum_{t=0}^{s-x} i_{x+t} L_{x+t} \ddot{a}_{x+t}^i r_t^{(i)}.$$

Die Umlageprämie P_K hat in diesem Fall den folgenden Wert:

$$P_K = \frac{\sum\limits_{t=0}^{s-x} i_{x+t} L_{x+t} \ddot{a}_{x+t}^i r_t^{(i)}}{L_x + L_{x+1} + \cdots + L_{s-1}}. \qquad (11.4.1)$$

---

[1] Um die Veränderungen der Kaufkraft einer Währung bei der Versicherung kompensieren zu können, gibt es in den Vereinigten Staaten von Amerika Versicherungseinrichtungen, die wohl nach dem individuellen Kapitaldeckungsverfahren arbeiten, die Versicherungsleistungen jedoch nicht mehr durch absolute Zahlen in Dollars normieren. Die betreffenden Versicherungseinrichtungen gewähren den Versicherten gewisse Vermögenseinheiten, wobei sie das Vermögen teilweise in Sachwerten anlegen. Je nach dem Ertrag dieses Vermögens werden die Versicherungsleistungen größer oder kleiner ausfallen. Vgl. GREENOUGH, WILLIAM C.: A new Approach to Retirement Income. Teachers Insurance and Annuity Association of America. New York 1951.

Vergleicht man P_K mit P_U für diesen Fall, so ist der Anteil der Invalidenrente von der Gruppe L_{x+t} beim reinen Umlageverfahren

$$i_{x+t} L_{x+t} r_t^{(i)} \left[\frac{l_{x+t}^{(i)}}{l_{x+t}^{(i)}} + \frac{l_{x+t+1}^{(i)}}{l_{x+t}^{(i)}} + \cdots \right].$$

Nun ist

$$\ddot{a}_{x+t}^i < \frac{l_{x+t}^{(i)}}{l_{x+t}^{(i)}} + \frac{l_{x+t+1}^{(i)}}{l_{x+t}^{(i)}} + \cdots.$$

Die Prämie P_K ist kleiner als die Prämie P_U, da sich wenigstens das Deckungskapital der laufenden Renten verzinst.

2. Offene verallgemeinerte natürliche Gesamtheit. Wenn wiederum diese offene verallgemeinerte natürliche Gesamtheit durch Überlagerung von m Grundgesamtheiten entsteht, und der Barwert der in jedem Jahre fällig werdenden Renten jeder dieser Grundgesamtheiten mit B_1, $B_2, \ldots, B_m$ bezeichnet wird, so gilt

$$P_K = \frac{B_1 + B_2 + \cdots + B_m}{L_x + L_{x+1} + \cdots + L_{s-1}}. \tag{11.4.2}$$

3. Offene allgemeine Gesamtheit mit regulärem Zugang. Es gilt genau die gleiche Bemerkung wie im Abschnitt **11.2**. Man berechnet wiederum die verallgemeinerte natürliche Gesamtheit, gegen welche eine solche offene allgemeine Gesamtheit mit regulärem Zugang strebt. Dann konvergiert die Prämie P_K gegen die entsprechende dieser Grenzgesamtheit.

4. Offene geometrische Gesamtheit. Auch für diesen Fall gelten die gleichen Überlegungen wie in **11.2**. Die nach dem kollektiven Kapitaldeckungsverfahren für eine offene geometrische Gesamtheit berechnete Prämie bleibt konstant, sofern sie mindestens so lange bezahlt werden muß wie die Aktivitätsdauer ihrer Mitglieder besteht.

11.5. Prämiendurchschnittsverfahren für eine Generation.

Das kollektive Äquivalenzprinzip kann auch dadurch verwirklicht werden, daß jede Generation selbst für ihre Versicherungslasten aufkommt. Die Eintrittsgeneration einer Versicherungseinrichtung hat bei der Gründung zur Zeit $t=0$ die Gliederung $L_x^0, L_{x+1}^0, \ldots, L_s^0$. Nach einem Jahr soll eine neue Generation dazukommen, die Generation 1 mit der Gliederung $L_x^1, L_{x+1}^1, \ldots, L_s^1$ usw. Wir verlangen, daß der Barwert der Einnahmen für jede Generation gleich dem Barwert der Versicherungsausgaben für dieselbe ist. Es handelt sich demnach um das Äquivalenzprinzip für Generationen. Nun soll eine für alle Mitglieder dieser Generation gleiche und von ihrem Alter unabhängige Durchschnittsprämie

214   XI. Über die Finanzierungssysteme für Sozialversicherungen.

berechnet werden. Man kann demnach auch von einem *Prämiendurchschnittsverfahren für geschlossene Gesamtheiten* sprechen, da der Nachwuchs bei der Finanzierung der Versicherung keine Rolle für irgend eine Generation spielen soll. Im folgenden wird diese Durchschnittsprämie P_t berechnet. Der Barwert der Versicherungsleistungen sei nur vom Alter des Versicherten, nicht aber von der Generation abhängig, und werde mit $\tilde{A}_x, \tilde{A}_{x+1}, \ldots, \tilde{A}_s$ bezeichnet. Wir nehmen an, daß die Prämie bis zum Schlußalter s bezahlt werde. Auf Grund des Äquivalenzprinzipes erhalten wir

$$P_t = \frac{L_x^t \tilde{A}_x + L_{x+1}^t \tilde{A}_{x+1} + \cdots + L_s^t \tilde{A}_s}{L_x^t \ddot{a}_{x:\overline{s-x}|} + L_{x+1}^t \ddot{a}_{x+1:\overline{s-x-1}|} + \cdots + L_{s-1}^t \ddot{a}_{s-1:\overline{1}|}}. \qquad (11.5.1)$$

Diese Durchschnittsprämie ist also lediglich von der Gliederung der einzelnen Generationen nach Alter abhängig.

Häufig sind die Versicherungsleistungen proportional dem Gehalt G. Der Barwert der Versicherungsleistungen für die Gehaltseinheit soll $\tilde{E}_x, \tilde{E}_{x+1}, \ldots, \tilde{E}_s$ betragen. Dann gilt $\tilde{A}_{x+k} = \tilde{E}_{x+k} G$.

Die Prämie betrage $\frac{p_t}{100} G$, d.h. $p_t \%$ des Gehaltes. Für diese prozentuale Prämie gilt dann die Gleichung

$$\frac{p_t}{100} = \frac{L_x^t \tilde{E}_x + L_{x+1}^t \tilde{E}_{x+1} + \cdots + L_s^t \tilde{E}_s}{L_x^t \ddot{a}_{x:\overline{s-x}|} + L_{x+1}^t \ddot{a}_{x+1:\overline{s-x-1}|} + \cdots + L_{s-1}^t \ddot{a}_{s-1:\overline{1}|}}. \qquad (11.5.2)$$

Wenn wir die auf Grund des individuellen Äquivalenzprinzipes berechnete Individualprämie für einen $x+k$-Jährigen mit P_{x+k} bezeichnen, so gilt

$$\tilde{A}_{x+k} = P_{x+k} \ddot{a}_{x+k:\overline{s-x-k}|}.$$

Auf Grund der Gl. (11.5.1) erhalten wir unter der zusätzlichen Annahme, daß $\tilde{A}_s = 0$

$$\left.\begin{array}{l} L_x^t P_x \ddot{a}_{x:\overline{s-x}|} + L_{x+1}^t P_{x+1} \ddot{a}_{x+1:\overline{s-x-1}|} + \cdots + L_{s-1}^t P_{s-1} \ddot{a}_{s-1:\overline{1}|} \\ = P_t (L_x^t \ddot{a}_{x:\overline{s-x}|} + \cdots + L_{s-1}^t \ddot{a}_{s-1:\overline{1}|}). \end{array}\right\} \quad (11.5.3)$$

Die Durchschnittsprämie ist demnach das gewogene Mittel aus den Individualprämien. Im allgemeinen wird P_{x+k} mit k steigend sein, so daß P_t die Individualprämie zu einem geeigneten mittleren Alter der Generation darstellt.

Das Deckungskapital (der nach t Jahren noch Aktiven) dieser Generation könnte in üblicher Weise prospektiv oder retrospektiv gleichwertig definiert werden. Gemäß der prospektiven Definition ist dieses Deckungskapital gleich dem Barwert der Ausgaben abzüglich den Barwert

11.5. Prämiendurchschnittsverfahren für eine Generation.

der Einnahmen. Um diese Barwerte berechnen zu können, muß der Bestand einer solchen Generation nach t Jahren bekannt sein. Wir nehmen an, daß von der Altersgruppe L_x noch die Gruppe L'_{x+t} vorhanden sei, von der Gruppe L_{x+1} die Anzahl L'_{x+t+1}... und von der Gruppe L_{s-t} der Bestand L'_s. Wenn die Ausscheidung genau nach der angenommenen Ausscheideordnung erfolgte, müßte natürlich die Gleichung gelten:

$$L'_{x+k+t} = \frac{l_{x+k+t}}{l_{x+k}} L_{x+k} \qquad k = 0, 1, \ldots, s-x-t.$$

Nun erhalten wir für das Deckungskapital, prospektiv gerechnet, den Wert

$$\left.\begin{aligned} {}_tV = {} & L'_{x+t}\tilde{A}_{x+t} + \cdots + L'_s \tilde{A}_s - \\ & - P(L'_{x+t}\ddot{a}_{x+t:\overline{s-x-t}|} + \cdots + L'_{s-1}\ddot{a}_{s-1:\overline{1}|}). \end{aligned}\right\} \quad (11.5.4)$$

Würde von den einzelnen Versicherten die individuelle Prämie P_{x+k} bezahlt, so wäre das Deckungskapital für eine solche Versicherung

$$\tilde{A}_{x+\tau} - P_{x+k}\ddot{a}_{x+\tau:\overline{s-x-\tau}|}, \quad \text{wobei} \quad \tau > k.$$

Je nachdem, ob
$$P_{x+k} \gtreqless P,$$

wird das bei Anwendung des Durchschnittverfahrens berechnete Deckungskapital

$$\tilde{A}_{x+\tau} - P\ddot{a}_{x+\tau:\overline{s-x-\tau}|}$$

kleiner oder größer sein als das mit der individuellen Prämie berechnete Deckungskapital. Unter der Annahme, daß P_{x+k} mit k zunehme, wird das mit der Durchschnittsprämie berechnete individuelle Deckungskapital für junge Versicherte negativ ausfallen.

Bei solchen geschlossenen Versicherungseinrichtungen, die mit Durchschnittsprämien arbeiten, sollten *freiwillige Austritte ausgeschlossen sein*. Denn bei Austritt jüngerer Versicherter würde die Kasse Austrittsverluste erleiden, die es ihr eventuell verunmöglichten, ihre Verpflichtungen einzuhalten. Aus diesem Grunde ist es auch nicht angängig, für solche Kassen versicherungstechnisch fundierte Abfindungswerte zu definieren. Wenn freiwillige Austritte nicht verhindert werden können, wird man durch Anwendung einer Dekrementsausscheideordnung schon bei der Berechnung der Durchschnittsprämie diese Möglichkeit berücksichtigen müssen. Diese Auszahlungen bilden dann einen Teil der Versicherungsleistungen und müssen in die Zahl $\tilde{A}_x$ einbezogen werden.

XI. Über die Finanzierungssysteme für Sozialversicherungen.

In der Regel weist die Eintrittsgeneration das höhere Durchschnittsalter auf als der nachfolgende Neuzugang. Deshalb müßte bei Anwendung des Prämiendurchschnittsverfahrens die Eintrittsgeneration eine höhere Prämie bezahlen als die folgenden Generationen. Gewöhnlich will man jedoch mit der gleichen Durchschnittsprämie wenigstens für eine gewisse Zeit operieren. Wenn dann von der Eintrittsgeneration an Stelle der erforderlichen Prämie P eine kleinere $\overline{P}$ bezahlt wird, so entsteht für die Kasse ein *Eintrittsverlust* V_E, der gemäß der folgenden Gleichung berechnet werden kann:

$$V_E = (L_x \ddot{a}_{x:\overline{s-x}|} + \cdots + L_{s-1} \ddot{a}_{s-1:\overline{1}|})(P - \overline{P}). \qquad (11.5.5)$$

Diese Anfangsreserve V_E sollte vorhanden sein, wenn die Kasse nicht mit einem Eintrittsdefizit beginnen will.

11.6. Allgemeines Prämiendurchschnittsverfahren.
Bilanz einer offenen Versicherungseinrichtung.

In diesem Abschnitt betrachten wir eine offene Gesamtheit, deren zukünftige Entwicklung wegen Abgang von Versicherten und Neuzugang vollkommen bekannt sei. Dann soll auf diese Gesamtheit das kollektive Äquivalenzprinzip zur Berechnung der erforderlichen Durchschnittsprämie angewendet werden, wenn dieselbe für sämtliche Versicherte, für die jetzigen und die zukünftigen, gelten soll.

Die Anfangsgeneration zur Zeit $t=0$ besitze die Gliederung

$$L_x^0, L_{x+1}^0, \ldots, L_s^0.$$

Der Neuzugang im zweiten Versicherungsjahr besitze die Gliederung

$$L_x^1, L_{x+1}^1, \ldots, L_s^1,$$

allgemein: Neuzugang des $(t+1)$. Jahres

$$L_x^t, L_{x+1}^t, \ldots, L_s^t.$$

Der Barwert S_0 der totalen Versicherungsausgaben für die Anfangsgeneration beträgt

$$S_0 = L_x^0 \tilde{A}_x + L_{x+1}^0 \tilde{A}_{x+1} + \cdots + L_s^0 \tilde{A}_s.$$

Ganz entsprechend finden wir für den Barwert E_0 der totalen Einnahmen

$$E_0 = L_x^0 \ddot{a}_{x:\overline{s-x}|} + L_{x+1}^0 \ddot{a}_{x+1:\overline{s-x-1}|} + \cdots + L_{s-1}^0 \ddot{a}_{s-1:\overline{1}|}.$$

11.6. Allgemeines Prämiendurchschnittsverfahren.

In analoger Weise ergeben sich die Werte S_t, E_t bezogen auf das Eintrittsdatum dieser Generation. Nach dem kollektiven Äquivalenzprinzip muß demnach für die Durchschnittsprämie P die folgende Gleichung richtig sein:

$$P \sum_{t=0}^{\infty} E_t v^t = \sum_{t=0}^{\infty} S_t v^t$$

und damit

$$P = \frac{\tilde{A}_x \sum_{t=0}^{\infty} v^t L_x^t + \tilde{A}_{x+1} \sum_{t=0}^{\infty} v^t L_{x+1}^t + \cdots + \tilde{A}_s \sum_{t=0}^{\infty} v^t L_s^t}{\ddot{a}_{x:\overline{s-x|}} \sum_{t=0}^{\infty} v^t L_x^t + \ddot{a}_{x+1:\overline{s-x-1|}} \sum_{t=0}^{\infty} v^t L_{x+1}^t + \cdots + \ddot{a}_{s-1:\overline{1|}} \sum_{t=0}^{\infty} v^t L_{s-1}^t}. \quad (11.6.1)$$

Die Reihen sind konvergent unter der Voraussetzung, daß die Anzahlen L_{x+k}^t beschränkt sind. Diese Formel soll wiederum auf einige speziell wichtige Gesamtheiten angewendet werden.

1. Natürliche Gesamtheit. Wir unterschieden 2 Fälle:

Fall a: Bei der Gründung der Versicherungseinrichtung müssen sämtliche Rentner übernommen werden, d.h. sowohl der Bestand der Aktiven als auch der Bestand der Rentner sollen sich im Beharrungszustand befinden. Die Gliederung des totalen Bestandes sei

$$L_x, L_{x+1}, \ldots, L_\omega.$$

Dazu kommen allfällige Nebengesamtheiten (Witwen, Waisen, Invalide), die sich ebenfalls im Beharrungszustand befinden sollen. Die Prämie werde bis zum Schlußalter s bezahlt. Für jeden Jahrgang entstehen dann je Jahr die gleichen Ausgaben A_t. Die totale gleichbleibende jährliche Ausgabe A beträgt demnach

$$A = A_1 + A_2 + \cdots + A_\omega.$$

Die Anzahl L der Prämienzahler beträgt

$$L = L_1 + L_2 + \cdots + L_{s-1}.$$

In diesem Fall erhalten wir die folgende Durchschnittsprämie

$$P = \frac{A}{L}.$$

Gemäß dieser Gleichung werden die jährlichen Ausgaben durch die jährliche Prämie gedeckt. Es handelt sich demnach in diesem Fall um eine reine Umlageprämie. Ist bei Gründung einer solchen Versicherungseinrichtung ein Fond F vorhanden, so beträgt die Prämie

$$P = \frac{1}{L}\left[A - \frac{i}{1+i} F\right].$$

Fall b: Bei Gründung der Versicherungseinrichtung sollen L_x Personen vom Alter x vorhanden sein. Die offene natürliche Gesamtheit werde so aufgebaut, daß mit jedem Jahre L_x Personen neu zur Gesamtheit kommen. In diesem Falle beträgt der Barwert der totalen Ausgaben

$$\frac{1+i}{i} L_x \tilde{A}_x$$

und entsprechend der Barwert der Einheitsprämie

$$\frac{1+i}{i} L_x \ddot{a}_{x:\overline{s-x}}.$$

Als Durchschnittsprämie ergibt sich in diesem Fall der Wert

$$P = \frac{\tilde{A}_x}{\ddot{a}_{x:\overline{s-x}}} = P_x.$$

Wir erhalten demnach die individuelle Prämie. Bei dieser Art von offener natürlicher Gesamtheit bildet sich ein Deckungskapital, das im Beharrungszustand den folgenden Wert besitzt:

$$_\infty V = \frac{1+i}{i}(A - L P_x).$$

Wird die Versicherungseinrichtung in einem Zeitpunkt eingeführt, in dem in der offenen natürlichen Gesamtheit die Alter der Prämienzahler vollständig besetzt, aber noch keine Rentenbezüger vorhanden sind, so kann sich eventuell je nach der Versicherungsart die Prämie nach dem kollektiven Deckungskapitalverfahren ergeben. Maßgebend für die Art der Durchschnittsprämie, die wir erhalten, ist der Entwicklungszustand, in dem sich bei der Gründung der Versicherungseinrichtung die offene natürliche Gesamtheit mit den Nebengesamtheiten der Rentenbezüger befindet.

2. *Offene Gesamtheit mit Neuzugang von konstanter Größe und dem gleichen Eintrittsalter x.* Der Anfangsbestand habe die Struktur

$$L_x, L_{x+1}, \ldots, L_s.$$

Der Neuzugang habe das einheitliche Eintrittsalter x; in jedem Jahr kommen k neue Versicherte zur Gesamtheit. Der Barwert der Ausgaben für die Gesamtheit dieser Versicherten beträgt:

$$L_x \tilde{A}_x + L_{x+1} \tilde{A}_{x+1} + \cdots + L_s \tilde{A}_s + k \tilde{A}_x + k v \tilde{A}_x + \cdots$$
$$= L_x \tilde{A}_x + \cdots + L_s \tilde{A}_s + \frac{\tilde{A}_x k}{1-v}.$$

11.6. Allgemeines Prämiendurchschnittsverfahren.

Für den Barwert der Einnahmen finden wir:

$$L_x \ddot{a}_{x:\overline{s-x}|} + L_{x+1}\ddot{a}_{x+1:\overline{s-x-1}|} + \cdots + L_{s-1}\ddot{a}_{s-1:\overline{1}|} + k\ddot{a}_{x:\overline{s-x}|} + kv\ddot{a}_{x:\overline{s-x}|} + \cdots$$
$$= L_x \ddot{a}_{x:\overline{s-x}|} + \cdots + L_{s-1}\ddot{a}_{s-1:\overline{1}|} + \frac{k\ddot{a}_{x:\overline{s-x}|}}{1-v}.$$

Für die Durchschnittsprämie P ergibt sich demnach:

$$P = \frac{L_x \tilde{A}_x + \cdots + L_s \tilde{A}_s + \dfrac{\tilde{A}_x k}{1-v}}{L_x \ddot{a}_{x:\overline{s-x}|} + \cdots + L_{s-1}\ddot{a}_{s-1:\overline{1}|} + \dfrac{\ddot{a}_{x:\overline{s-x}|} k}{1-v}}. \qquad (11.6.2)$$

Im folgenden soll diese Durchschnittsprämie P, die für die offene Gesamtheit gilt, verglichen werden mit der erforderlichen Durchschnittsprämie für die Eintrittsgeneration und den jährlichen Neuzugang. Die für die Eintrittsgeneration erforderliche Durchschnittsprämie werde mit P_E bezeichnet. Sie beträgt

$$P_E = \frac{L_x \tilde{A}_x + \cdots + L_s \tilde{A}_s}{L_x \ddot{a}_{x:\overline{s-x}|} + \cdots + L_{s-1}\ddot{a}_{s-1:\overline{1}|}} = \frac{\tilde{A}_E}{B_E},$$

wobei $\tilde{A}_E$ der Zähler und B_E der Nenner.

Die Durchschnittsprämie P_N für den Neuzugang beträgt

$$P_N = \frac{\dfrac{\tilde{A}_x k}{1-v}}{\dfrac{\ddot{a}_{x:\overline{s-x}|} k}{1-v}} = \frac{\tilde{A}_N}{B_N}.$$

Nach (11.6.2) erhalten wir demnach

$$P = P_E \left(\frac{B_E}{B_E + B_N}\right) + P_N \left(\frac{B_N}{B_E + B_N}\right). \qquad (11.6.3)$$

Aus dieser Gleichung ist leicht ersichtlich, in welcher Stärke die beiden Durchschnittsprämien P_E und P_N auf die gesamte Durchschnittsprämie P einwirken. Ist P größer P_N, so muß P kleiner P_E sein. Dies dürfte bei Sozialversicherungen die Regel sein: die Jungen bezahlen für die Alten. Der jährliche Gewinn, der in diesem Fall entsteht, beträgt $(P - P_N) k \ddot{a}_{x:\overline{s-x}|}$. Andererseits beträgt der Verlust an der Eintrittsgeneration

$$(P_E - P) B_E.$$

Auf Grund der obigen Beziehungen muß die Gleichung gelten

$$(P_E - P) B_E = (P - P_N) k (1 + v + v^2 + \cdots) \ddot{a}_{x:\overline{s-x}|} = k \frac{P - P_N}{1-v} \ddot{a}_{x:\overline{s-x}|}$$

oder
$$\frac{i}{1+i}(P_E - P) B_E = (P - P_N) k \ddot{a}_{x:\overline{s-x}}.$$

Diese Gleichung zeigt, daß der durch die Eintrittsgeneration entstandene Fehlbetrag mittels der Gewinne des zukünftigen Neuzuganges jährlich zum technischen Zinsfuß verzinst wird. Der Fehlbetrag bleibt als ewige Schuld bestehen.

3. *Offene Gesamtheit mit variierenden Erneuerungszahlen.* Im folgenden soll es sich um eine offene Gesamtheit handeln, bei der sämtliche Neueintretenden das gleiche Eintrittsalter x besitzen. Hingegen können die Erneuerungszahlen von Jahr zu Jahr wechseln und seien mit u_1, $u_2, u_3, \ldots$ bezeichnet. Die für die Gesamtheit erforderliche Durchschnittsprämie sei wiederum P, die für den Neuzugang erforderliche Prämie P_x. Wir nehmen wiederum an, daß $P > P_x$. In diesem Fall beträgt der Barwert des Eintrittgewinnes E an den zukünftigen Versicherten

$$E = (u_1 + u_2 v + \cdots)(P - P_x) \ddot{a}_{x:\overline{s-x}}. \tag{11.6.4}$$

Unter der Voraussetzung, daß es sich um eine Versicherungseinrichtung mit einer konstanten Anzahl k von Versicherten handle, ist die Berechnung des Barwertes des Eintrittgewinnes E etwas zweckmäßiger mit Hilfe folgender Überlegung auszuführen: Wir nehmen zunächst an, daß an jedem Versicherten je Jahr der Gewinn $P - P_x$ realisiert werde. Dann beträgt der Barwert aller dieser Gewinne für sämtliche Versicherte der offenen Gesamtheit

$$\frac{k(P - P_x)}{1 - v}.$$

Tatsächlich entstehen diese Gewinne nur an den Neueintretenden, nicht aber an den Versicherten der Eintrittsgeneration. Deshalb muß der entsprechende Betrag $(P - P_x) B_E$ abgezogen werden. Wir erhalten deshalb

$$E = \frac{k(P - P_x)}{1 - v} - (P - P_x) B_E, \tag{11.6.5}$$

wobei
$$B_E = L_x \ddot{a}_{x:\overline{s-x}} + \cdots + L_{s-1} \ddot{a}_{s-1:\overline{1}}.$$

Die Frage der *Abfindungswerte* kann für solche offene Gesamtheiten mit Neuzugang von konstantem Eintrittsalter x in der folgenden Weise geregelt werden, ohne daß die Gesamtheit durch den Austritt solcher Versicherter einen Verlust erleidet: die Versicherten des Neuzuganges erhalten grundsätzlich als Abfindung das mit Hilfe der Prämie P_x berechnete Deckungskapital. Denn bei dieser Art von Abfindung verbleiben der Versicherungseinrichtung die einkalkulierten Gewinne, die bis zum Austritt dieses Versicherten realisiert wurden. Da der Versicherte durch einen x-jährigen neuen Versicherten ersetzt wird, fließen diese Gewinne auch in Zukunft im einkalkulierten Maße weiter. Die Versicherten der Eintrittsgeneration erhalten das prospektiv berechnete Deckungskapital, bestimmt mit der Durchschnittsprämie P, wenn dieselbe größer ist als die individuelle Durchschnittsprämie. Wäre die Letztere größer, so müßte diese individuelle Prämie bei der Berechnung des Deckungskapitals in Anschlag gebracht werden, damit der Gesamtheit die in Anschlag gebrachten Gewinne verbleiben. Zwecks einfacher Handhabung wird diese Regelung häufig durch pauschale Bestimmungen ersetzt. Diese sollten aber so gewählt werden, daß die sich durchschnittlich ergebenden Abfindungswerte nicht wesentlich von den vorhin erwähnten Abfindungswerten abweichen.

Bilanz für eine offene Pensionskasse.

Im folgenden sei schließlich noch zusammengestellt, welche wesentlichen Posten in der Bilanz einer offenen Pensionskasse vorkommen müssen.

Aktiva.

1. Vermögen am Bilanztag.

2. Barwert der Beiträge der Eintrittsgeneration.

3. Barwert der Beiträge des gesamten zukünftigen Neuzuganges.

4. Barwert der Beiträge Außenstehender, z. B. des Staates oder Arbeitgebers.

Passiva.

1. Barwert der am Bilanztag laufenden Renten.

2. Barwert der Anwartschaften der am Bilanztag vorhandenen Rentner auf Hinterbliebenenrenten.

3. Barwert der Anwartschaften des am Bilanztage vorhandenen Aktivenbestandes auf Versicherungsleistungen.

4. Barwert der Anwartschaften des gesamten zukünftigen Neuzuganges auf Versicherungsleistungen.

5. Barwert der alljährlichen Ausgaben für Verwaltungskosten.

6. Rückstellungen für unerledigte Versicherungsfälle.

7. Besondere Reserven.

Es wurde bereits an früherer Stelle erwähnt, daß solche Bilanzen für offene Pensionskassen nur einen bedingten Wert besitzen, da es sich um die Schätzung der Einnahmen und Ausgaben für die gesamte Zukunft handelt und die Voraussetzungen für diese Schätzungen zweifellos sich im Laufe der Zeit ändern werden. Hingegen zeigen sie doch die finanzielle Lage einer Kasse und die Tendenz ihrer Entwicklung an. Solche Bilanzen für offene Pensionskassen sind deshalb bei Sozialversicherungen nach bestimmten Zeitabständen, z. B. nach 5 oder spätestens 10 Jahren, periodisch zu erstellen.

Anhang.

Über den stochastischen Aufbau der Versicherungsmathematik.

Im zweiten Kapitel haben wir die Personengesamtheiten an Hand eines sog. deterministischen Modelles entwickelt. Darunter verstanden wir folgendes:

Wir gehen aus von der Anzahl l_x Personen des gleichen Alters x und nehmen an, daß sich diese Personengesamtheit infolge Tod nach einem bestimmten Gesetz, ausgedrückt durch die Zahlenfolge l_x, l_{x+1}, ... abbaue. Für eine solche, in allen Phasen ihrer Entwicklung wohlbestimmte Personengesamtheit kann man den Barwert irgendwelcher Versicherungskosten ausrechnen, sobald noch der technische Zinsfuß und allfällige Verwaltungskosten angenommen werden, wie das in den vorangegangenen Abschnitten gezeigt wurde. Wenn beispielsweise verlangt wird, daß sich die zukünftigen Einnahmen und Ausgaben einer Versicherungsinstitution das Gleichgewicht halten sollen, so können auf Grund dieser Äquivalenzforderung die Prämien berechnet werden. Mit Hilfe des gleichen Prinzipes kann auch in irgendeinem Zeitpunkt der Versicherung die erforderliche Prämienreserve definiert werden, wenn die Versicherungsgesellschaft in der Lage sein soll, gegenüber einer solchen, nach einem bestimmten Gesetz sich abbauenden Personengesamtheit die zukünftigen Verpflichtungen zu erfüllen.

Der wirkliche Abbau der versicherten Personengesamtheit durch Tod wird nie exakt mit dem angenommenen deterministischen Modell übereinstimmen. Schwankungen werden wegen der fortlaufenden Änderung der Mortalität unvermeidlich sein. Es fragt sich, wie solche allfälligen Schwankungen von einer Versicherungsgesellschaft berücksichtigt werden können, damit sie trotz nicht vollständig kongruentem Ablauf zum angenommenen Absterbeordnungsmodell ihre zukünftigen Verpflichtungen erfüllen kann. Die Methode besteht einfach darin, daß die Versicherungsgesellschaft die Tarife vorsichtig konstruiert, d.h. das Modell so wählt, daß bei Nichtübereinstimmen des wirklichen Ablaufes mit diesem Modell eher Gewinne als Verluste entstehen. Gewährt dann die Versicherungsgesellschaft eine sog. Gewinnbeteiligung, so hat sie es immer noch in der Hand, die vorsichtige Wahl des Modelles bei der Festlegung der Gewinne den Versicherten gegenüber angemessen zu berücksichtigen.

Wenn eine Versicherungsinstitution die nötige Garantie für die Erfüllung der übernommenen Verpflichtungen bieten soll, so muß sie, falls keine speziellen zur Prämienreserve zusätzlichen Sicherheitsreserven vorhanden sind, dafür sorgen, daß ungünstige Abweichungen beim Mortalitätsverlauf gegenüber der getroffenen Annahme einen nicht zu großen finanziellen Einfluß besitzen. Sie muß deshalb für einen möglichst *homogenen Versicherungsbestand* sorgen und verhindern, daß zu große Versicherungsspitzen bestehen. Würde ihr Versicherungsbestand wenige Versicherte mit abnormal großen Versicherungssummen aufweisen, so könnte sie bei deren frühem Tod eventuell in Schwierigkeiten geraten. Zwecks Vermeidung solcher Risiken wurde die Institution der *Rückversicherung* geschaffen, welche es den Versicherungsgesellschaften ermöglicht, einen Teil großer Versicherungen auf andere Versicherungsträger, eben an solche Rückversicherungen zu übertragen.

Trotz der Möglichkeit der Rückversicherung ist die Annahme eines deterministischen Modells deshalb unbefriedigend, weil es uns lediglich Auskunft über die finanziellen Verpflichtungen einer Versicherungsinstitution bei einem ganz bestimmten, festen Risikoablauf liefert. Man sollte jedoch über den Einfluß allfälliger Schwankungen gegenüber der gemachten Annahme orientiert sein, um gegen dieselben vorbeugende Maßnahmen treffen zu können.

Daß in der Versicherungsmathematik und vor allem in der Praxis die deterministische Auffassung zur Anwendung gelangte, ist neben der Einfachheit dieser Methode auf den Umstand zurückzuführen, daß gemäß einem klassischen Ergebnis der Wahrscheinlichkeitsrechnung das sog. *Gesetz der großen Zahlen* gültig ist, welches der Annahme eines deterministischen Modells auch bei voller Berücksichtigung des Zufalls, des stochastischen Charakters einer Versicherung, demselben eine wichtige theoretische Basis verleiht. Ob dieses Gesetz eine genügend sichere Basis liefert, um auf die Betrachtung anderer Modelle verzichten zu können, soll zunächst untersucht werden.

Es sei eine stochastische Variable (Zufallsvariable) gegeben, die nur zwei Werte, z.B. 1 und 0 annehmen könne. Die Wahrscheinlichkeiten, mit denen diese Werte angenommen werden sollen, seien p und q. Es gilt die Gleichung $p+q=1$. Beispielsweise werde eine Münze in die Höhe geworfen. Je nachdem, ob die eine oder andere Seite oben liegt, werde der Wert des Experimentes mit 1 oder 0 definiert. Handelt es sich um eine homogene Münze, so muß in diesem Falle offensichtlich gelten: $p=q=\frac{1}{2}$. Nun soll das Experiment, das zur Variabeln x gehört,

n mal wiederholt werden. Eine gewisse Anzahl von Malen wird der Wert 1 und für die zu n komplementäre Anzahl der Wert 0 herauskommen. Die Anzahl mit dem Werte 1 werde mit S_n bezeichnet. Dann behauptet das sog. schwache Gesetz der großen Zahlen folgendes[1]:

$$W\left\{\left|\frac{S_n}{n}-p\right|<\varepsilon\right\}\to 1.$$

Diese Ungleichung sagt aus, daß die Wahrscheinlichkeit dafür, daß die mittlere Häufigkeit des Eintreffens des Ereignisses 1 von der angenommenen Wahrscheinlichkeit p kleiner als eine beliebig klein angenommene Zahl ε sei, mit wachsendem n gegen 1 strebt. Etwas ungenau kann man sagen, daß es sozusagen sicher ist, daß bei einer großen Anzahl von Versuchen innerhalb fast jeder Serie von Versuchen ein Ausgleich der verschiedenen Möglichkeiten stattfindet. Das sog. starke Gesetz der großen Zahlen behauptet sogar, daß für eine beliebig kleine Zahl ε mit Wahrscheinlichkeit 1 die Ungleichung

$$\left|\frac{S_n}{n}-p\right|>\varepsilon$$

nur für eine endliche Anzahl von n gültig ist.

Dieses fundamentale Resultat der Wahrscheinlichkeitsrechnung kann unter gewissen Voraussetzungen auf Personengesamtheiten angewendet werden. Nehmen wir nämlich an, daß beim Eintreten des Todes einer x-altrigen Person zwischen dem Alter x und $x+1$ die betreffende stochastische Variable den Wert 0 besitze und im anderen Fall den Wert 1 und daß dieser Eintritt mit einer Wahrscheinlichkeit q bzw. Nichteintritt mit p gemessen werden könne. Unter diesen Voraussetzungen behauptet das Gesetz der großen Zahlen, daß bei einer großen Anzahl von gleichaltrigen Versicherten die Wahrscheinlichkeit einer Differenz zwischen der mittleren Sterbehäufigkeit und der angenommenen Todeswahrscheinlichkeit beliebig klein wird. Dieses Gesetz sagt demnach ungefähr aus, daß Schwankungen gegenüber der angenommenen Todeswahrscheinlichkeit vorkommen können, daß sie aber bei einer großen homogenen Masse von Versicherten recht unwahrscheinlich seien. Es bleibt aber immerhin nach wie vor die Frage offen, ob solche Schwankungen eventuell einer Versicherungsinstitution gefährlich werden können.

Zur Beantwortung dieser Frage wurden in neuerer Zeit sog. *stochastische Modelle* für den Aufbau der Versicherungsmathematik entwickelt. Zwei solche Modelle sollen nachher dargestellt werden. Es bleibt

---

[1] Vgl. z.B. FELLER, W.: An Introduction to Probability Theory and its Applications, S. 141. New York 1950.

die Frage zu untersuchen, ob ein solches stochastisches Modell uns vielleicht genauere Auskünfte über den Versicherungsablauf liefert als ein deterministisches.

Mit der vorhin erwähnten Frage sind tieferliegende Problemstellungen aus der sog. Risiko- und Ruintheorie eng verwandt. Diese Theorien können nur mit den Mitteln der Wahrscheinlichkeitsrechnung behandelt werden. Ihre Darstellung würde jedoch über den elementaren Charakter dieses Buches hinausgehen.

A.1. Über eine verallgemeinerte Absterbeordnung.

Zwecks Konstruktion eines stochastischen Modelles haben E. LUKACS[1] und ST. VAJDA[2] den Begriff einer verallgemeinerten Absterbeordnung geschaffen, der im folgenden dargestellt und diskutiert werden soll.

Es seien s gleichaltrige x-jährige Personen gegeben. Von dieser Personengruppe können zwischen dem Alter x und $x+1$ $0, 1, 2, \ldots, s$ Personen sterben. Die Anzahl a dieser gestorbenen Personen werde als eine stochastische Variable betrachtet, deren Verteilung im Sinne der Wahrscheinlichkeitsrechnung gegeben sei. Mit $v_x(s,a)$ bezeichnen wir die Wahrscheinlichkeit dafür, daß von dieser Anzahl im erwähnten Jahr genau a Personen sterben. Auf Grund dieser Definition muß die Gleichung gelten

$$\sum_{a=0}^{s} v_x(s,a) = 1. \tag{A.1.1}$$

Der Erwartungswert dieser stochastischen Variabeln beträgt

$$E(a) = \sum_{a=0}^{s} a\, v_x(s,a) = d_x(s). \tag{A.1.2}$$

Das ist demnach die im Sinne der Wahrscheinlichkeitsrechnung zu erwartende Anzahl von im Beobachtungsjahr Gestorbenen.

Wir nehmen an, daß solche Wahrscheinlichkeitsverteilungen für alle in Betracht fallenden Alter x existieren und daß diese Verteilungen *unabhängig voneinander* sein sollen. In der Praxis dürfte diese letztere Bedingung nicht immer erfüllt sein. Mortalitätskontrollen haben z.B. gezeigt, daß nach Abflauen einer Epidemie die Mortalität gegenüber

---
[1] LUKACS, E.: Wahrscheinlichkeitstheoretischer Aufbau der Theorie des mittleren Risikos. 12. Internat. Kongreß der Versicherungsmathematiker, Bd. 1, S. 171 bis 198, 1940.

[2] VAJDA, ST.: Die erweiterte Sterbetafel und ihre wahrscheinlichkeitstheoretische Verwendung. 12. Internat. Kongreß der Versicherungsmathematiker, Bd. 1, S. 241—248, 1940. — Wahrscheinlichkeitstheoretische Grundlegung der Versicherungsmathematik. Assekuranz-Jahrbuch, Bd. 52, S. 176—191, 1933.

dem Stande von vorher kleiner ist. Die Epidemie hat unter den Beobachteten eine Art Selektion bewirkt. In einem solchen Falle beeinflußt demnach die obige Wahrscheinlichkeitsverteilung eines bestimmten Jahrganges die Wahrscheinlichkeitsverteilungen der späteren Jahrgänge zum mindesten für die gleiche Generation. Der Erwartungswert der Anzahl der nach einem Jahr Überlebenden beträgt

$$\sum_{a=0}^{s} (s-a)\, v_x(s, a) = s - d_x(s). \qquad (A.1.3)$$

Denn die Wahrscheinlichkeit, ob a Personen sterben oder $s-a$ das Jahr überleben, ist gleich groß.

Alle diese Verteilungsfunktionen zusammen bilden eine *verallgemeinerte Absterbeordnung*. Sie ist wesentlich komplizierter als eine deterministische Absterbeordnung im üblichen Sinne, weil für jedes Altersjahr eines Versicherten sämtliche Möglichkeiten betreffs Abbau einer Personengesamtheit durch Tod berücksichtigt werden.

Zur weiteren Diskussion dieser verallgemeinerten Absterbeordnung müssen wir gewisse Summen bilden. Wir bezeichnen mit a_1 die Anzahl der im ersten Jahre Gestorbenen, mit a_2 die entsprechende Anzahl im zweiten Jahre usw. und mit a_n diejenigen im n. Jahr. Nun definieren wir die Zahlen s_i mit Hilfe der folgenden Gleichungen

$$s_1 = s$$
$$s_2 = s - a_1$$
$$\vdots$$
$$s_i = s - (a_1 + \cdots + a_{i-1}) \quad \text{für } i = 2, \ldots, n-1 \qquad (A.1.4)$$
$$s_{i+1} = s_i - a_i. \qquad (A.1.5)$$

Die Zahlen a_i sind nach Voraussetzung stochastische Variabeln. Aus diesem Grunde sind es auch die Zahlen s_i. Wir bezeichnen mit

$$w_x(s_1;\, a_1, \ldots, a_n)$$

die Wahrscheinlichkeit dafür, daß im ersten Jahre a_1 sterben, im zweiten Jahre a_2 und im n. Jahre a_n. Wegen der vorausgesetzten Unabhängigkeit der Verteilungsfunktion der einzelnen Jahre gilt auf Grund des Multiplikationsgesetzes der Wahrscheinlichkeitsrechnung

$$w_x(s_1;\, a_1, \ldots, a_n) = v_x(s_1, a_1)\, v_{x+1}(s_2, a_2) \ldots v_{x+n-1}(s_n, a_n). \qquad (A.1.6)$$

Auf Grund dieser Gleichung gilt

$$w_x(s_1;\, a_1, \ldots, a_n) = w_x(s_1;\, a_1, \ldots, a_{n-1})\, v_{x+n-1}(s_n, a_n) \qquad (A.1.7)$$

A.1. Über eine verallgemeinerte Absterbeordnung.

und allgemeiner

$$w_x(s_1; a_1, \ldots, a_n) = w_x(s_1; a_1, \ldots, a_i) \, w_{x+i}(s_{i+1}; a_{i+1}, \ldots, a_n).$$

Beträgt die wirkliche Anzahl der Überlebenden nach $i-1$ Jahren s_i, so ist die erwartungsmäßige Anzahl Überlebender unter dieser Annahme nach i Jahren gemäß der folgenden Gleichung

$$\sum_{a_i=0}^{s_i} (s_i - a_i) \, v_{x+i-1}(s_i, a_i) = s_i - d_{x+i-1}(s_i). \tag{A.1.8}$$

In der Versicherungsmathematik sind nun Funktionen dieser stochastischen Variabeln von Bedeutung. Nehmen wir beispielsweise eine gewöhnliche temporäre Todesfallrisikoversicherung, abgeschlossen für n Jahre. Bei Tod eines Versicherten werde am Ende des Todesjahres der Betrag 1 ausbezahlt. Sterben dann im ersten Jahre a_1, im zweiten Jahre a_2 usw. und im n. Jahre a_n Personen, so beträgt der Barwert der Ausgabe für diese Risikoversicherung

$$v \, a_1 + v^2 \, a_2 + \cdots + v^n \, a_n.$$

Dieser Barwert ist demnach eine Funktion der Größen $a_1, a_2, \ldots, a_n$ und damit selbst eine stochastische Variable. Denn je nach dem Wert der Zahlen a_i fällt auch der Wert dieser Funktion verschieden aus. Wir bezeichnen nun im folgenden mit $f(a_1, a_2, \ldots, a_n)$ eine solche allgemeine Funktion und berechnen ihren Erwartungswert im Sinne der Wahrscheinlichkeitsrechnung. Dazu müssen wir auf Grund der Definition eines solchen Erwartungswertes die Summe aller möglichen Funktionswerte, multipliziert mit den entsprechenden Wahrscheinlichkeiten, berechnen. Wenn wir diesen Erwartungswert mit $E^{(n)}[f(a_1, \ldots, a_n)]$ bezeichnen, erhalten wir demnach

$$\left. \begin{array}{l} E^{(n)}[f(a_1, \ldots, a_n)] \\ = \displaystyle\sum_{a_1=0}^{s_1} \sum_{a_2=0}^{s_2} \cdots \sum_{a_n=0}^{s_n} f(a_1, \ldots, a_n) \, w_x(s_1, a_1, \ldots, a_n). \end{array} \right\} \tag{A.1.9}$$

Diese allgemeine Darstellung eines Erwartungswertes einer solchen Funktion zeigt, daß unter Annahme einer verallgemeinerten Absterbeordnung die Berechnung des Erwartungswertes versicherungsmathematischer Funktionen bedeutend umständlicher wird als bei Annahme eines deterministischen Modelles.

Wir wollen nunmehr den Zusammenhang zwischen der deterministischen und der stochastischen Auffassung erläutern. Diese Erklärung ist leicht möglich, so bald wir gewisse Spezialfälle von Erwartungswerten versicherungsmathematischer Funktionen betrachten. Auf Grund von

Gl. (A.1.7) und (A.1.9) gilt

$$E^{(n)}\left[f(a_1, \ldots, a_n)\right] = E^{(n-1)}\left[\sum_{a_n=0}^{s_n} f(a_1, \ldots, a_n)\, v_{x+n-1}(s_n, a_n)\right].$$

Diese Gleichung wollen wir für die Berechnung des Erwartungswertes der Anzahl der nach n Jahren Überlebenden anwenden. Wenn wir diesen Erwartungswert mit $E^{(n)}(s_{n+1})$ bezeichnen, erhalten wir nach der vorigen Gleichung

$$\left.\begin{aligned} E^{(n)}(s_{n+1}) &= E^{(n-1)}\left[\sum_{a_n=0}^{s_n} (s_n - a_n)\, v_{x+n-1}(s_n, a_n)\right] \\ &= E^{(n-1)}\left[s_n - d_{x+n-1}(s_n)\right]. \end{aligned}\right\} \quad \text{(A.1.10)}$$

Wir nehmen nunmehr an, daß für die beobachteten s Personen eine Todeswahrscheinlichkeit q im Sinne der mathematischen Definition einer Wahrscheinlichkeit existiert. Dann beträgt die erwartungsmäßige Anzahl der Gestorbenen $E(s)$ im ersten Jahr sq. Es gilt demnach die Gleichung

$$q = \frac{E(s)}{s} = \frac{d_x(s)}{s}. \quad \text{(A.1.11)}$$

Dieser Ausdruck wird im allgemeinen von der Anzahl s und dem Alter x der Beobachteten abhängen. Wir treffen nunmehr die fundamentale Annahme, daß diese Zahl q_x nur von x, nicht aber von s abhänge und deshalb mit q_x bezeichnet wird. Wir nehmen also an, daß die Anzahl der Gestorbenen mit dem gleichen Alter x stets proportional der beobachteten Anzahl sei. In diesem Falle erhalten wir gemäß Gl. (A.1.10) die Gleichung

$$E^{(n)}(s_{n+1}) = E^{(n-1)}(s_n)\,(1 - q_{x+n-1}). \quad \text{(A.1.12)}$$

Gemäß dieser Gleichung berechnet sich der Erwartungswert der nach n Jahren vorhandenen Anzahl Überlebender aus der Anzahl der nach $n-1$ Jahren Überlebenden gemäß der üblichen Formel einer gewöhnlichen Absterbeordnung. Man kann somit sagen, daß das deterministische aus dem stochastischen Modell dadurch entsteht, daß wir beim letzteren mit Verteilungsfunktionen für jedes Alter rechnen, die gegenseitig unabhängig sind und mit der Annahme, daß die Anzahl der Gestorbenen prozentual der Anzahl der Beobachteten sei. Unter diesen Annahmen sind die in der Versicherungsmathematik beim deterministischen Modell eingeführten Erwartungswerte und Funktionen gleichwertig den Erwartungswerten der betreffenden Funktion im stochastischen Sinne auf Grund der verallgemeinerten Absterbeordnung. Mit Rücksicht auf diese recht allgemeine Annahme ist damit eine wertvolle Begründung für die Anwendung des wesentlich einfacheren deterministischen Modelles gewonnen worden.

A.2. Stochastische Definitionen und Zusammenhänge mit der Todesfallversicherung[1].

Wir geben im folgenden eine Darstellung eines ähnlichen stochastischen Modells wie in A.1: Wir betrachten n gleichaltrige Personen, deren Todesalter $x_1, x_2, \ldots, x_n$ sei. Wir nehmen an, daß diese Größe eine stochastische Variable darstelle mit einer bestimmten gegebenen Verteilungsfunktion. Nun treffen wir die folgenden Annahmen:

a) Die Todesalter der n Personen seien stochastisch unabhängig voneinander. Es handelt sich hier um eine ähnliche Bedingung wie in A.1, bei der die Verteilungen der einzelnen Jahrgänge als unabhängig voneinander vorausgesetzt worden waren. Wie in jenem Falle so braucht auch die Annahme (a) in der Praxis nicht immer erfüllt zu sein (Epidemien).

b) Die Verteilung sei für alle n Personen die gleiche, d.h. wir setzen eine homogene Personengesamtheit voraus. Auch diese Bedingung ist selbstverständlich bei einer beliebigen Personengesamtheit in der Praxis nicht ohne weiteres erfüllt. Die Verteilungsfunktion, die zum Todesalter gehört, werde mit $F(x)$ bezeichnet. Diese Funktion hat die folgende Bedeutung: Die Wahrscheinlichkeit dafür, daß der Tod einer Person der betrachteten homogenen Personengesamtheit vor dem Alter x eintrete, beträgt $F(x)$. Unter der in der Versicherungsmathematik eingeführten Sterbenswahrscheinlichkeit q_x verstehen wir nunmehr die bedingte Wahrscheinlichkeit dafür, daß eine Person das Alter x erlebe und der Tod zwischen x und $x+1$ eintrete. Auf Grund der Definition einer bedingten Wahrscheinlichkeit und der Verteilungsfunktion $F(x)$ gilt demnach

$$q_x = \frac{F(x+1) - F(x)}{1 - F(x)}. \tag{A.2.1}$$

Da gemäß den Annahmen (a) und (b) für sämtliche Personen die gleiche Verteilungsfunktion $F(x)$ angewendet werden darf und die Verteilungen unabhängig sein sollen, ist die Frage nach der erwartungsmäßigen Anzahl der Gestorbenen dieser Personengruppe in einer bestimmten Anzahl von Jahren gleichwertig mit der Beantwortung der folgenden Frage: Ein Experiment (beispielsweise das Werfen einer Münze) besitze zwei mögliche Resultate, das eine, sagen wir das Resultat L, besitze die Wahrscheinlichkeit p, das andere, das Resultat T, die Wahrscheinlichkeit q. Das Experiment werde n mal wiederholt. Dann besteht die Frage nach der Wahrscheinlichkeit dafür, daß das Resultat L sich z.B. genau N_L mal realisiere und das Resultat T entsprechend N_T mal.

---
[1] Vgl. SVERDRUP, E.: Basic Concepts in Life Assurance Mathematics. Skandinavisk Akturarietidskrift, H. 3—4, S. 115—131, 1952.

Selbstverständlich gilt $N_L + N_T = n$. Die Zahl N_L kann die Werte 0, 1, 2, ..., n annehmen. Diese Zahl ist eine stochastische Variable, welche der Binomialverteilung gehorcht. Der Erwartungswert dieser Zahl beträgt np.

Dieses Resultat kann direkt auf unsere obige Problemstellung angewendet werden. Das Experiment, das hier mit einer Person angestellt wird, ist einfach das folgende: Sie kann nach einer gewissen, wohl bestimmten Anzahl von Jahren noch leben oder aber inzwischen gestorben sein. Die Wahrscheinlichkeit dafür, daß die Person im Alter x noch lebt, beträgt $1 - F(x)$. Wenn nun die Zahl der beobachteten Personen l_0 beträgt, so ist die erwartungsmäßige Anzahl von Lebenden im Alter x nach dem vorhergehenden Resultat $l_0 p = l_0 (1 - F(x))$. Wir bezeichnen diese Zahl mit l_x und erhalten demnach

$$F(x) = 1 - \frac{l_x}{l_0}$$

und damit

$$q_x = \frac{l_x - l_{x+1}}{l_x}. \tag{A.2.2}$$

Diese Definition der Todeswahrscheinlichkeit stimmt mit der üblichen Definition, mit der beim deterministischen Modell gemachten Definition der Todeswahrscheinlichkeit überein. Damit ist auf eine zweite Art gezeigt, wie man von einem stochastischen Modell unter recht allgemeinen Annahmen zum deterministischen Modell gelangen kann. Bei der obigen Darstellung haben wir stillschweigend vorausgesetzt, daß x nur ganzzahlige Werte annehme und die Funktion $F(x)$ für diese Werte definiert sei. Der Vollständigkeit halber geben wir noch die Definition der sog. *Sterblichkeitsintensität*.

Es sei $F(x)$ eine stetige und mindestens einmal differenzierbare Funktion. Wir setzen $F'(x) = f(x)$. $f(x)$ wird als die sog. Wahrscheinlichkeitsdichte der Verteilung x bezeichnet. Die bedingte Wahrscheinlichkeit dafür, daß das Todesalter einer Person zwischen dem Alter x und $x + \Delta x$ liegt, beträgt

$$\frac{F(x + \Delta x) - F(x)}{1 - F(x)} = \left(\frac{F(x + \Delta x) - F(x)}{\Delta x} \right) \frac{\Delta x}{1 - F(x)}.$$

Wir definieren

$$\mu(x) = \frac{F'(x)}{1 - F(x)} = -\frac{l'_x}{l_x} = -\frac{d}{dx} [\log(l_x)].$$

Wir haben damit die gleiche Definition für μ_x wie in **8.1** gewonnen.

A.3. Stochastische Begründung des Äquivalenzprinzipes.

Bevor wir auf die eigentliche Problemstellung eintreten, stellen wir im folgenden ganz kurz einige Resultate der elementaren Wahrscheinlichkeitsrechnung zusammen, da wir sie nachher benötigen.

x sei eine stochastische Variable, welche nur die endliche Anzahl von Werten $x_1, x_2, \ldots, x_n$ annehmen könne mit den Wahrscheinlichkeiten $p_1, p_2, \ldots, p_n$. Selbstverständlich gilt: $p_1 + p_2 + \cdots + p_n = 1$.

Erwartungswert von x. Dieser beträgt

$$\mu = E(x) = p_1 x_1 + p_2 x_2 + \cdots + p_n x_n. \tag{A.3.1}$$

Ist x eine Konstante, so ist der Erwartungswert gleich dieser Konstanten. Sind zwei stochastische Variabeln x und y gegeben, so ist der Erwartungswert von $x+y$ gleich der Summe der Erwartungswerte von $x+y$, d.h. es gilt

$$E(x+y) = E(x) + E(y). \tag{A.3.2}$$

Wenn die beiden Variabeln x und y stochastisch unabhängig sind, so gilt dazu

$$E(xy) = E(x) E(y). \tag{A.3.3}$$

Varianz von x. Unter der Varianz von x versteht man den Erwartungswert von $(x-\mu)^2$. Nach den vorhergegangenen Rechnungsregeln betreffs der Berechnung von Erwartungswerten erhalten wir

$$\sigma^2 = \text{Var.}(x) = E(x-\mu)^2 = E(x^2) - 2\mu E(x) + \mu^2 = E(x^2) - \mu^2. \tag{A.3.4}$$

Streuungs-Ungleichung (Ungleichung von TSCHEBYSCHEFF). Es gilt die wichtige Ungleichung

$$W\{|x-\mu| \geq t\} \leq \frac{\sigma^2}{t^2} \quad \text{bzw.} \quad W\{|x-\mu| < t\} > 1 - \frac{\sigma^2}{t^2}. \tag{A.3.5}$$

Unter dem Symbol $W\{|x-\mu| \geq t\}$ verstehen wir die Wahrscheinlichkeit dafür, daß $|x-\mu| \geq t$.

Der Beweis für diese Ungleichung ist auf Grund der Definition von σ^2 und μ sehr einfach. Denn es gilt

$$\sigma^2 = (x_1 - \mu)^2 p_1 + (x_2 - \mu)^2 p_2 + \cdots + (x_n - \mu)^2 p_n.$$

Nehmen wir nur diejenigen Werte von x_i, für welche $|x_i - \mu| \geq t$, so gilt demnach

$$\sigma^2 \geq \sum (x_i - \mu)^2 p_i = S,$$

wobei über diese in Betracht fallenden i Werte summiert wird.

Es folgt weiter
$$\sigma^2 \geq S \geq t^2 \sum p_i \geq t^2 W\{|x_i - \mu| \geq t\}$$
und damit ist die Ungleichung bewiesen.

Varianz der Summen von unabhängigen stochastischen Variabeln.

Es seien $x_1, x_2, \ldots, x_k$ unabhängige stochastische Variabeln mit den Varianzen $\sigma_1, \sigma_2, \ldots, \sigma_k$. Es sei $x = x_1 + x_2 + \cdots + x_k$. Die Varianz von x betrage σ. Auf Grund der Gesetze der Wahrscheinlichkeitsrechnung gilt
$$\sigma^2 = \sigma_1^2 + \sigma_2^2 + \cdots + \sigma_k^2.$$

Diese Begriffe und Zusammenhänge sollen nunmehr auf temporäre Leibrenten und gemischte Versicherungen angewendet werden. Ein x-Jähriger schließe eine vorschüssige temporäre Leibrente vom Betrage 1 ab. Diese Leibrente muß eine gewisse Anzahl von Jahren, z.B. T Jahre bezahlt werden. Die Zahl T betrachten wir als stochastische Variable im Sinne der vorhergegangenen Ausführungen. Bei Bezahlung dieser Rente für genau T Jahre beträgt demnach ihr Barwert als eine gewöhnliche Zeitrente $\ddot{a}_{\overline{T}|}$
$$\ddot{a}_{\overline{T}|} = \frac{1 - v^T}{1 - v} = \frac{1 - v^T}{d}.$$

Betrachten wir andererseits eine gemischte Versicherung vom Betrage 1, die ebenfalls nach T Jahren ausbezahlt werden müsse. Ihr Barwert beträgt demnach $v^T = 1 - d\ddot{a}_{\overline{T}|}$.

Sowohl v^T als auch $\ddot{a}_{\overline{T}|}$ sind stochastische Größen. Gemäß ihren Definitionen können die Erwartungswerte der Größen v^T und $\ddot{a}_{\overline{T}|}$ als die üblichen Barwerte einer temporären Leibrente bzw. einer gemischten Versicherung betrachtet werden, wobei wir beispielsweise annehmen, beide Versicherungen seien auf n Jahre abgeschlossen worden. Damit erhalten wir $E(v^T) = 1 - d E(\ddot{a}_{\overline{T}|})$, oder die bekannte Formel
$$A_{x:n} = 1 - d\ddot{a}_{x:\overline{n}|}.$$

Für eine gemischte Versicherung werde eine feste, vorschüssige Jahresprämie P bezahlt. Wenn die Versicherung nach T Jahren ausbezahlt werden muß, so realisiert die Versicherungsgesellschaft einen Gewinn oder Verlust, dessen Barwert mit G bezeichnet werde. Dieser Barwert G beträgt
$$G = P\ddot{a}_{\overline{T}|} - v^T = -\left(1 + \frac{P}{d}\right)v^T + \frac{P}{d}.$$

Weil T eine stochastische Variable, so gilt dasselbe für G. Der Erwartungswert für G beträgt
$$E(G) = P\ddot{a}_{x:\overline{n}|} - A_{x:\overline{n}|}.$$

A.3. Stochastische Begründung des Äquivalenzprinzipes.

Wenn demnach der Erwartungswert von G gleich Null sein soll, so muß die Prämie gemäß der folgenden Gleichung bestimmt werden

$$P = \frac{A_{x:\overline{n}|}}{\ddot{a}_{x:\overline{n}|}}.$$

Das ist aber die Prämie, wie sie auf Grund des Äquivalenzprinzipes berechnet wurde. *Das Äquivalenzprinzip sagt demnach aus, daß der Erwartungswert des Gewinnes im stochastischen Sinne gleich null sein soll.*

E. SVERDRUP hat die Frage untersucht, was passiere, wenn die Prämie nicht auf Grund dieses Äquivalenzprinzipes normiert werde. Er hat für diesen Fall zwei Sätze bewiesen, die im folgenden dargestellt werden sollen. Zu diesem Zwecke bestimmen wir noch die Varianz von G gemäß den vorher zusammengestellten Berechnungsregeln.

Aus der Darstellung von G erhalten wir:

$$\text{Var.}(G) = \left(1 + \frac{P}{d}\right)^2 \text{Var.}(v^T).$$

Gemäß (A.3.4) gilt:

$$\text{Var.}(v^T) = E(v^{2T}) - E^2(v^T) = A^{(2)}_{x:\overline{n}|} - A^2_{x:\overline{n}|} > 0.$$

Unter dem Symbol $A^{(2)}_{x:\overline{n}|}$ verstehen wir den Barwert einer gemischten Versicherung, bei der an Stelle von v mit v^2 gerechnet wurde. Für die Varianz von G erhalten wir demnach die folgende Darstellung:

$$\text{Var.}(G) = \left(1 + \frac{P}{d}\right)^2 [A^{(2)}_{x:\overline{n}|} - A^2_{x:\overline{n}|}]. \tag{A.3.6}$$

Der Versicherungsbestand einer Versicherungsgesellschaft setze sich nunmehr aus N gemischten Versicherungen zusammen. Für die i.Versicherung gelten die folgenden Bezeichnungen:

Abschlußalter: x_i,

Dauer der Versicherung: n_i,

Versicherungssumme: S_i,

Nettoprämie (berechnet auf Grund des Äquivalenzprinzipes): $P_{x_i:\overline{n_i}|} S_i$,

Wirklich bezahlte Prämie: $S_i P_{x_i:\overline{n_i}|}(1+\varepsilon) = S_i P_i$.

ε kann positiv oder negativ sein, wobei $|\varepsilon| < 1$.

Wir nehmen demnach an, daß nicht die Nettoprämie, sondern eine andere Prämie bezahlt werde, um den Einfluß einer Verletzung des Äquivalenzprinzipes studieren zu können. Für diesen Versicherungsbestand sollen die folgenden Voraussetzungen gelten:

1. Die Verteilung der Sterbealter der einzelnen Versicherten soll den Bedingungen (a) und (b) von **A.2** genügen.

2. Es sollen zwei solche positive Zahlen s und S existieren, so daß
$$s < S_i < S,$$
wobei $i = 1, 2, \ldots, N$.

Diese Bedingung kann beispielsweise durch Abschluß einer Rückversicherung zur Vermeidung zu großer Versicherungssummen realisiert werden.

3. Es soll eine solche Zahl $\eta > 0$ existieren, so daß
$$n_i \geq \eta \quad i = 1, 2, \ldots, N.$$

Diese Bedingung ist praktisch immer erfüllt. Wir bezeichnen einen Versicherungsbestand, der diese drei Bedingungen erfüllt, als einen *normalen* Versicherungsbestand. Für einen normalen Versicherungsbestand gilt dann der folgende *erste Satz:*

Der Grenzwert der Wahrscheinlichkeit, daß die Versicherungsgesellschaft einen Verlust mache, beträgt bei $N \to \infty$ null, wenn $\varepsilon > 0$ und 1, wenn $\varepsilon < 0$.

Beweis dieses Satzes. Die Gewinne auf den einzelnen Versicherungen seien $G_1, G_2, \ldots$ und sind nach Voraussetzung voneinander unabhängig. Deshalb beträgt die Varianz des totalen Gewinnes von N Versicherungen auf Grund des Additionsgesetzes für Varianzen und (A.3.6)

$$\sigma^2 = \mathrm{Var.}\left(\sum_{i=1}^{N} G_i\right) = \sum_{i=1}^{N} S_i^2 \left(1 + \frac{P_i}{d}\right)^2 (A_{x_i:\overline{n_i}}^{(2)} - A_{x_i:\overline{n_i}}^2) \leq S^2 K N,$$

da die Zahlen P_i dank der gemachten Voraussetzungen auch beschränkt sind, wobei K eine endliche positive Zahl bedeutet.

Ferner gilt

$$E(G_i) = S_i [P_{x_i:\overline{n_i}} \ddot{a}_{x_i:\overline{n_i}} - A_{x_i:\overline{n_i}} + (P_i - P_{x_i:\overline{n_i}}) \ddot{a}_{x_i:\overline{n_i}}]$$
$$= \varepsilon\, S_i\, P_{x_i:\overline{n_i}}\, \ddot{a}_{x_i:\overline{n_i}} = \varepsilon\, A_{x_i:\overline{n_i}}\, S_i$$
$$\gamma = E\left(\sum_{i=1}^{N} G_i\right) = \varepsilon \sum_{i=1}^{N} S_i\, A_{x_i:\overline{n_i}} \geq s\, \varepsilon\, v^\omega N, \quad \text{wenn} \quad \varepsilon > 0.$$

Gemäß der Streuungsungleichung können wir demnach schließen

$$W\left[\sum_{i=1}^{N} G_i \geq 0\right] \geq W\left[\left|\sum_{i=1}^{N} G_i - \gamma\right| \leq \gamma\right] \geq 1 - \frac{\sigma^2}{\gamma^2} \geq 1 - \frac{S^2 K}{N s^2 \varepsilon^2 v^{2\omega}},$$

vorausgesetzt, daß $\varepsilon >$ null. Denn bei positivem ε ist γ stets ebenfalls positiv. Wenn demnach

$$\left|\sum_{i=1}^{N} G_i - \gamma\right| \leq \gamma,$$

A.3. Stochastische Begründung des Äquivalenzprinzipes.

so muß $\sum_{i=1}^{N} G_i \geq 0$ sein. Strebt in dieser Ungleichung $N \to \infty$, so erhalten wir tatsächlich

$$\lim_{N \to \infty} W\left[\sum_{i=1}^{N} G_i \geq 0\right] = 1,$$

wie behauptet wurde. Wenn umgekehrt $\varepsilon < 0$ ist und damit $\gamma < 0$, so gilt auf Grund der Streuungsungleichung

$$W\left[\sum_{i=1}^{N} G_i \geq 0\right] \leq W\left[\left|\sum_{i=1}^{N} G_i - \gamma\right| \geq -\gamma\right] \leq \frac{\sigma^2}{\gamma^2} \leq \frac{S^2 K}{N s^2 \varepsilon^2 v^{2\omega}}.$$

Wenn $\sum_{i=1}^{N} G_i \geq 0$, so ist nämlich unter dieser Voraussetzung sicher

$$\left|\sum_{i=1}^{N} G_i - \gamma\right| \geq -\gamma.$$

Wenn wir in dieser Ungleichung $N \to \infty$ streben lassen, so erhalten wir demnach

$$\lim_{N \to \infty} W\left[\sum_{i=1}^{N} G_i \geq 0\right] = 0,$$

womit der Satz in allen Teilen bewiesen ist.

Die Nettoprämienreserve wurde auf Grund des Äquivalenzprinzipes in der folgenden Weise definiert:

$$_tV = A_{x+t:\overline{n-t|}} - P_{x:\overline{n|}} \ddot{a}_{x+t:\overline{n-t|}}.$$

E. SVERDRUP hat noch einen zweiten Satz formuliert und bewiesen. Da der Beweis ganz analog verläuft wie für den ersten Satz, geben wir nur noch dessen Wortlaut wieder.

Es werde angenommen, daß bei einem normalen Versicherungsbestand die Versicherungsgesellschaft nach t Jahren für jede Versicherung die folgende Reserve besitze:

$$(1 + \alpha)\, S_{i\, t_i} V \quad i = 1, 2, \ldots, N.$$

Wenn $\alpha > 0$ ist der Grenzwert der Wahrscheinlichkeit, daß die Versicherungsgesellschaft einen Verlust erleiden wird, wenn $N \to \infty$, null. Die gleiche Grenze ist 1, wenn $\alpha < 0$.

Diese Sätze zeigen unter welchen Voraussetzungen eine Versicherungsgesellschaft das Äquivalenzprinzip anwenden darf, ohne vermutlich Verluste zu erleiden. Es sei insbesondere betont, daß diese Ergebnisse auf die Praxis nur dann angewendet werden können, wenn es sich um große Versicherungsbestände handelt, da ja in den Sätzen sogar vorausgesetzt wurde, daß $N \to \infty$.

Tabelle 1a. *Rohe, einjährige Sterbenswahrscheinlichkeiten der schweiz. Bevölkerung, Männer, 1939—1944.*

x	Rohe Sterbenswahrscheinlichkeit	x	Rohe Sterbenswahrscheinlichkeit
0	0,046 96	50	0,009 70
1	0,006 19	51	11 04
2	3 24	52	11 53
3	2 54	53	12 76
4	2 00	54	13 71
5	1 68	55	15 79
6	1 44	56	15 98
7	1 35	57	17 30
8	1 46	58	19 47
9	1 15	59	21 55
10	0,001 13	60	0,023 74
11	1 32	61	25 75
12	1 08	62	27 49
13	1 18	63	31 48
14	1 25	64	33 23
15	1 56	65	36 02
16	1 78	66	39 30
17	2 18	67	42 12
18	2 20	68	46 69
19	2 51	69	51 18
20	0,002 89	70	0,058 46
21	3 13	71	61 60
22	3 24	72	68 62
23	2 92	73	74 15
24	3 02	74	82 78
25	3 25	75	89 40
26	3 42	76	97 70
27	3 04	77	108 69
28	3 17	78	116 67
29	2 93	79	129 87
30	0,003 10	80	0,142 15
31	2 94	81	158 23
32	2 89	82	166 44
33	3 09	83	180 27
34	3 45	84	195 23
35	3 48	85	206 00
36	3 25	86	231 75
37	3 53	87	252 94
38	3 76	88	254 91
39	4 31	89	268 90
40	0,004 15	90	0,308 28
41	4 44	91	312 11
42	5 17	92	361 83
43	5 84	93	355 05
44	6 12	94	434 34
45	6 39	95	385 25
46	6 87	96	421 88
47	8 11	97	450 00
48	8 14	98	433 33
49	9 03	99	470 59
		100	0,428 57

Tabelle 1b. *Rohe, einjährige Sterbenswahrscheinlichkeiten der schweiz. Bevölkerung, Frauen, 1939—1944.*

y	Rohe Sterbenswahrscheinlichkeit	y	Rohe Sterbenswahrscheinlichkeit
0	0,036 27	50	0,006 81
1	05 18	51	7 66
2	2 77	52	7 79
3	2 19	53	8 66
4	1 73	54	9 23
5	1 43	55	10 48
6	1 17	56	10 90
7	1 03	57	11 86
8	1 09	58	13 22
9	1 03	59	14 03
10	0,000 91	60	0,015 51
11	91	61	17 20
12	89	62	19 18
13	97	63	21 50
14	1 00	64	23 53
15	1 10	65	26 91
16	1 39	66	29 07
17	1 53	67	32 37
18	1 48	68	36 22
19	1 67	69	38 12
20	0,001 85	70	0,043 77
21	2 02	71	50 68
22	2 05	72	53 24
23	2 11	73	62 44
24	2 20	74	67 41
25	2 47	75	73 79
26	2 43	76	79 05
27	2 38	77	87 87
28	2 30	78	97 23
29	2 59	79	109 18
30	0,002 48	80	0,115 76
31	2 50	81	131 07
32	2 54	82	145 04
33	2 53	83	160 05
34	2 52	84	173 14
35	2 78	85	177 04
36	2 65	86	202 90
37	3 02	87	222 34
38	2 95	88	229 89
39	3 24	89	261 99
40	0,003 37	90	0,275 01
41	3 60	91	305 88
42	3 70	92	302 24
43	4 06	93	326 53
44	4 22	94	366 60
45	4 37	95	341 94
46	4 56	96	354 17
47	5 47	97	379 31
48	5 46	98	441 18
49	6 17	99	380 95
		100	0,500 00

Tabellen.

Tabelle 2a. *Ausgeglichene, einjährige Sterbenswahrscheinlichkeiten der schweiz. Bevölkerung, Männer, 1939—1944.*

x	Ausgeglichene Sterbenswahrscheinlichkeit	x	Ausgeglichene Sterbenswahrscheinlichkeit
0	0,046 96	50	0,009 81
1	006 19	51	10 66
2	3 24	52	11 58
3	2 54	53	12 58
4	2 07	54	13 70
5	1 77	55	14 98
6	1 58	56	16 39
7	1 42	57	17 92
8	1 29	58	19 58
9	1 20	59	21 41
10	0,001 15	60	0,023 43
11	1 14	61	25 56
12	1 17	62	27 81
13	1 24	63	30 25
14	1 37	64	32 99
15	1 54	65	36 11
16	1 77	66	39 54
17	2 05	67	43 22
18	2 34	68	47 26
19	2 62	69	51 76
20	0,002 83	70	0,056 81
21	2 96	71	62 31
22	3 05	72	68 19
23	3 11	73	74 62
24	3 14	74	81 77
25	3 15	75	89 79
26	3 14	76	98 70
27	3 09	77	108 38
28	3 03	78	118 83
29	2 99	79	130 02
30	0,002 99	80	0,141 94
31	3 01	81	154 51
32	3 06	82	167 67
33	3 13	83	181 41
34	3 22	84	195 73
35	3 34	85	210 72
36	3 47	86	226 52
37	3 62	87	243 17
38	3 80	88	260 71
39	4 02	89	279 19
40	0,004 32	90	0,298 66
41	4 68	91	319 18
42	5 10	92	340 80
43	5 58	93	363 57
44	6 09	94	387 57
45	6 63	95	412 86
46	7 18	96	439 50
47	7 74	97	467 57
48	8 35	98	497 15
49	9 03	99	528 31
		100	0,561 15

Tabelle 2b. *Ausgeglichene, einjährige Sterbenswahrscheinlichkeiten der schweiz. Bevölkerung, Frauen 1939—1944.*

y	Ausgeglichene Sterbenswahrscheinlichkeit	y	Ausgeglichene Sterbenswahrscheinlichkeit
0	0,036 27	50	0,006 71
1	05 18	51	7 33
2	2 77	52	8 00
3	2 18	53	8 71
4	1 74	54	9 42
5	1 43	55	10 11
6	1 22	56	10 88
7	1 08	57	11 80
8	1 00	58	12 94
9	95	59	14 27
10	0,000 91	60	0,015 76
11	90	61	17 43
12	91	62	19 32
13	96	63	21 44
14	1 04	64	23 71
15	1 15	65	26 09
16	1 30	66	28 75
17	1 45	67	31 83
18	1 59	68	35 46
19	1 72	69	39 68
20	0,001 85	70	0,044 39
21	1 98	71	49 55
22	2 09	72	55 13
23	2 18	73	61 09
24	2 26	74	67 22
25	2 32	75	73 54
26	2 37	76	80 38
27	2 41	77	88 05
28	2 44	78	96 89
29	2 47	79	106 91
30	0,002 48	80	0,118 08
31	2 49	81	130 45
32	2 52	82	143 77
33	2 56	83	157 81
34	2 62	84	172 38
35	2 70	85	187 45
36	2 79	86	203 04
37	2 90	87	219 15
38	3 03	88	235 81
39	3 17	89	253 04
40	0,003 33	90	0,270 85
41	3 51	91	289 27
42	3 72	92	308 31
43	3 96	93	328 01
44	4 22	94	348 37
45	4 51	95	369 43
46	4 83	96	391 20
47	5 20	97	413 71
48	5 64	98	436 99
49	6 15	99	461 06
		100	0,485 95

Tabelle 3. *Sterbetafel Deutsches Reich, Männer 1924—1926.*

Zinsfuß $3^1/_2\%$.

x	q_x	D_x	N_x	S_x	C_x	M_x	R_x
0	0,11538	100000,0	2218522,4	48083000,3	11147,826	24977,508	592527,088
1	0,01619	85470,5	2118522,4	45864477,9	1336,787	13829,682	567549,580
2	00636	81243,4	2033051,9	43745955,5	498,774	12492,895	553719,898
3	00404	77997,3	1951808,5	41712903,6	305,005	11994,121	541227,003
4	00316	75054,7	1873811,2	39761095,1	229,017	11689,116	529232,882
5	00242	72287,6	1798756,5	37887283,9	169,208	11460,099	517543,766
6	00199	69673,9	1726468,9	36088527,4	133,618	11290,891	506083,667
7	00171	67184,1	1656795,0	34362058,5	111,633	11157,273	494792,776
8	00156	64800,6	1589610,9	32705263,5	97,586	11045,640	483635,503
9	00149	65511,7	1524810.3	31115652,6	90,033	10948,054	472589,863
10	0,00142	60307,7	1462298,6	29590842,3	82,193	10858,021	461641,809
11	00133	58186,1	1401990,9	28128543,7	74,782	10775,828	450783,788
12	00131	56143,7	1343804,8	26726552,8	70,974	10701,046	440007,960
13	00141	54174,2	1287661,1	25382748,0	73,516	10630,072	429306,914
14	00163	52268,7	1233486,9	24095086,9	82,371	10556,556	418676,842
15	00194	50418,8	1181218,2	22861600,0	94,003	10474,185	408120,286
16	00232	48619,8	1130799,4	21680381,8	109,212	10380,182	397646,101
17	00281	46866,4	1082179,6	20549582,4	127,053	10270,970	387265,919
18	00336	45154,5	1035313,2	19467402,6	146,684	10143,917	376994,949
19	00388	43480,9	990158,7	18432089,6	162,831	9997,233	366851,032
20	0,00427	41847,7	946677,8	17441930,9	172,863	9834,402	356853,799
21	00451	40259,7	904830,1	16495253,1	174,993	9661,539	347019,397
22	00457	38723,2	864570,4	15590423,0	170,889	9486,546	337357,858
23	00450	37242,9	825847,2	14725852,6	162,044	9315,657	327871,312
24	00443	35821,4	788604,3	13900005,4	153,602	9153,613	318555,655
25	00439	34456,4	752782,9	13111401,1	145,955	9000,011	309402,042
26	00433	33145,3	718326,5	12358618,2	138,649	8854,056	300402,031
27	00423	31885,8	685181,2	11640291,7	130,144	8715,407	291547,975
28	00411	30677,4	653295,4	10955110,5	122,056	8585,263	282832,568
29	00404	29517,9	622618,0	10301815,1	115,078	8463,207	274247,305
30	0,00405	28404,7	593100,1	9679197,1	110,842	8348,129	265784,098
31	00407	27333,3	564695,4	9086097,0	107,759	8237,287	257435,969
32	00408	26301,2	537362,1	8521401,6	103,472	8129,528	249198,682
33	00409	25308,3	511060,9	7984039,5	99,973	8026,056	241069,154
34	00414	24352,5	485752,6	7472978,6	97,492	7926,083	233043,098
35	00425	23431,5	461400,1	6987226,0	96,224	7828,591	225117,015
36	00444	22542,9	437968,6	6525825,9	96,891	7732,367	217288,424
37	00465	21683,7	415425,7	6087857,3	97,402	7635,476	209556,057
38	00483	20853,0	393742,0	5672431,6	97,245	7538,074	201920,581
39	00506	20050,6	372889,0	5278689,6	97,998	7440,829	194382,507
40	0,00535	19274,6	352838,4	4905800,6	99,565	7342,831	186941,678
41	00569	18523,2	333563,8	4552962,2	101,857	7243,266	179598,847
42	00605	17795,0	315040,6	4219398,4	104,107	7141,409	172355,581
43	00640	17089,1	297245,6	3904357,8	105,649	7037,302	165214,172
44	00677	16405,5	280156,5	3607112,2	107,180	6931,653	158176,870
45	00723	15743,6	263751,0	3326955,7	110,131	6824,473	151245,217
46	00775	15101,1	248007,4	3063204,7	112,958	6714,342	144420,744
47	00825	14477,4	232906,3	2815197,3	115,276	6601,384	137706,402
48	00881	13872,6	218428,9	2582291,0	118,234	6486,108	131105,018
49	00952	13285,2	204556,3	2363862,1	122,114	6367,874	124618,910

Tabellen.

Tabelle 3. (Fortsetzung.)

Zinsfuß $3^1/_2\%$.

x	q_x	D_x	N_x	S_x	C_x	M_x	R_x
50	0,01030	12713,9	191271,1	2159305,8	126,635	6245,760	118251,036
51	01106	12157,3	178557,2	1968034,7	129,874	6119,125	112005,276
52	01190	11616,3	166399,9	1789477,5	133,557	5989,251	105886,151
53	01295	11089,9	154783,6	1623077,6	138,871	5855,694	99896,900
54	01419	10576,0	143693,7	1468294,0	145,029	5716,823	94041,206
55	01548	10073,4	133117,7	1324600,3	150,612	5571,794	88324,383
56	01682	9582,10	123044,28	1191482,60	155,652	5421,182	82752,589
57	01829	9102,41	113462,18	1068438,32	160,859	5265,530	77331,407
58	01990	8633,75	104359,77	954976,14	165,929	5104,671	72065,877
59	02168	8175,85	95726,02	850616,37	171,234	4938,742	66961,206
60	0,02362	7728,14	87550,17	754890,35	176,482	4767,508	62022,464
61	02575	7290,32	79822,03	667340,18	181,297	4591,026	57254,956
62	02812	6862,49	72531,71	587518,15	186,500	4409,729	52663,930
63	03078	6443,93	65669,22	514986,44	191,587	4223,229	48254,201
64	03369	6034,43	59225,29	449317,22	196,437	4031,642	44030,972
65	03692	5633,93	53190,86	390091,93	200,946	3835,205	39999,330
66	04065	5242,46	47556,93	336901,07	205,924	3634,259	36164,125
67	04472	4859,26	42314,47	289344,14	209,949	3428,335	32529,866
68	04881	4484,99	37455,21	249029,67	211,511	3218,386	29101,531
69	05310	4121,81	32970,22	209547,46	211,467	3006,875	25883,145
70	0,05808	3770,96	28848,41	176604,24	211,620	2795,408	22876,270
71	06395	3431,82	25077,45	147755,83	212,024	2583,788	20080,862
72	07036	3103,74	21645,63	122678,38	211,022	2371,764	17497,074
73	07720	2787,76	18541,89	101032,75	207,885	2160,742	15125,310
74	08513	2485,61	15754,13	82490,86	204,492	1952,857	12964,568
75	09391	2197,06	13268,52	66736,73	199,334	1748,365	11011,711
76	10224	1923,43	11071,46	53468,21	189,976	1549,031	9263,346
77	11023	1668,41	9148,03	42396,75	177,675	1359,055	7714,315
78	11957	1434,31	7479,62	33248,72	165,724	1181,380	6355,260
79	13058	1220,09	6045,31	25769,10	153,932	1015,656	5173,880
80	0,14196	1024,90	4825,22	19723,79	140,591	861,724	4158,224
81	15385	849,647	3800,316	14898,568	126,308	721,133	3296,500
82	16739	694,606	2950,669	11098,252	112,313	594,825	2575,367
83	18233	558,804	2256,063	8147,583	98,4530	482,5120	1980,5418
84	19769	441,454	1697,259	5891,520	84,3276	384,0590	1498,0298
85	21285	342,198	1255,805	4194,261	70,3703	299,7314	1113,9708
86	22799	260,256	913,607	2938,456	57,3107	229,3611	814,2394
87	24309	194,144	653,351	2024,849	45,6352	172,0504	584,8783
88	25547	141,944	459,207	1371,498	35,0115	126,4152	412,8279
89	26712	102,132	317,263	912,291	26,3656	91,4037	286,4127
90	0,28469	72,3131	215,1309	595,0279	19,8811	65,0381	195,0090
91	29957	49,9867	142,8178	379,8970	14,4804	45,1570	129,9709
92	31454	33,8158	92,8311	237,0792	10,2789	30,6766	84,8139
93	32958	22,3934	59,0153	144,2481	7,13322	20,39769	54,13734
94	34469	14,5029	36,6219	85,2328	4,83582	13,26447	33,73965
95	35986	9,17664	22,11904	48,61085	3,20070	8,42865	20,47518
96	37507	5,66562	12,94240	26,49181	2,02610	5,22795	12,04653
97	39033	3,44793	7,27678	13,54941	1,30506	3,20185	6,81858
98	40562	2,02627	3,82885	6,27263	0,79637	1,89679	3,61673
99	42092	1,16138	1,80258	2,44378	0,48090	1,10042	1,71994
100	0,43623	0,64120	0,64120	0,64120	0,61952	0,61952	0,61952

Tabelle 4. *Verschiedene Invalidisierungswahrscheinlichkeiten.*

x	i_x und $*i_x$ in Promille			y	i_y und $*i_y$ in Promille	
	i_x I	$*i_x$ II	$*i_x$ III		i_y I	$*i_y$ II
20	1,08	1,66	0,95	20	3,62	1,78
25	1,21	1,08	1,10	25	3,70	1,73
30	1,41	0,64	1,20	30	3,77	1,68
35	1,74	0,63	1,91	35	3,84	2,01
40	2,34	1,06	3,12	40	3,92	3,53
45	3,50	2,23	4,65	45	4,62	7,05
50	6,06	5,32	9,06	50	11,13	13,40
55	12,93	13,43	22,47	55	28,59	23,41
60	36,60	34,53	54,45	60	73,47	37,91

I: NOLFI: Technische Grundlagen für Pensionsversicherungen. Zürich 1950.

II: Technische Grundlagen für die Eidg. Versicherungskasse. Bern 1950.

III: MEISSNER-MEEWES: Rechnungsgrundlagen für Pensionsversicherung, Berlin und HEUBECK u. FISCHER, Richttafeln für die Pensionsversicherung, Verlag René Fischer.

Tabelle 5. *Sterbenswahrscheinlichkeiten.*

x	Für Männer in Promille			y	Für Frauen in Promille		
	$*q_x^a$	q_x^i	q_x		$*q_y^a$	q_y^i	q_y
20	1,54	45,89	1,58	20	0,92	38,12	0,95
25	1,74	44,68	2,04	25	0,57	33,33	0,86
30	1,83	43,48	2,21	35	0,59	23,75	1,09
35	1,71	42,28	2,12	40	0,97	18,96	1,55
40	1,86	41,08	2,33	45	1,61	14,16	2,29
45	2,89	39,90	3,53	50	3,16	9,37	3,78
50	5,21	38,71	6,26	55	6,21	6,28	6,28
55	8,44	37,54	10,43	60	10,97	11,18	11,18
60	11,70	36,37	15,72	65	18,36	18,89	18,89
65	14,96	35,20	22,63				

Technische Grundlagen für die Eidg. Versicherungskasse. Bern 1950.

Tabelle 6a. *Sterbenswahrscheinlichkeiten für Invalide (Männer).*

Technische Grundlagen für Pensionsversicherungen, 1950.

Städt. Versicherungskasse Zürich.

$$q^i_{[x]+t}$$

[x] / t	30	40	50	60	[x] / t
0	0,11266	0,09718	0,08065	0,06106	0
1	0,05783	5016	4389	3934	1
2	0,03886	3419	3176	3320	2
3	0,02914	2627	2604	3108	3
4	0,02342	2162	2305	3052	4
5	0,01947	1870	2144	2932	5
6	1677	1663	2064		6
7	1476	1539	2042		7
8	1329	1449	2066		8
9	1216	1392	2121		9
10	1123	1364	2208		10
11	1058	1355	2320		11
12	1011	1367	2457		12
13	985	1395	2617		13
14	960	1438	2794		14
15	939	1496	2932		15
16	949	1569			16
17	959	1657			17
18	972	1763			18
19	996	1881			19
20	1034	2018			20
21	1074	2172			21
22	1129	2344			22
23	1191	2535			23
24	1264	2742			24
25	1347	2932			25
26	1438				26
27	1547				27
28	1668				28
29	1801				29
30	1950				30
31	2116				31
32	2300				32
33	2502				33
34	2719				34
35	2932				35

Tabelle 6b. *Sterbenswahrscheinlichkeiten für Invalide (Frauen).*

Technische Grundlagen für Pensionsversicherungen, 1950.

Städt. Versicherungskasse Zürich.

$$q^i_{[y]+t}$$

[y] \ t	30	40	50	60	[y] \ t
0	0,11231	0,09654	0,07868	0,05554	0
1	5746	4940	4160	3313	1
2	3846	3332	2920	2630	2
3	2872	2527	2319	2343	3
4	2298	2053	1989	2209	4
5	1902	1746	1793	2002	5
6	1629	1526	1678		6
7	1422	1384	1616		7
8	1272	1276	1594		8
9	1154	1202	1601		9
10	1052	1152	1634		10
11	979	1120	1687		11
12	922	1107	1761		12
13	885	1105	1850		13
14	849	1119	1946		14
15	816	1143	2002		15
16	810	1182			16
17	802	1229			17
18	800	1288			18
19	805	1361			19
20	821	1442			20
21	838	1538			21
22	868	1646			22
23	901	1767			23
24	945	1895			24
25	992	2002			25
26	1051				26
27	1118				27
28	1194				28
29	1280				29
30	1375				30
31	1482				31
32	1603				32
33	1731				33
34	1873				34
35	2002				35

Literatur.

Das folgende Verzeichnis enthält zur Hauptsache Bücher und Nachschlagewerke, die zwischen 1920 und 1954 erschienen sind. Beim Zeitschriftenverzeichnis geben wir eine Zusammenstellung derjenigen zur Zeit der Herausgabe des Buches vorhandenen Zeitschriften, die fast ausschließlich versicherungsmathematische Beiträge enthalten. Daneben existieren noch viele Zeitschriften über das Versicherungswesen, die sich mit Fragen außerhalb der Lebensversicherungs- und Sozialversicherungstechnik befassen und im folgenden Verzeichnis nicht berücksichtigt wurden.

I. Allgemeine Nachschlagewerke.

ASSEKURANZ-Jahrbuch: Jahresübersichten, 62 Bde. Der letzte Band ist im Jahre 1943 erschienen.

BOHLMANN: Lebensversicherungs-Mathematik, Enzyklopädie der math. Wissenschaften. Berlin 1901.

Berichte der internationalen Versicherungsmathematiker-Kongresse. Die letzten Bände sind im Jahre 1954 in Spanien erschienen.

Deutsche Versicherungswirtschaft, Bd. IV, Versicherungsmathematik 1936 bis 1939.

FÉRAUD, L.: Technique actuarielle et organisation financière des assurances sociales, Bureau International du travail 1940.

MANES, A.: Versicherungs-Lexikon, 3. Aufl. Berlin 1930.

NEUMANN, C.: Verzeichnis des deutschen Privatversicherungs-Schrifttums, 9 Bde. Der letzte Band ist im Jahre 1938 erschienen.

II. Lehrbücher.

a) In deutscher Sprache.

BERGER, A.: Die Prinzipien der Lebensversicherungstechnik, 2 Bde. Berlin 1923/25. — Mathematik der Lebensversicherung. Wien 1939.

BOEHM, C., u. E. ROSE: Versicherungsmathematische Aufgabensammlung, 1. Heft: Beiträge und Deckungsrücklagen in der Lebensversicherung. Berlin 1937.

BOEHM, C., u. P. LORENZ: Versicherungsmathematische Aufgabensammlung, 2. Heft: Umwandlung von Lebensversicherungen. Berlin 1937.

BOEHM, F.: Versicherungsmathematik, Sammlung Göschen, 2 Bde., 1953.

CZUBER, E.: Wahrscheinlichkeitsrechnung und ihre Anwendung auf Fehlerausgleichung, Statistik und Lebensversicherung, 2 Bde. Berlin 1924/28.

LANDRÉ, C. L.: Mathematisch-technische Kapitel zur Lebensversicherung, 5. Aufl. Jena 1921.

LEVI, W.: Mathematik der Lebens- und Rentenversicherung. Wien 1938.

LOEWY, A.: Versicherungsmathematik, 4. Aufl. Berlin 1924.

STROHMEIER, H.: Versicherungsmathematische Formelsammlung für die Praxis der Lebensversicherung, 2. Aufl. Berlin 1940.

ZWINGGI, E.: Versicherungsmathematik, 1945, Basel.

b) In französischer Sprache.

DUBOURDIEU, J.: Théorie mathématique des assurances. Premier Livre: Théorie mathématique du risque dans les assurances de répartition. Paris 1952.

GALBRUN, H.: Théorie mathématique des assurances. Paris 1931.

JÉQUIER, CH.: Assurances sur la vie. Exercices techniques. Lausanne 1934.

MAURICE, H.: Les opérations financières et les opérations viagères. Bruxelles 1951.

RICHARD, P. J.: Théorie mathématique des assurances, Encyclopédie Scientifique. Paris 1922.

c) In italienischer Sprache.

BOGGIO, T., e F. GIACCARDI: Matematica attuariale, Enciclopedia delle matematiche elementari e complementi. Milano 1950.

BONFERRONI, C. F.: Fondamenti di matematica attuariale. Torino 1938.

INSOLERA, F.: Teorica della capitalizzazione. Torino 1949. — Teorica dell' ammortalmento, Torino 1950.

Tecnica delle Assicurazioni Sociali, Volume pubblicato in occasione del XIII Congresso Internazionale di Attuari in memoria del Prof. IGNAZIO MESSINA. (Istituto Nazionale delle Previdenze Soziale, Roma 1951.)

d) In englischer Sprache.

FREEMAN, H.: An elementary treatise of actuarial mathematics. Cambridge 1931.

HOOKER, P. F., and L. H. LONGLEY-COOK: Life and other contingencies, vol. 1. Cambridge 1953.

JORDAN, C. W.: Life contingencies, America Society of Actuaries 1952.

SPURGEON, E. F.: Life contingencies. London 1922.

III. Versicherungstechnische Grundlagen für Pensionsversicherungen.

FRIDEE, G., u. KL. LOER: Sammlung statistischer Grundlagen zur Pensionsversicherung. Weißenburg 1947.

HEUBECK u. FISCHER: Richttafeln für die Pensionsversicherung. Weißenburg 1948. Zinsfüße $2^{1}/_{2}\%$, 3%.

MEISSNER-MEEWES: Rechnungsgrundlagen für Pensionsversicherung. Berlin 1941. Zinsfüße 0%, $2^{1}/_{2}\%$, 3%, $3^{1}/_{2}\%$, 4%, $4^{1}/_{2}\%$.

NOLFI, P.: Technische Grundlagen für Pensionsversicherungen. Städt. Versicherungskasse. Zürich 1950. Zinsfüße $2^{1}/_{2}\%$, 3%, $3^{1}/_{2}\%$.

NOLFI, P., u. W. SUTER: Technische Grundlagen der Invalidenversicherung. Städt. Versicherungskasse. Zürich 1954. Zinsfüße $2^{1}/_{2}\%$, 3%, $3^{1}/_{2}\%$.

Technische Grundlagen für die Eidg. Versicherungskasse. Bern 1950. Zinsfüße 3%, $3^{1}/_{2}\%$.

Technische Grundlagen und Bruttotarife für Gruppenversicherungen der schweiz. Lebensversicherungsgesellschaften. Zürich 1953. Zinsfuß $2^{1}/_{2}\%$.

IV. Zeitschriften.

Belgien: Bulletin de l'Association des Actuaires Belges. — Bulletin du Comité Permanent des Congrès Internationaux d'Actuaires.

Deutschland: Blätter der Deutschen Gesellschaft für Versicherungsmathematik. Versicherungswirtschaft. — Schriftenreihe des Instituts für Versicherungswissenschaft an der Universität Köln.

England: Journal of the Institute of Actuaries. — Journal of the Institute of Actuaries, Students Society. — Transactions of the Faculty of Actuaries.

Frankreich: Bulletin trimestriel de l'Institut des Actuaires Français. Population.

Holland: Het Verzekerings-Archief.

Italien: Giornale dell'Istituto Italiano degli Attuari. — Giornale di Matematica Finanziaria.

Portugal: Boletim, Instituto dos Actuarios Portugueses.

Schweiz: Mitteilungen der Vereinigung schweizerischer Versicherungsmathematiker.

Skandinavien: Skandinavisk Aktuarietidskrift.

USA.: Transactions of the Society of Actuaries.

Außer diesen Zeitschriften gibt es auch noch zahlreiche mathematische, statistische und nationalökonomische Publikationen, die gelegentlich versicherungsmathematische Abhandlungen enthalten.

Zentralblatt: Eine vollständige, fortlaufende Zusammenstellung der Publikationen auf versicherungsmathematischem Gebiet enthält das Zentralblatt für Mathematik und ihre Grenzgebiete, Verlag J. Springer, Berlin.

Namen- und Sachverzeichnis.

Abfindungswert für offene Gesamtheiten 220.
Abschlußkosten 49, 53, 107, 175.
Absterbeordnung (Sterblichkeitstafel) 8.
—, Berechnung 10.
—, MAKEHAMsche 16, 158, 162.
— von Paaren 60.
—, verallgemeinerte 225.
Abzinsungsfaktor 2.
Änderungszahlen 138.
Äquivalenzprinzip 5.
—, Begründung, stochastische 231.
—, individuelles 204.
—, kollektives 202.
Aggregattafeln 19.
Aktivitätsordnung 28.
Aktivitätsrente 71, 150.
Aktivenwitwenrente 84.
ALTENBURGER 115.
Alter, versicherungstechnisches 8.
Altersversicherung (kombiniert mit Invalidenrentenversicherung) 76.
AMMETER, H. 129.
ANDRAE, A. 20, 58.
Anschaffungspreismethode 5.
Antiselektion 19.
Auslesezuschlag 58.
Ausscheideordnung 21.
Ausscheidewahrscheinlichkeit 9.
—, partielle 23.

Barwert:
  Der Versicherungen auf ein Leben:
    Erlebensfallversicherung 31.
    Vorschüssige, nachschüssige, sofort beginnende und aufgeschobene, lebenslängliche und temporäre Leibrente 31—33.
    Unterjährige Leibrente 33—35.
    Lebenslängliche und temporäre Todesfallversicherungen 36—38.
    Gemischte Versicherung 38—39.
    Veränderliche Renten und Versicherungssummen 40—42.

  Die Versicherungen auf zwei verbundene Leben:
    Erlebensfallversicherung eines Personenpaares 64.
    Vorschüssige temporäre Verbindungsrente auf zwei Leben 64.
    Ablebensversicherung auf zwei Leben, bezahlbar beim Tod eines Versicherten 67.
    Überlebenskapitalversicherung 67.
  Der Pensionsversicherung:
    Aktivitätsrente 71.
    Invaliditätsversicherungsleistungen 73—76.
    Witwenrenten 82—90.
    Waisenrenten 90—92.
    Invalidenkinderrenten 92.
BECKER-ZEUNER 12.
Beharrungszustand 186, 193.
BERGER, A. 60, 135, 181.
BERGER, H. 148.
Bewertung, mathematische 4.
Bilanz, versicherungstechnische 165.
—, bei individueller Prämie 167.
—, bei Durchschnittsprämie 168.
—, für offene Pensionskasse 221.
Bilanzdeckungskapital 106.
Bilanzreserve 105, 132.
BLASCHKE, E. 162.
BOEHM, C. 114.
Bruttoeinmaleinlage 49.
Bruttoprämie 49.
— für Pensionsversicherungen 93.

CANTELLI, F. P. 135.

Deckungskapital 95.
Deckungskapitalverfahren, kollektives 212.
Dekrementtafeln 21.
Deterministisches Prinzip 7, 186, 222.
Diskontierungsfaktor 2.
Diskontrate 2.
Diskontierte Zahlen der Lebenden 31.

Diskontierte Zahlen der Gestorbenen 36.
Diskontinuierliche Methode 7.
Dividendengleichung 184.
Dividendenpläne 180.
—, mechanische 181.
Dividendenreserve 181, 183.
DOLEZEL, R. 170.

Einkaufsgewinn 177.
— -verlust 177.
Einmaleinlage 43.
—, ausreichende 50.
Erbrente (Überlebenszeitrente) 42.
Erfolgsberechnung 174.
Erlebensfallversicherung 31.
— eines Personenpaares 64.
—, kontinuierlich 158.
Erlebenswahrscheinlichkeit 9.
Erneuerungstheorie 185.
Erneuerungszahl 187.
—, Grenzwerte 197.
Erwartungswert 31.

F-Methode zur Reserveberechnung 123.
FELLER, W. 224.
FISCHER, K. 78. 240.
FOERSTER, E. 4.
FRANCKX, E. 127.
FRÉCHET, M. 187.
FRIEDE, G. 29.
Fundamentalsatz von CANTELLI 146.

Generationensterbetafel 20.
Gesamtheit, geschlossene 7, 186.
—, offene 7, 186.
—, allgemeine 194, 196.
—, einfache 190.
—, geometrische 208.
—, natürliche 187.
— mit variierenden Erneuerungszahlen 220.
Gesetz der großen Zahlen 223.
—, schwaches 224.
—, starkes 224.
Geschuldet (gestundet) 106, 167.
Gestutzte Tafel 20.
Gewinnbeteiligung 48.
—, Rechnung 170.
—, Verteilungsplan 181.
—, Zuschläge 175.
GOMPERTZ, B. 16.
Gothaer Methode 15.

GRAM, J. P. 162.
GRAMBERG, W. 20.
Grundlagen 1. Ordnung 48.
— 2. Ordnung 48, 178.
Gruppe 162.
Gruppenversicherung 71.

HALLEY, E. 9.
HEUBECK, G. 78, 240.
HÖCKNER, G. 48, 181.
Homogene Zerlegung 23, 74.

Individualmethode (Witwenrente) 83.
Interpolationsmethoden 123.
Invalidenversicherung 73, 74, 92.
Invalidenwitwenrente 84.
Invarianzsatz 139, 160.
Inventardeckungskapital 111.

JACOB, M. 80, 135.
JECKLIN, H. 120, 123.

KAHLO, E. 19.
Kapitalansammlung, Fundamentalsatz 146.
Kapitalversicherung 5.
— auf Todesfall 36.
Kapitaldeckungsverfahren, kollektives 204.
Karenzfrist 37.
KARUP, J. 15, 115, 181.
Kollektivmethode (Witwenrente) 82, 88.
Kommutationswerte 32.
Kompakttafeln 21.
Kontributionsformel 177.
Kontributionsgewinn 179.

LAPLACE, P. S. 9.
Lebenserwartung (mittlere) 10.
LEEPIN, P. 121.
Leibrente 31.
—, kontinuierlich 158.
LIDSTONEscher Satz 155.
— sche Z-Methode 117.
Literaturverzeichnis 243.
LOER, K. 29.
LUKACS, E. 225.

MAKEHAM (Absterbeordnung) 16, 68, 158, 162.
MEEWES, W. 240.
MEISSNER, W. 240.
Modell, stochastisches 224.

Momentanverzinsung (kontinuierlich) 156.
MOSER, CH. 186.
MÜNZNER, H. 198.

Nachschüssig (postnumerando) 1.
Nebengesamtheit 22.
Nettoprämie 43.
— für Pensionsversicherungen 93.
Nettoprämienreserve 96, 101.
NEUMANN, C. 9.
NÖBEL, H. 170.
NOLFI, P. 20, 90, 240.
Nullprobe 115.

PARTHIER, H. 77.
Pensionskasse, geschlossen 169.
— offen 169.
Pensionsversicherung 70.
Periodensterbetafel 21.
Personengesamtheit 6, 186.
Policendarlehen 132.
PÖTTKER, W. 123.
Prämien 43.
—, ausreichende 51.
—, gezillmerte 112.
—, ratenweise 47.
—, veränderliche 46.
Prämienbefreiung 93.
Prämiendifferenzformel 98.
Prämiendurchschnittsverfahren für eine Generation 204, 213.
— allgemein 205, 216.
Prämienreserve 95.
—, ausreichende 110.
—, prospektive 98.
—, retrospektive 98.
Prämienrückgewähr 54.
Prämienübertrag 106.
PRYMsche Funktion (unvollständige Γ-Funktion 165.

Reaktivierung 21.
Rekursionsformel (Prämienreserve) 97.
RENBERG, A. 129.
Renditemethode 4.
Rente (s. auch Leibrente) 3.
—, ewige 4.
—, veränderliche 40.
Rentenübertrag 106.
Retrospektiv 6, 12.
Reserve (s. auch Prämienreserve)

Reserve, Bilanzreserve 167.
— durch gestundete Beiträge 167.
—, gezillmerte 112.
—, freie 185.
— durch Rückversicherungsguthaben 168.
— durch Schadenrücklage 167.
—, Verwaltungskostenreserve 167.
—, vollständige 184.
Reservenberechnung für einige einfache Versicherungen 101.
—, funktion 122.
—, prämie 112.
—, Variation 142.
RICHTER, H. 187.
Risikobetrag 100.
Risikogewinn 172.
Risikoprämie 99.
Risikosumme 99.
Risikoverlust 172.
Rückkaufwert 132.
Rückversicherung 223.
RUCH, H. 121.

Säkulare Änderung 18.
SAXER, W. 160.
SCHÄRF, H. 135, 185.
SCHÄRTLIN, G. 28.
Schlußtafel (gestutzte Tafel) 20.
SCHÖNWIESE, R. 20.
Schwankungsreserve 210.
SEAL, H. L. 16.
Selbstbehalt 173.
Selektionstafel 56.
Sozialversicherung, Finanzierungssystem 204.
Sparprämie 99.
Sparversicherung 5.
SPITZER, S. 4.
Standardtabellen (Universaltabellen) 156.
— transformation 162.
Sterbegesetze 16.
Sterbenswahrscheinlichkeit 9.
Sterblichkeitsintensität 157, 230.
Storno 21.
— gewinne 176.
Streuungsungleichung 231.
SUTER, W. 20.
SVERDRUP, E. 229, 233.

Tabellen 236.
Terminversicherung 33.
THALMANN, W. 165.

t-Methode zur Reservenberechnung 120.
Todesfallversicherung auf ein Leben 36.
— auf zwei Leben 66.
— für veränderliche Leistungen 41.
Transformation von Versicherungswerten 160.
TSCHEBYSCHEFF, P. L. 231.

Umlageprämie 207.
— -verfahren 204, 205.
Umwandlung einer Versicherung 133.
Universaltafel (Standardtafel) 155.
URECH, A. 77.

VAYDA, ST. 148, 225.
Varianz 231.
Variation von CANTELLI 146.
— der Invaliditätswahrscheinlichkeit 77.
— der anwartschaftlichen Invalidenrente 150.
— der anwartschaftlichen Witwenrente 151.
Variationsprobleme 134.
Verwaltungskosten 49, 53, 107, 175.
— -Reserve 110.
VOGEL, W. 160.
Vorzeichensätze 152.

Wahrscheinlichkeit, abhängige und unabhängige 24.
Wahrscheinlichkeitsdichte einer Verteilung 230.
Waisenrentenversicherung 90.
WILHELMSEN, L. 129.
Witwenrentenversicherung 82.
WYSS, H. 21.

Zahlungen, einmalige 2.
—, periodische 3.
Zeichenbewahrungssatz 141.
Zeichenwechselsatz 141.
Zeitrente 3.
Z-Methode zur Reservenberechnung 117.
Zentralalter 69.
ZILLMER, A. 112.
ZILLMER-Satz, -Abzug, -Quote 112.
ZIMMERMANN, H. 123.
Zins 1.
—, kontinuierlich 156.
— unterjährig 2.
Zinseszins 1.
Zinsfuß, effektiver 1.
—, nomineller 1.
Zinsfußproblem 135, 146, 150.
Zinsgewinn, -verlust 175.
Zinsintensität 157.

MIX
Papier aus verantwortungsvollen Quellen
Paper from responsible sources
FSC® C105338

If you have any concerns about our products,
you can contact us on
ProductSafety@springernature.com

In case Publisher is established outside the EU,
the EU authorized representative is:
**Springer Nature Customer Service Center GmbH
Europaplatz 3, 69115 Heidelberg, Germany**

Printed by Libri Plureos GmbH
in Hamburg, Germany